U0233847

科技创新服务能力建设—科技成果转化—提升计划项目“京津冀协同发展的旧衣物回收及资源利用体系研究”（项目编号：PXM2016_014216_000022）

参与编写本书的作者为：

郭　燕　陈遊芳　杨楠楠　陈丽华

郝淑丽　卢　安　李　敏　王　洁

魏　爽　姜　黎　巩　轲　贾月梅

服装产业经济学丛书

我国主要城市旧衣物回收现状调查报告

◎ 郭 燕 陈遊芳 杨楠楠 陈丽华 等/编著

人 民 出 版 社

策划编辑:郑海燕
责任编辑:郑海燕　孟　雪
封面设计:徐　晖
责任校对:吕　飞

图书在版编目(CIP)数据

我国主要城市旧衣物回收现状调查报告/郭燕 等 编著. —北京:
　人民出版社,2018.3
(服装产业经济学丛书)
ISBN 978-7-01-018817-1

Ⅰ.①我…　Ⅱ.①郭…　Ⅲ.①废旧物资-服装-废物回收-调查报告-
　中国　Ⅳ.①X791.05

中国版本图书馆 CIP 数据核字(2017)第 329346 号

我国主要城市旧衣物回收现状调查报告
WOGUO ZHUYAO CHENGSHI JIU YIWU HUISHOU XIANZHUANG DIAOCHA BAOGAO

郭　燕　陈遊芳　杨楠楠　陈丽华 等　编著

人民出版社 出版发行
(100706　北京市东城区隆福寺街 99 号)

北京中科印刷有限公司印刷　新华书店经销

2018 年 3 月第 1 版　2018 年 3 月北京第 1 次印刷
开本:710 毫米×1000 毫米 1/16　印张:19.25
字数:250 千字

ISBN 978-7-01-018817-1　定价:66.00 元

邮购地址 100706　北京市东城区隆福寺街 99 号
人民东方图书销售中心　电话 (010)65250042　65289539

目　　录

第二篇 其他旧衣物回收机构调研

第三篇 我国旧衣物再生利用企业调研

绪　　论

旧衣物作为可回收物,具有循环利用、再生利用的价值。旧衣物回收再利用属于循环经济范畴。循环经济强调“资源—产品—废弃物—再生资源”的闭环循环发展模式(见图 0-1)。循环经济的内涵是资源循环利用,回收又是资源循环利用的前提,循环利用的结果是资源节约,减少垃圾的产生,达到保护环境的目的。

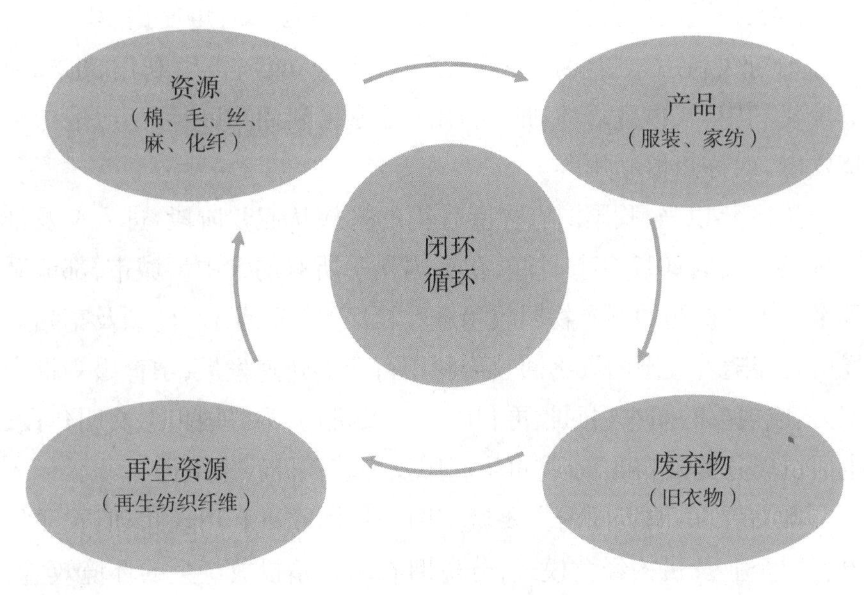

图 0-1　循环经济闭环发展模式

服装纤维材料来源于棉、毛、丝、麻、化纤及其他纤维。从纺织原料(资源)到加工成面料,再被加工成服装、家纺(产品)等,进入市场被消费者购买，直到使用后，消费者将旧衣物丢弃（废弃物），如能将旧衣物回收，把其中不能被再次穿着的旧衣物作为纺织原料，加工成再生纤维，再将再生纤维与原生纤维混合，加工成面料，又可以做成服装，资源整个循环利用过程，就是构成了循环经济的闭环发展模式。

旧衣物主要包括时装、童装、棉服、内衣、裤子、校服、军装、工服、制服、床单、毛巾、书包、袜子等，涉及多种纤维成分，如棉、毛、丝、麻、化纤、混纺等。本书使用“旧衣物”概念，主要是指消费端产生的纺织品废弃物，也被称为“旧”，而不是纺织厂、服装加工厂生产端产生的纺织品边角料，也被称为“废纺”。两者之间最大的区别是：旧衣物被丢弃时，其中大部分仍有被再次穿着、使用的功能，具有被再使用，或二次利用的价值；而纺织边角料，不具备产品属性和使用功能，但具有资源化利用价值，可以被作为纺织原料资源再生利用或循环利用。

旧衣物回收后，再利用大致分为三个途径，即：再使用（Reuse），也称为二次利用、二次穿着；再循环（Recycling）、再生利用，也称为资源化利用，或再生纤维加工利用；能源化利用（Recovery），是指焚烧发电，或称热值利用等。

2013 年以来，我国旧衣物回收箱的投放从起步阶段，进入普及推广阶段。截至 2017 年 6 月底，在全国几乎所有的大中型城市，都能看到来自不同机构的旧衣物回收箱进驻社区、机关、学校、商场及车站等场所。伴随着我国旧衣物回收再利用行业的快速发展，孕育出一批有实力、成规模的旧衣物回收再利用企业及机构，为我国生态文明建设，生活垃圾分类回收，旧衣物再生利用发挥着积极的作用。

本书旨在：调研国内主要城市旧衣物回收再利用现状；旧衣回收再利用企业及机构经营模式；分析旧衣回收箱投放产生的环境效益、社会效益、公益效益及资源利用效益等。在此基础上，总结成功经验，为全国范围普及推广旧衣物回收箱进社区，最终实现旧衣物最大限度的再利用、再生利用，为政府制定政策、行业协会制定标准、企业制定发展战略及学者开展研究提供一手数据和资料。

一、调研背景及意义

（一）国家相关政策实施

进入“十三五”时期以来，为了推进绿色发展和生态文明建设，坚持节约资源和保护环境的基本国策，牢固树立节约集约循环利用的资源观，解决城镇生活垃圾带来的环境隐患，积极推进生活垃圾分类制度的实施，促进资源回收利用，推动再生资源产业健康持续发展，我国出台了一系列法律、法规、发展规划和实施方案，为上述目标的实现，提供了制度保障（见图 0-2）。

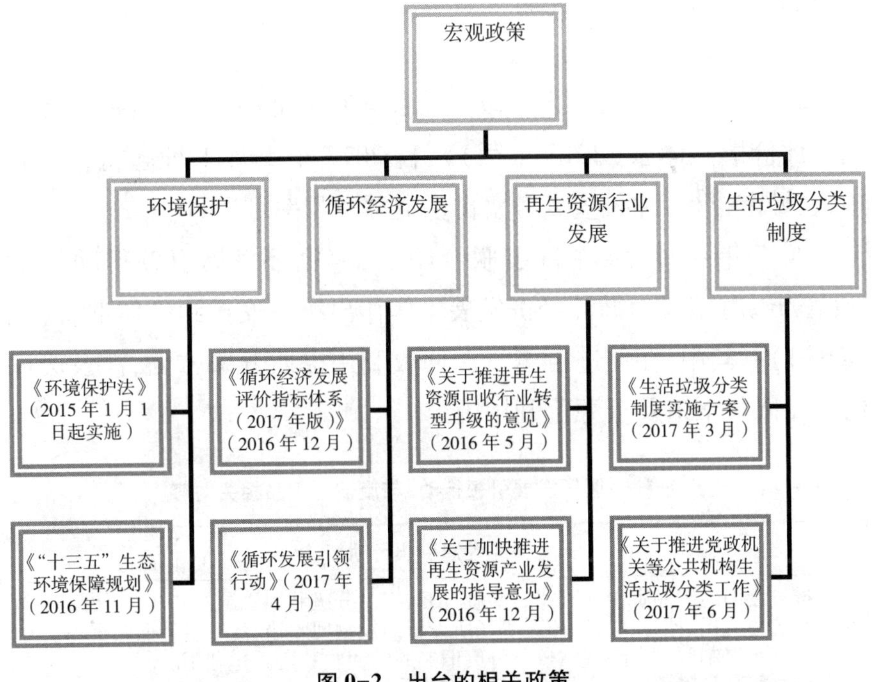

图 0-2　出台的相关政策

1. 环境保护

2014 年 4 月，国家通过了新修订的《环境保护法》，已于 2015 年 1 月 1 日起实施，《环境保护法》第三十六条规定：国家鼓励和引导公民、法人和其他组织使用有利于保护环境的产品和再生产品，减少废弃物的产生。第三十八条规定：公民应当遵守环境保护法律法规，配合实施环境保护措施，按照规定对生活废弃物进行分类放置，减少日常生活对环境造成的损害。

2016 年 11 月，国务院印发《"十三五"生态环境保护规划》中提出：促进绿色制造和绿色产品生产供给，从设计、原料、生产、采购、物流、回收等全流程强化产品全生命周期绿色管理；健全再生资源回收利用网络，规范完善废钢铁、废旧轮胎、废旧纺织品与服装、废塑料、废旧动力电池等综合利用行业管理。

2. 循环经济

2016 年 12 月，国家发展改革委会同有关部门发布了《循环经济发展评价指标体系（2017 年版）》，自 2017 年 1 月 1 日起施行。其中，在城市指标方面，重点考察再生资源回收率。

2017 年 4 月，14 个部委联合印发了《循环发展引领行动》，对"十三五"时期我国循环经济发展工作作出统一安排和整体部署（见表 0-1）。其中，在促进再生资源回收利用提质升级方面，涉及废旧纺织品回收渠道及资源化利用内容。

表 0-1 《循环发展引领行动》与废旧纺织品相关内容

《循环发展引领行动》
· 推进废旧纺织品资源化利用，建立废旧纺织品分级利用机制。 · 在慈善机构、社区、学校、商场等场所设置旧衣物回收箱，建立多种回收渠道。 · 推动军警制服、职业工装、校服等废旧制服的回收和资源化利用。 · 鼓励服装品牌商回收本品牌的废旧衣物。

3. 再生资源行业

2016年5月，商务部等6部门出台了《关于推进再生资源回收行业转型升级的意见》，提出顺应"互联网+"发展趋势，着力推动再生资源回收模式创新，推出"互联网+回收"和智能回收等具有代表性、典型性和创新性的回收模式总结、宣传和推广。

2016年12月，工业和信息化部、商务部、科技部三部委出台了《关于加快推进再生资源产业发展的指导意见》（见表0-2、表0-3）。其中，将废旧纺织品作为重点领域之一，在废旧纺织品回收利用体系建设、高值化再利用技术、再生产品应用领域及综合利用总量等方面，提出了指导性意见。

表0-2 《关于加快推进再生资源产业发展的指导意见》与废旧纺织品相关内容

《关于加快推进再生资源产业发展的指导意见》重点领域
· 推动建设废旧纺织品回收利用体系，规范废旧纺织品回收、分拣、分级利用机制。 · 开发废旧瓶片物理法、化学法兼备的高效连续生产关键技术，突破废旧纺织品预处理与分离技术、纤维高值化再利用及制品生产技术。 · 支持利用废旧纺织品、废旧瓶片生产再生纱线、再生长丝、再生短纤、建筑材料、市政材料、汽车内饰材料、建材产品等，提高废旧纺织品在土工建筑、建材、汽车、家居装潢等领域的再利用水平。 · 到2020年，废旧纺织品综合利用总量达到900万吨。

还将在重大试点示范项目上支持建立废旧纺织品综合利用示范项目，包括：建设10家废旧纺织品及废旧瓶片综合利用规范化示范项目。围绕回收箱等社会回收方式与高校、社区等合作共建回收体系，形成废旧纺织品回收、分类、利用全流程规范化示范。

表 0-3 《关于加快推进再生资源产业发展的指导意见》与废旧纺织品相关内容

《关于加快推进再生资源产业发展的指导意见》重大试点示范项目
· 建立废旧纺织品综合利用示范项目。 · 推动废旧纺织品及废旧瓶片分离、利用技术产业化,研发推广适合国情的废旧纺织品及废旧瓶片快速检测、分拆、破碎设备,物理法、化学法兼备的高效连续生产关键技术,废旧涤纶、涤棉纺织品、纯棉纺织品再利用技术,开发一批高附加值产品。 · 围绕回收箱等社会回收方式与高校、社区等合作共建回收体系,形成废旧纺织品回收、分类、利用全流程规范化示范。 · 建设 10 家废旧纺织品及废旧瓶片综合利用规范化示范项目。

4. 生活垃圾分类制度

2017 年 3 月,国家发展改革委、住房和城乡建设部出台了《生活垃圾分类制度实施方案》,提出 2020 年年底前,46 个城市将先行实施生活垃圾强制分类。可回收物主要品种包括:废纸、废塑料、废金属、废包装物、废旧纺织物、废弃电器电子产品、废玻璃、废纸塑铝复合包装八种(见表 0-4)。

2017 年 6 月,国家机关事务管理局、住房和城乡建设部、发展改革委等五部门联合出台《关于推进党政机关等公共机构生活垃圾分类工作的通知》,要求 2017 年年底前,中央和国家机关及省(自治区、直辖市)直机关率先实现生活垃圾强制分类;2020 年年底前,直辖市、省会城市、计划单列市与住房和城乡建设部等部门确定的生活垃圾分类示范城市的城区范围内公共机构实现生活垃圾强制分类;其他可回收物主要品种包括了废旧纺织物。

表 0-4　我国生活垃圾分类制度与废旧纺织品相关内容

《生活垃圾分类制度实施方案》	《关于推进党政机关等公共机构生活垃圾分类工作的通知》
· 可回收物主要品种包括:废纸、废塑料、废金属、废包装物、废旧纺织物、废弃电器电子产品、废玻璃、废纸塑铝复合包装等八种。 · 2020 年年底前,46 个城市将先行实施生活垃圾强制分类。	· 其他可回收物包括:公开发行的废旧报刊书籍、废塑料、废包装物、废旧纺织物、废金属、废玻璃六种。 · 2017 年年底前,中央和国家机关及省(区、市)直机关率先实现生活垃圾强制分类。

(二)规范行业发展

按照产业链上下游划分,旧衣物回收再利用行业,主要由回收企业、分拣企业、二手服装捐赠机构和销售企业、再生利用企业构成。目前,也有一些互联网企业、科技类企业加入旧衣物回收渠道领域。

我国旧衣物回收再利用行业发展,大致经历了三个发展阶段:传统方式、形成期、发展期。传统方式,是早期的废品回收站,收废品的流动摊贩,兼顾回收旧衣物。

随着大众购买力提高,快时尚消费导致大量闲置衣物堆放家中,2006 年以来,因旧衣物捐赠慈善活动,一批慈善机构脱颖而出,如爱心衣橱基金、西部温暖计划、北京市仁爱慈善基金会,建立起旧衣物长效、稳定的捐助对象和地区,我国旧衣物回收再利用行业步入形成阶段。

2012 年以来,国家部委、地方政府以政府购买社会服务方式,资助了一批公益组织、行业协会开展旧衣物回收再利用工作,如地球站公益创业工程、北京市城市再生资源服务中心等,同时一批民营企业纷纷进入旧衣物回收箱社区投放事业,推动了我国旧衣物回收再利用行业步入发展期。进入“十三五”时期(2016 年至今),受国家多项政策的推动,2016 年 5 月,商务部等六部门出台《关于推进再生资源回收行业转型升级的意见》,使科技类企业开始进入旧衣物回收领域,“互联网+上门”回收方式的涌现,使居民捐赠旧衣物更加便利。

目前,我国旧衣物回收再利用行业处于快速发展期,行业规模不断扩大,企业数量不断增加,通过对我国主要城市旧衣物回收再利用企业调研,介绍典型企业成功案例,为行业有序发展和良性竞争,提供可借鉴的经验。

(三)制定企业发展战略

本书从旧衣物回收、分拣、捐赠、再生利用产业链各环节入手,介绍我国旧衣物回收再利用行业具有代表性的典型企业和机构,对企业了解行业发展现状,了解知名企业成功经验,制定本企业发展战略,均具有重要的参考价值。

二、调研方法

本书撰写过程采用企业实地调研,企业高管访谈、问卷调查、文献收集等研究方法。整个调研历时两年多,先后调研了12个城市的29家旧衣物回收再利用企业和机构。其中,对部分企业和机构进行两次以上的调研及走访。通过高管访谈和问卷调查,获得了被调研企业和机构的一手数据资料,使调研结果客观,案例具有典型性,在其他城市具有推广和宣传价值。

三、调研思路及框架

全书研究共分为三篇,十三章。

第一篇为我国主要城市旧衣物回收现状调研,分为十章,主要城市有北京、上海、广州、深圳、重庆、南京、苏州、杭州、石家庄、邯郸、青岛、天津,共12个城市。

第二篇为其他旧衣物回收机构调研，分为两章，分别介绍外资企业在华开展旧衣回收活动，包括：H&M 集团在华“旧衣回收”活动和优衣库在华“全部商品循环再利用活动”。还介绍了两网融合的五家科技类、互联网企业、智能回收机投放企业，开展旧衣物回收情况分析。

第三篇为我国旧衣物再生利用企业调研，介绍了国内六家不同类型的旧衣物再生利用企业，包括：再生棉企业、物理法再生利用企业、分拣企业、国有环卫企业和智能回收机企业。

调研思路及框架（见图 0-3），以主要城市生活垃圾分类现状分析入手，了解该城市主要旧衣物回收企业基本概况。在此基础上，选择具有代表性的典型旧衣物回收再利用企业和机构进行实地调研，基于环境效益、社会效益和公益效益，对调研企业和机构进行分析和研究。

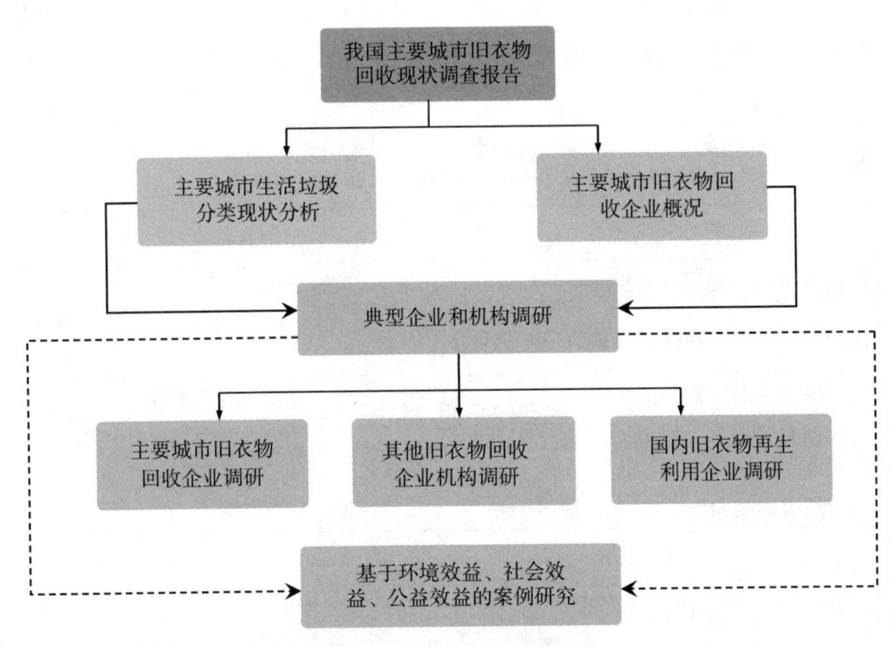

图 0-3　调研思路及框架

四、报告特征

（一）被调研企业和机构主要特征

1. 具有行业代表性

本书撰写过程调研的29家旧衣物回收再利用企业和机构，具有行业的代表性。如表0-5所示，国内最早开展社区旧衣物回收投放，也是国内规模较大的企业——上海缘源实业有限公司；国内最大的回收渠道企业，投放旧衣物回收箱数量已超过1万台——苏州华凯佰废旧纺织品综合利用有限公司；目前国内最大的旧衣物分拣企业——广州格瑞哲环保科技有限公司；国内拥有最多自主知识产权的旧衣物智能回收机投放企业——深圳恒锋资源股份有限公司；国内最大、最有影响力的旧衣物回收微信公众平台——上海善衣网络科技有限公司的飞蚂蚁互联网回收平台；其中，广州格瑞哲环保科技有限公司和上海善衣网络科技有限公司，是以90后大学生为主的创业团队。

表0-5　被调研企业和机构具有行业代表性

行业代表性	企业名称
国内最早旧衣物回收箱投放企业	上海缘源实业有限公司
国内旧衣物回收箱投放数量最多的企业	苏州华凯佰废旧纺织品综合利用有限公司
国内最大的旧衣物分拣企业	广州格瑞哲环保科技有限公司
国内拥有最多自主知识产权的智能回收机企业	深圳恒锋资源股份有限公司
国内最有影响力旧衣物回收微信平台	上海善衣网络科技有限公司

2. 类型的广泛性

书中的29家被调研的旧衣物回收再利用企业和机构类型具有

广泛性，涵盖了公益组织、慈善机构、经营性企业、国有企业、科技企业、互联网企业、外资企业七种类型（见表0-6）。

表0-6　被调研企业和机构类型的广泛性

广泛性	企业或机构名称
公益组织	地球站公益创业工程、北京蓝蝶公益基金会、重庆青年助学志愿者协会、一JIAN公益联盟等
慈善机构	同心互惠商店
经营企业	上海缘源实业有限公司、深圳衣旧情深环保科技有限公司、南京中织优新纺织科技有限公司、苏州华凯佰废旧纺织品综合利用有限公司等
国有企业	北京环卫集团
科技企业	北京盈创再生资源回收有限公司、深圳恒锋资源股份有限公司等
互联网企业	善淘网、上海善衣网络科技有限公司等
外资企业	H&M集团、优衣库

3. 涵盖了产业链上中下游各环节

如果按照旧衣物回收、分拣、捐赠、再生利用产业链各环节划分，被调研企业和机构覆盖了旧衣物回收再利用产业的上、中、下游。如表0-7所示，上游是旧衣物回收机构，中游是旧衣物分拣机构，下游是旧衣物捐赠、再销售和再利用机构。

表0-7　被调研企业和机构产业链

产业链	企业或机构名称
上游回收环节	上海缘源实业有限公司、深圳衣旧情深环保科技有限公司、南京中织优新纺织科技有限公司、苏州华凯佰废旧纺织品综合利用有限公司等
中游分拣环节	广州格瑞哲环保科技有限公司
下游捐赠、再销售和再生利用环节	地球站公益创业工程、北京蓝蝶公益基金会、重庆青年助学志愿者协会、广德天运新技术股份有限公司、温州天成纺织有限公司、中民惠众再生资源科技开发有限公司、鼎缘（杭州）纺织品科技有限公司

4. 回收模式创新性

被调研的29家企业和机构中，除了传统的投放回收箱模式外，还涌现出旧衣物回收再利用创新模式，如：快时尚品牌H&M和优衣库在华开展企业自主回收模式；科技类企业和互联网企业开展“互联网+回收”模式；还有打造旧衣物回收再利用全产业链模式（见表0-8）。

表0-8　被调研企业和机构模式创新性

产业链	企业或机构名称
品牌企业自主回收模式	H&M集团、优衣库
“互联网+回收”模式	北京盈创再生资源回收有限公司、善淘网、一JIAN公益联盟、上海善衣网络科技有限公司
全产业链模式	深圳恒锋资源股份有限公司、中民惠众再生资源科技开发有限公司

（二）调研城市覆盖面广

本书撰写过程，调研了12个城市的29家企业和机构，12个城市分别是北京、上海、广州、深圳、重庆、南京、苏州、杭州、石家庄、邯郸、青岛、天津。从我国实施生活垃圾分类试点城市看，2000年建设部下发的《关于公布生活垃圾分类收集试点城市的通知》中，8个试点城市为北京、上海、广州、深圳、南京、杭州、桂林、厦门。本书城市除桂林、厦门外，覆盖了其他6个城市。

2017年3月，两部委下发的《生活垃圾分类制度实施方案》中，2020年年底前，46个城市将先行实施生活垃圾强制分类，本书被调研城市占比为26.1%。因此，调研城市具有一定的覆盖面。

表 0-9　被调研企业和机构模式创新性

政策	试点城市	被调研城市覆盖面
《关于公布生活垃圾分类收集试点城市的通知》	8 个试点城市:北京、上海、广州、深圳、南京、杭州、桂林、厦门	除桂林、厦门外,覆盖了其他 6 个城市,覆盖面达 75%
《生活垃圾分类制度实施方案》	46 个城市将先行实施生活垃圾强制分类	覆盖面为 26.1%

(三)调研及撰写过程秉持中立和客观的态度

调研期间,被调研的企业及机构大都处于起步阶段,特别是许多经营者或管理者怀揣着对环境保护、慈善公益、资源节约事业的满腔热忱,用自有资金投身于我国旧衣物回收事业中,为我国旧衣物回收渠道建设尽自己的微薄之力,这种精神感染了本书每一位作者。

在调研和报告的撰写过程中,作者秉承着中立和客观的态度,从旧衣物回收对环境效益、社会效益和公益效益三个层面,分析被调研的旧衣物回收企业、再生利用企业、“互联网+回收”企业,及在华的快时尚品牌企业实施效果,对进一步推进我国旧衣物回收再利用工作,规范行业经营秩序和企业经营行为,提供指导和建议。

(四)研究结论具有较高的参考价值

在调研过程中,被调研企业及机构为本书提供大量的数据及资料,为调研报告的撰写提供了一手数据及资料,使得本书研究结论真实、可靠、客观,研究内容对政府决策、行业组织制定标准、学者开展研究、企业制定发展战略均具有较高的参考价值。

五、调研发现

通过对 12 个城市,29 家旧衣物回收再利用企业和机构的调研及分析,研究结果有以下五个方面的发现,在此与企业、研究者和所有读者进行分享。

（一）行业进入快速发展阶段

我国旧衣物回收再利用行业，从形成，到发展，自2016年以来，随着国家相关政策的出台及实施，“十三五”时期，我国旧衣物回收再利用行业将步入快速发展阶段。

（二）企业进入盈利阶段

我国旧衣物回收再利用行业企业，大都以自有资金投资，少则投资额达100万—200万元，多则投资规模达到1000万元，经过2—3年的发展，2016年以来，企业普遍进入盈利阶段，因此，旧衣物回收再利用企业已经从投资期，进入盈利期，有助于企业可持续发展和扩大规模。

（三）旧衣物回收箱进社区日益合法化

随着《生活垃圾分类制度实施方案》的实施，率先实施生活垃圾强制分类的46个城市相继出台了各地的生活垃圾分类实施方案，如：2017年6月公布的《苏州市生活垃圾强制分类制度实施方案》；2017年6月公布的《成都市中小学校生活垃圾分类工作实施方案》；2017年7月公布的《江西省生活垃圾分类制度具体实施方案》等，均将旧衣物作为可回收物，进行分类回收、分类投放，这对于旧衣物回收箱投放企业来说，从原来的非官方、非正式方式投放回收箱，未来可以以招投标方式，公开地、正式地进入社区、机关、学校、商场等场所。

（四）龙头企业已初具规模

经过几年来的发展，旧衣物回收再利用行业，涌现出一批有实力、有一定规模、效益显著的龙头企业。

如：苏州华凯佰废旧纺织品综合利用有限公司，截至2016年年底，已在我国6个省的21个城市，投放旧衣物回收箱达11786个。

深圳恒锋资源股份有限公司，自主研制的“旧衣物智能回收机”,在深圳市部分社区投入使用。恒锋股份对13项计算机软件进行了著作权登记,申请9项国家专利,其中包括:发明专利、实用新型专利和外观设计专利。2017年恒锋股份成功入选商务部再生资源“创新回收模式案例企业”,也是本次入选的15家企业中唯一一家废旧纺织品回收及综合利用企业。

广州格瑞哲环保科技有限公司,以管理人员学历高在行业内脱颖而出。其他管理团队中以90后大学生为主导,是行业内人员文化素质最高的企业,同时也是国内规模最大的旧衣物分拣企业。

上海善衣网络科技有限公司运营的飞蚂蚁互联网回收平台,包括:飞蚂蚁微信公众号feimayi90、微博和PC网页。目前,平台用户超过80万,全国日均预约单量达500单以上,月均预约单量在1.5万单以上,是目前国内最大的旧衣物回收、捐赠微信公众号。

(五)吸引大企业及科技公司加入

旧衣物回收再利用行业的快速发展,吸引了国内大企业和科技企业的加盟,这类企业利用其原有行业的优势,为旧衣物回收再利用领域注入新的活力。如,北京环卫集团,利用其资金实力,在邯郸投资建立京环纺织品再利用基地,为京津冀区域提供旧衣物综合处理设施。同时,利用其渠道优势,在北京市区的社区投放旧衣物回收箱。

北京盈创再生资源回收有限公司,2008年成立后,主要以饮料瓶回收机投放为主,2016年,开始投放旧衣物回收机,同时,通过“帮到家”O2O平台,开展旧衣物上门回收业务。

第一篇

我国主要城市旧衣物回收现状调研

第一章　北京市旧衣物回收现状调查

第一节　北京市生活垃圾分类及旧衣物回收企业概况

一、北京市生活垃圾分类及资源化利用现状

（一）北京市生活垃圾产生量仍逐年递增

国家统计局公布的2015年数据显示，北京GDP总量居全国第二位，排在上海之后。2015年，北京市城市生活垃圾产生量超过上海市，位居全国之首。随着首都经济和社会的发展，城市面临人口、资源、环境等方面的问题也日益凸显。

1. 城市生活垃圾的产生量与人口增量及消费水平呈正相关关系

城市生活垃圾的产生量，与城市人口数量、经济发展水平、人均消费水平呈正相关关系。为解决“大城市病”，“十三五”时期，北京市将严格控制人口增量。图1-1显示，2016年北京市常住人口增量较“十二五”时期得到有效的控制，2016年年末，全市常住人口2172.9万人，比2015年年末增加2.4万人，增长仅0.1%，增量比2015年减少16.5万人，但仍属于超大城市，居重庆和上海之后的我国人口第三大城市。

根据北京市统计局初步核算，2016年北京市实现地区生产总值24899.3亿元，按可比价格计算，比2015年增长6.7%，居全国第二位

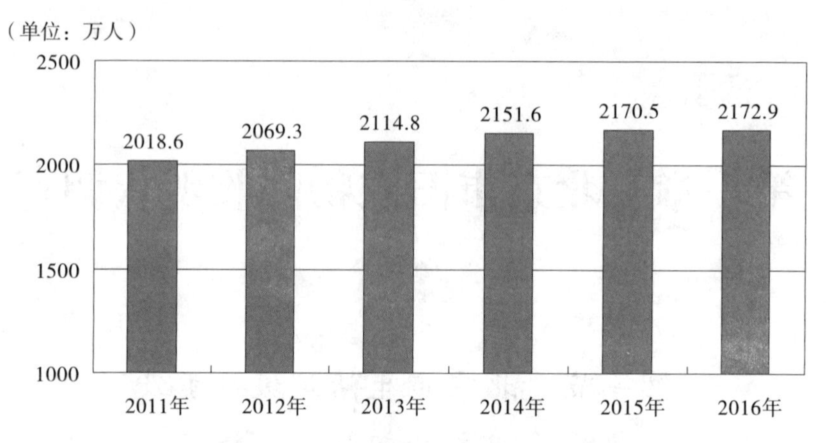

图 1-1　2011—2016 年北京全市常住人口数量

数据来源：根据北京市 2011—2016 年国民经济和社会发展统计公报数据整理。

（上海位居第一，2016 年上海市 GDP 总量为 27466 亿元）（见图 1-2）。

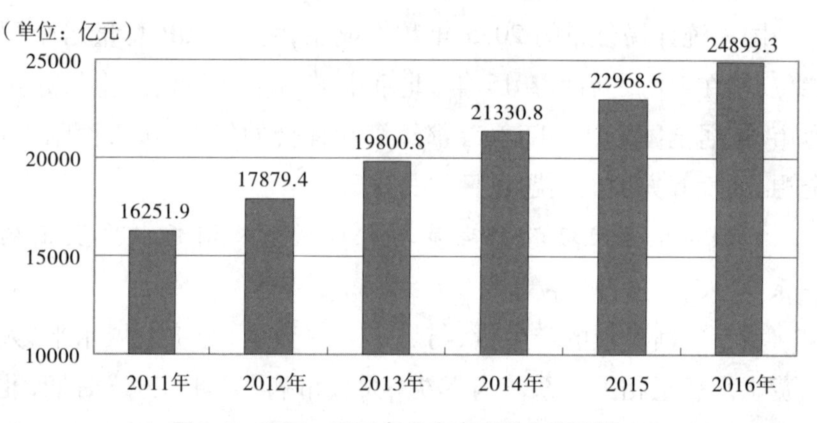

图 1-2　2011—2016 年北京市实现生产总值

数据来源：根据北京市 2011—2016 年国民经济和社会发展统计公报数据整理。

生活垃圾产生量与消费直接相关。有什么样的消费，往往就会产生什么样的垃圾，如果不能抑制消费，就不能抑制垃圾的产生。2016 年北京市统计局数据显示，城镇居民占常住人口的比重为 86.5%。图 1-3 显示，2011—2016 年北京市城镇居民人均可支配收入稳步增加，同时，人均消费性支出也在快速提高。2016 年，北京市城镇居民人均消费性支出 38256 元,从消费构成看,城镇居民人均衣着支出为 2643 元,占城镇居民人均消费性支出总额的比重为 6.91%。

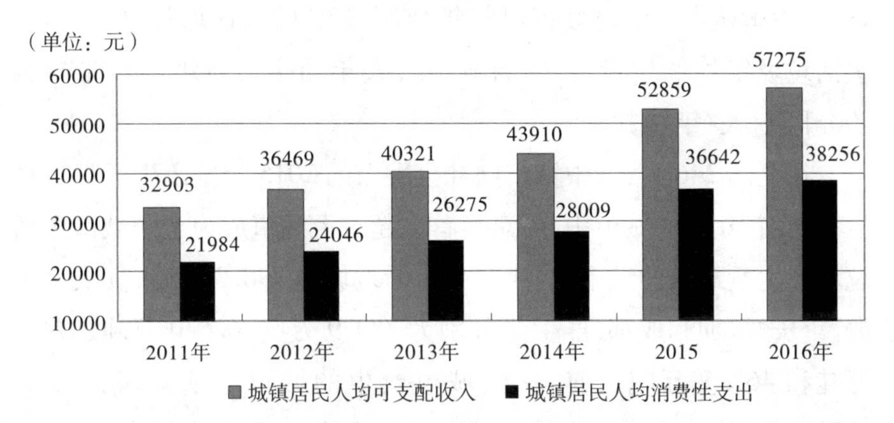

图 1-3　2011—2016 年北京市城镇居民人均可支配收入和消费性支出

数据来源:根据 2011—2016 年北京市统计年鉴公报数据整理。

根据 2011—2015 年北京市固体废物污染环境防治信息的公告数据显示,自 2013 年以来,北京城市生活垃圾产生量呈逐年快速增加走势,2015 年北京市生活垃圾产生量为 790.33 万吨(见图 1-4)。

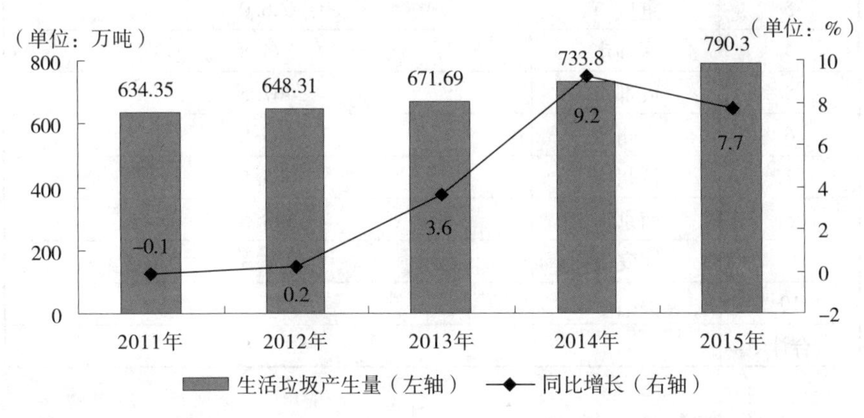

图 1-4　2011—2015 年北京城市生活垃圾产生量

数据来源:根据北京市环境保护局发布北京市 2011—2015 年固体废物污染环境防治信息的公告整理。

2. 北京市生活垃圾产生量居全国之首

根据《2016年全国大、中城市固体废物污染环境防治年报》数据显示，中国城市生活垃圾正以每年9%—10%的增速增长，单个城市生活垃圾年均产生量为75万吨/年，人年均生活垃圾产生量约为500千克/人/年左右。

在全国246个大、中城市向社会发布的2015年城市生活垃圾产生量居前10位的城市中，北京市首次超过上海市成为全国城市生活垃圾产生量最大的城市，当年产生生活垃圾达790.3万吨，其次是上海、重庆、深圳和成都，产生量分别为789.9万吨、626.0万吨、574.8万吨和467.5万吨。前10位城市产生的城市生活垃圾总量为5078.6万吨，占全部信息发布城市产生总量的27.4%(见表1-1)。

表1-1 2015年城市生活垃圾产生量排名前十的城市①

序号	城市	城市生活垃圾产生量(万吨)
1	北京市	790.3
2	上海市	789.9
3	重庆市	626.0
4	深圳市	574.8
5	成都市	467.5
6	广州市	455.8
7	杭州市	365.5
8	南京市	348.5
9	西安市	332.3
10	佛山市	328.0
合计		5078.6

① 环境保护部:《2016年全国大、中城市固体废物污染环境防治年报》,2016年11月,见http://www.zhb.gov.cn。

表 1-2 显示,2011—2015 年北京市日均生活垃圾产生量逐年增长,2015 年日产生活垃圾达 2. 17 万吨。按照北京市常住人口计算,人年均生活垃圾产生量超过 350 千克,2015 年为 364. 1 千克,人日均生活垃圾产生量达 1 千克。

表 1-2　北京市人均生活垃圾产生量及人日均量

指标	2011 年	2012 年	2013 年	2014 年	2015 年
全市日均生活垃圾产生量(万吨)	1. 74	1. 78	1. 84	2. 01	2. 17
人年均生活垃圾产生量(千克)	314. 3	313. 3	317. 6	338. 1	364. 1
人日均活垃圾产生量(千克)	0. 86	0. 86	0. 87	0. 93	1. 00

(二)生活垃圾分类及回收现状特征

1. 北京是全国首批生活垃圾分类试点 8 个城市之一

垃圾围城越来越成为城市发展之痛,而分类处理、回收利用是解决问题的最有效途径。早在 2000 年 6 月,北京被列为全国首批生活垃圾分类试点 8 个城市之一,全市逐步推行垃圾分类,在学校、饭店及社区共设置 700 多个垃圾分类试点。

2012 年 3 月 1 日《北京市生活垃圾管理条例》正式施行,提出按照多排放多付费、少排放少付费,混合垃圾多付费、分类垃圾少付费的原则,逐步建立计量收费、分类计价的生活垃圾处理收费制度。其中,生活垃圾,包括单位和个人在日常生活中或者为日常生活提供服务的活动中产生的固体废物,以及法律、行政法规规定视为生活垃圾的建筑垃圾等固体废物。

2. 生活垃圾的分类

生活垃圾分类方法按照大类粗分的原则,分为:可回收物、厨余垃圾和其他垃圾三类。居民小区设有上述三类垃圾回收箱。其中,可回收物,是指在日常生活中或者为日常生活提供服务的活动中产生的，已经失去原有全部或者部分使用价值，回收后经过再加工可以成为生产原料或者经过整理可以再利用的物品，主要包括废纸类、塑料类、玻璃类、金属类、电子废弃物类、织物类等。厨余垃圾，是指家庭中产生的菜帮菜叶、瓜果皮核、剩菜剩饭、废弃食物等易腐性垃圾。其他垃圾，指除可回收物、厨余垃圾的垃圾，包括废弃食品袋(盒)、废弃保鲜膜(袋)、废弃纸巾、废弃瓶罐、灰土、烟头等。

3. 生活垃圾无害化处理率达 100%

生活垃圾无害化指居民产生的生活垃圾全部收集、密封清运、安全处置并达到水和空气污染物排放标准和卫生标准。卫生填埋无害化包括渗滤达标排放、气味及有害企业控制、填埋气体回收等。焚烧厂的无害化是指空气污染物和工艺废水的排放达标等。

2015 年北京市生活垃圾产生量为 790.33 万吨，处理量 788.73 万吨，全市无害化处理率为 99.8%。其中，城六区无害化处理率达到 100%，郊区县无害化处理率为 99.43%。

表 1-3 显示，2015 年全市垃圾处理设施共有 29 座，设计处理能力 27321 吨/日，焚烧和生化总处理能力超过 55%。其中，生活垃圾填埋场 16 座，设计处理能力 12121 吨/日；堆肥厂 6 座，设计处理能力 5400 吨/日；生活垃圾焚烧厂 7 座，设计处理能力 9800 吨/日。

表 1-3 北京市生活垃圾处理设施

年份	填埋场	日填埋量	堆肥厂	堆肥厂日处理能力	焚烧厂	焚烧厂日处理能力
2014 年	12 座	9941 吨	7 座	5300 吨	4 座	5200 吨
2015 年	16 座	12121 吨	6 座	5400 吨	7 座	9800 吨

长期以来，我国生活垃圾处理以填埋为主(见图 1-5)，“十一五”时期，北京市生活垃圾焚烧、生化、填埋处理比例分别为 10∶10∶80。“十二五”时期，北京市加大生活垃圾处理设施的投资，生

活垃圾处理能力有所提升,处理结构得到进一步优化,依据“优先焚烧、生化、再填埋”的原则,生活垃圾焚烧、生化、填埋处理比例分别为 40∶30∶30,填埋比例逐步降低(见图 1-5)。

2015 年北京市生活垃圾焚烧、生化等资源化处理所占比重为 55.6%,焚烧、生化等资源化处理能力达到 1.52 万吨/日,标志着北京市生活垃圾处理已经完成由传统填埋向资源化处理方式的转变。生活垃圾焚烧处理比例的提高可缓解北京市土地资源压力、降低二次污染。

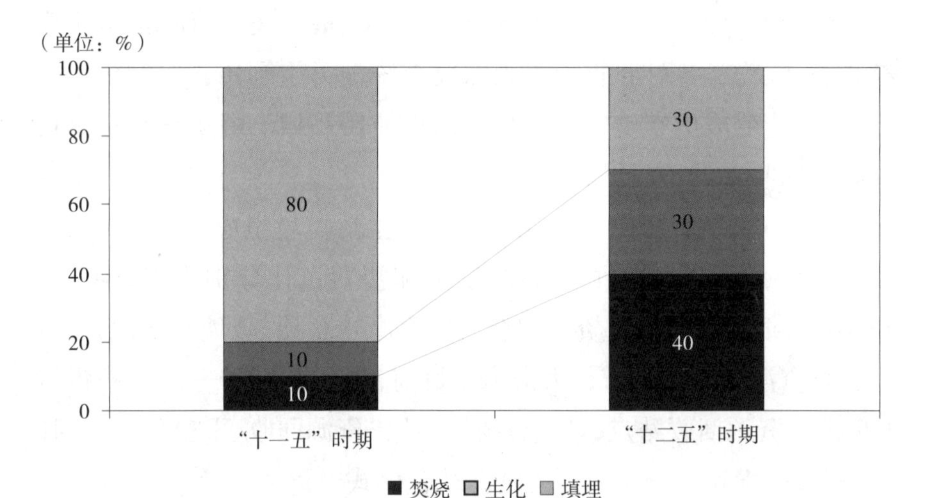

图 1-5　北京市生活垃圾处理方式

4. 生活垃圾减量化以厨余垃圾为主

目前,北京市共开展了 3759 个居住小区的垃圾分类达标试点,覆盖有物业管理小区的 80%,同时已基本建立了完整的再生资源回收网络,包括分布在 16 区的 22 个分拣中心、4700 多个规范回收站点,年再生资源回收量达到 500 万吨。

生活垃圾减量化,是减少进入填埋场和焚烧厂的垃圾量。目前,北京市垃圾分类试点小区主推的分类模式是“干湿分类”,把厨余垃圾从其他的混合垃圾中分离出来，由市政部门运往郊区的堆肥场进行处理。家庭厨余垃圾的重量在垃圾总量中所占比重最大，约为60%—70%。做好“干湿分类”，通过堆肥厂将厨余垃圾变为肥料，以减少生活垃圾填埋和焚烧处理量，是垃圾减量最有效的手段。目前，北京市每天产生餐厨垃圾2600余吨，2016年厨余垃圾全年分出量为16.64万吨。

5. 资源化利用率需进一步提高

生活垃圾资源化利用，是将可回收物进入回收再利用系统，要求生活垃圾经过源头分类，将废纸类、塑料类、玻璃类、金属类、电子废弃物类、织物类等可回收物进入回收系统被再生利用，经过修复、翻新、再制造变成更有价值的产品进入再使用领域。资源化目标是可回收物回收率的不断提高。

表1-4显示，2012年北京市城六区生活垃圾组成，其中，厨余垃圾占比为53.96%，可回收物中，纸类和塑料占比分别为17.64%和18.67%，纸类和废塑料资源综合利用率高于金属、玻璃和纺织物，可回收物资源化利用具有较大潜力。目前，北京每1000—1500户设置1个再生资源回收站点，垃圾分类体系以“资源回收、干湿分开”为抓手，积极探索垃圾分类和再生资源结合模式。

表1-4　2012年北京市城六区生活垃圾组成及占比　（单位：%）

厨余	纸类	塑料	玻璃	金属	纺织物	木竹	灰渣	其他
53.96	17.64	18.67	2.07	0.26	1.55	1.55	2.72	0.05

资料来源：中国人民大学国家发展与战略研究院：《我国城市生活垃圾管理状况评估》，2015年5月，第28页。

（三）“十三五”时期城市发展围绕“建设国际一流的和谐宜居之都”战略目标

在已发布的《北京市国民经济和社会发展第十三个五年规划纲

要》《北京市"十三五"时期城乡环境建设规划》和《北京市"十三五"时期城市管理发展规划》中，均提出生活垃圾减量和管理主要措施，推进生活垃圾源头减量和分类回收利用。

1. 实现人均垃圾产生量零增长，原生垃圾零填埋

为落实习近平总书记提出的把北京建设成"国际一流的和谐宜居之都"的发展目标，北京市"十三五"规划中指出，加强垃圾污染治理。按照减量化、无害化、资源化的原则，完善垃圾分类收集、再生利用、无害化处理的全过程管理体系，基本实现人均垃圾产生量零增长、原生垃圾一次处理可达到零填埋。

2. 适时推进生活垃圾强制分类

按照"末端决定前端，资源分级分类回收利用"的原则，推行生活垃圾分类投放，分类清运。"十三五"时期，北京加快建立垃圾强制分类制度，制定垃圾分类管理标准，推行垃圾器具分类和运输工具标识制度。建立覆盖城乡的生活垃圾分类收集体系，实现生活垃圾分类收集、分类运输、分类处理。

3. 2020 年生活垃圾回收利用率达到 35%

"十三五"时期，北京将以减少垃圾处理量为重点，提高垃圾焚烧比重。建设具有垃圾分类与再生资源回收功能的交投点和相互衔接的物流体系，推动垃圾收运系统与再生资源回收系统有效衔接。建立以垃圾分类效果、资源化利用率为导向的激励机制。加强垃圾分类志愿服务队伍建设，引导、发动社会各界积极参与垃圾分类。创新再生资源回收模式，鼓励企业利用互联网搭建废弃物回收平台。

到 2020 年，北京市生活垃圾日处理能力将达到 3.2 万吨/日，其中焚烧处理能力达到 24250 吨/日，生化处理能力达到 6350 吨/日，配套填埋处理能力达到 9700 吨/日。生活垃圾资源化率达到 60%，垃圾回收利用率达到 35%，无害化处理率达到 99.8%以上。

4.探索和完善低值可回收物补助政策

由于回收价格低,某些低值可回收生活垃圾未被有效回收而流入垃圾处理系统,进一步增加了城市垃圾处理的压力。因此,抓紧制定低值可回收物补助政策,鼓励资源回收。

二、北京市旧衣物回收再利用行业发展现状

随着北京市垃圾分类回收及资源化利用日益受到社会各界的重视,越来越多的慈善公益组织、再生资源利用企业、社会团体、科技公司和互联网企业,纷纷进入旧衣物回收再利用事业。目前,北京已形成旧衣物回收、分拣、捐赠、二手服装销售、资源化利用较为完整的产业链,对于城市垃圾减量、旧衣物分类回收、资源有效再利用发挥了重要作用。

(一)北京市旧衣物回收再利用机构主要类型

1.按照旧衣物回收再利用企业类型划分

据不完全统计,按照旧衣物回收再利用企业类型划分(见图1-6),可分为:(1)慈善基金会及公益性机构;(2)经营性企业;(3)各类行业协会等社会团体;(4)科技类公司和互联网企业。

2.按照开展旧衣物回收再利用方式划分

按照开展旧衣物回收再利用工作方式不同划分,可分为:(1)以政府购买服务项目方式,开展旧衣物回收再利用工作;(2)通过在社区投放旧衣物回收箱的方式,开展旧衣物回收再利用工作;(3)通过每年在社区不定期地举办小区居民旧衣物献爱心捐赠活动的方式,开展旧衣物回收再利用工作;(4)以常设献爱心旧衣物捐赠点方式,开展旧衣物回收再利用工作。

3.按照旧衣物回收再利用行业发展阶段划分

依据上述机构从事旧衣物回收再利用时间,划分行业发展阶段。目前,北京旧衣物回收再利用行业的发展,已从初创期,进入成长期

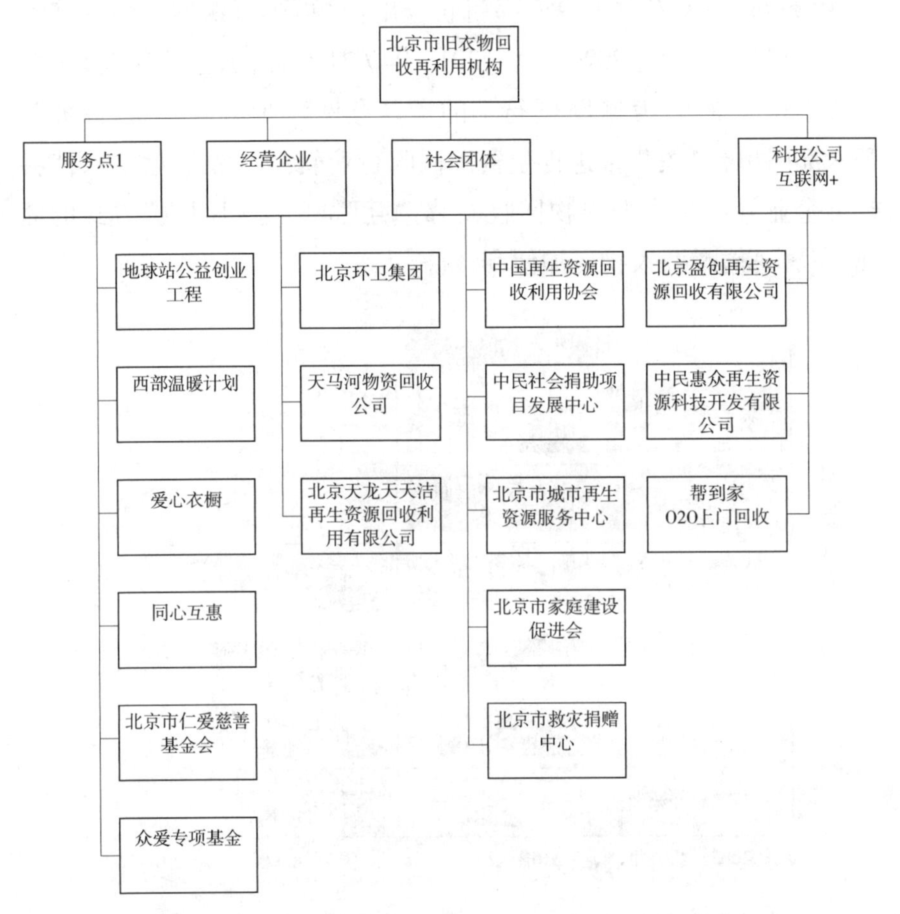

图 1-6　北京市旧衣物回收再利用机构主要类型及相关企业

(见图 1-7)。

第一阶段(2006—2008 年)为初创期,开展旧衣物回收再利用工作主要以传统的物质回收公司、慈善机构为主。

第二阶段(2012—2013 年)是快速发展阶段,主要是国家和北京市以政府购买社会服务方式,资助了一批公益组织、行业协会开展旧衣物回收再利用工作。

第三阶段(2016 年至今),受国家多项政策的推动,如:2015 年 2

月，商务部、国家发改委等五部门联合出台《再生资源回收体系建设中长期规划（2015—2020 年）》；2015 年 7 月 4 日，国务院印发《国务院关于积极推进“互联网+”行动的指导意见》；2016 年 5 月，商务部等六部门出台《关于推进再生资源回收行业转型升级的意见》，使科技类企业开始进入旧衣物回收领域，“互联网+上门回收”方式的涌现，使居民捐赠旧衣物更加便利。

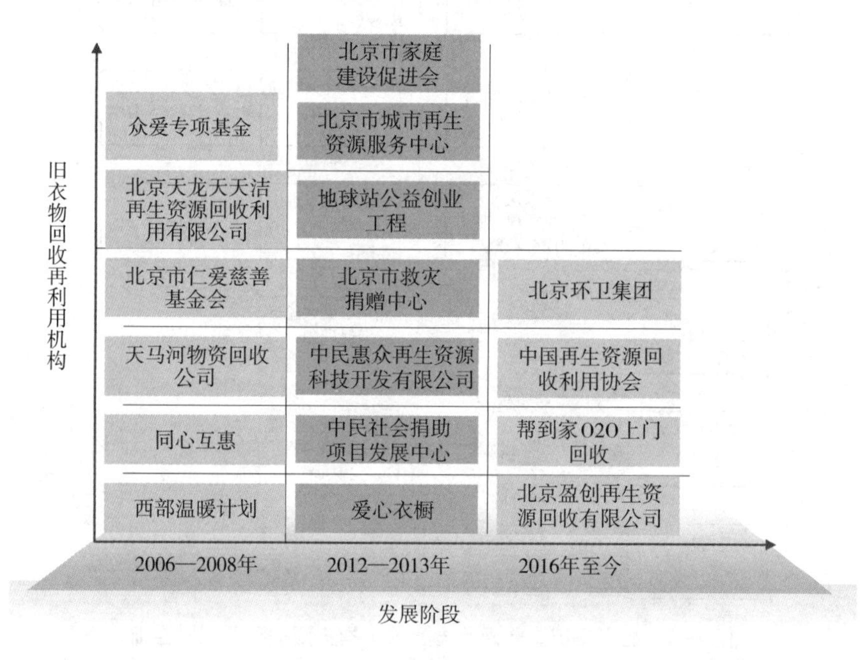

图 1-7　北京旧衣物回收再利用行业发展阶段

（二）北京市旧衣物回收再利用企业的主要特征

1. 旧衣物回收再利用项目启动阶段得到政府的资金支持

自 2013 年以来，民政部从国家层面，每年预算资金 2 亿元，支持社会组织参与社会服务项目。其中，中国环境新闻工作者协会“地球站公益创业工程”连续 4 年获得民政部“中央财政支持社会组织参与社会服务示范项目——承接社会服务试点项目（B 类）”，资金支出总额达480万元，主要以在北京市居民社区、机关、企业、学校投放闲置物品回收箱方式，开展旧衣物回收、捐赠、义卖工作（详见本章第二节）。

中国再生资源回收利用协会的“绿色社区服务示范项目”，连续三年获得民政部“中央财政支持社会组织参与社会服务（社会工作服务示范项目C类）”，资金支出总额达260万元。同时，中国再生资源回收利用协会“衣旧有爱”旧衣物回收项目，获得北京市2016年使用市级社会建设专项资金购买社会组织服务项目资金支持。

表1-5　北京市旧衣物回收项目来源及资金支持

<table>
<tr><th>公益机构/社会组织</th><th>相关项目名称</th><th>购买社会服务项目来源</th><th>支持金额</th></tr>
<tr><td>中国环境新闻工作者协会</td><td>“地球站”公益创业工程</td><td>民政部“中央财政支持社会组织参与社会服务——承接社会服务试点项目（B类）”</td><td>2013年130万元
2014年130万元
2015年100万元
2016年120万元</td></tr>
<tr><td>中国再生资源回收利用协会</td><td>绿色社区服务示范项目
“绿色社区”服务项目
“绿心工坊”示范项目</td><td>民政部“中央财政支持社会组织参与社会服务——社会工作服务示范项目（C类）”</td><td>2013年60万元
2015年100万元
2016年100万元</td></tr>
<tr><td>北京市家庭建设促进会</td><td>闲置旧衣物再利用节约环保家庭公益项目</td><td>北京市2013年政府购买社会组织服务项目</td><td>有资金支持</td></tr>
<tr><td>北京市家庭建设促进会</td><td>“衣而再”青少年环保家项目</td><td rowspan="5">北京市2014年使用市级社会建设专项资金购买社会组织服务项目</td><td rowspan="5">有资金支持</td></tr>
<tr><td>北京青少年发展基金会</td><td>“温暖衣冬”项目</td></tr>
<tr><td>北京市城市再生资源服务中心</td><td>北京市废旧衣物回收服务项目</td></tr>
<tr><td>丰台区社会建设工作办公室</td><td>蓝衣社——社区少年志愿环保行动项目</td></tr>
<tr><td>北京市大兴区清源综合服务协会</td><td>衣循环</td></tr>
</table>

续表

公益机构/社会组织	相关项目名称	购买社会服务项目来源	支持金额
北京市城市再生资源服务中心	废旧衣物回收倡导垃圾分类服务项目	2014年福利彩票公益金资助社会组织开展公益服务项目	2014年20万元
丰台区社会建设工作领导小组办公室	蓝衣社——社区少年志愿环保行动	北京市2015年使用市级社会建设专项资金购买社会组织服务项目	有资金支持
中国再生资源回收利用协会+C25	衣旧有爱	北京市2016年使用市级社会建设专项资金购买社会组织服务项目	有资金支持

北京市社会建设工作办公室自2013年起，每年向全市社会组织购买500个左右服务项目，其中，每年都有与旧衣物回收、改造、宣传相关的项目（见表1-5），涉及的社会组织包括：北京市家庭建设促进会、北京市城市再生资源服务中心、中国再生资源回收利用协会，及丰台区社会建设工作办公室和大兴区清源综合服务协会。

2. 旧衣物回收再利用机构运营成本高尚未盈利

北京市社区多、学校多、机构多，投放旧衣物回收箱，每天的运输成本和人员费用高，加之分拣仓库地点远、房租高，使上述机构回收箱投放规模达200—300个后，进入瓶颈期，规模难以扩大。加之，上述回收机构起步阶段得到政府的资金支持，尚可维持回收运营费用，一旦得不到政府的资金，项目难以持续下去，这类机构急需增强自我造血能力，使旧衣物回收再利用工作具有可持续性。

3. 形成较为完整的旧衣物回收再利用产业链

目前，北京市衣物回收再利用产业链较为完整，包括四个主要环节：（1）回收→（2）分拣→（3）捐赠，或二手服装销售，对于无法二次使用→（4）再生纤维加工处理环节。

其中，一部分回收机构具有分拣、捐赠及二手服装销售条件，如地球站公益创业工程；一部分企业可以回收、捐赠，但不具备分拣能力，这类机构交由中民惠众再生资源科技开发有限公司进行分拣，再捐赠，如爱心衣橱、盈创回收、一 JIAN 公益项目；但所有回收机构都不具备再生纤维加工处理能力，上述回收机构，可将回收的旧衣物运到中民惠众再生资源科技开发有限公司分拣，对于不能再使用的旧衣物，可以置换成用再生书包，再捐赠给贫困地区学校，如爱心衣橱、西部温暖计划等（见图 1-8）。

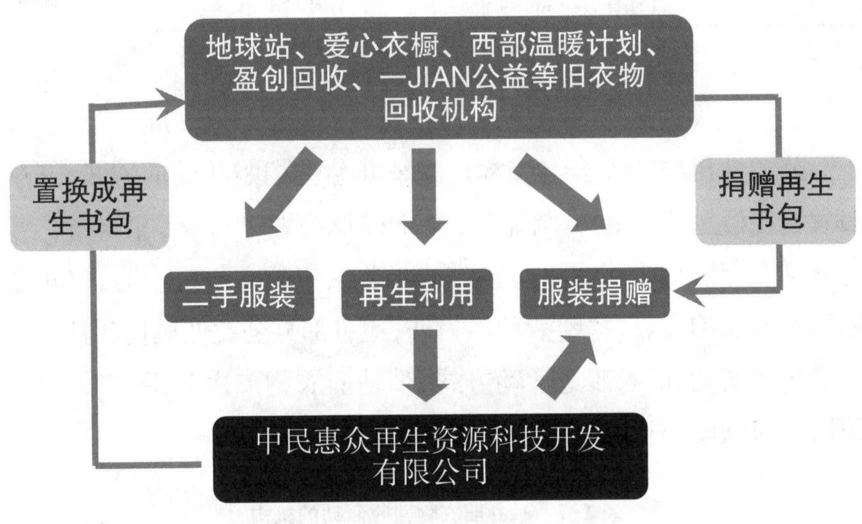

图 1-8　旧衣物回收再利用产业链

4. 旧衣物回收箱覆盖面广

在北京，旧衣物回收箱已进入社区、机关、企业和学校，同时，居民自觉地将旧衣物与其他生活垃圾分开，投放旧衣物专门的回收箱，使垃圾分类更加细化，旧衣物回收箱被大众普遍认同。投放旧衣物回收箱的机构有：地球站公益创业工程、北京市城市再生资源服务中心、北京盈创再生资源回收有限公司和北京环卫集团等。回收箱的特点是固定地点、长期维护，便于居民随时将闲置衣物投放回收箱中

（见表 1-6）。

表 1-6　投放旧衣物回收箱机构

启动时间	投放旧衣物回收箱的机构	旧衣回收项目	回收方式
2013 年	中国环境新闻工作者协会	地球站公益创业工程	投放回收箱
2014 年	北京市城市再生资源服务中心	废旧衣物回收倡导垃圾分类服务项目——北京市废旧衣物回收服务项目	投放回收箱
2016 年	北京环卫集团	企业投资	投放回收箱
	北京盈创再生资源回收有限公司	企业投资	投放回收箱

5. *居民参与旧衣物捐赠活动较为踊跃*

公益性机构和社会组织常常以举办慈善捐赠活动的方式，开展旧衣物回收工作。表 1-7 显示，北京蓝蝶公益基金会、北京市仁爱慈善基金会、北京市仁爱慈善基金会、北京市救灾捐赠中心，每年定期举办旧衣物回收、捐赠活动。另外，还有部分公益性机构和社会组织以宣传活动、旧衣改造活动方式，带动旧衣物二次利用，广大市民积极参与献爱心活动。

表 1-7　举办旧衣物回收活动的机构

启动时间	活动举办方	项目名称	回收方式
2006 年	北京蓝蝶公益基金会	西部温暖计划	举办旧衣物回收活动
2007 年	北京市仁爱慈善基金会	“仁爱衣+衣”衣物捐赠项目	举办衣物捐赠活动
2012 年	爱心衣橱基金	心暖新衣项目 “传爱 · 闲置衣物项目”	举办闲置衣物回收活动
2012 年	北京市救灾捐赠中心	“冬衣送暖”社会捐助活动	每年 11 月份举办为期 1 个月捐助活动

续表

启动时间	活动举办方	项目名称	回收方式
2013 年	北京市家庭建设促进会	闲置旧衣物再利用 节约环保家庭公益项目	举办闲置旧衣改造培训辅导课程
2014 年	北京市家庭建设促进会	“衣而再”青少年环保家项目	举办闲置衣物改造大赛活动
	北京青少年发展基金会	“温暖衣冬”项目	举办宣传活动
2016 年	中国再生资源回收利用协会	衣旧有爱	举办旧衣物回收活动

6. 科技类及“互联网+回收”模式成为亮点

进入“十三五”以来，国家出台多项推动再生资源回收政策，如：《再生资源回收体系建设中长期规划（2015—2020 年）》《关于积极推进“互联网+”行动的指导意见》和《关于推进再生资源回收行业转型升级的意见》，旧衣物回收再利用行业吸引科技类公司及互联网企业的投资。

如，北京盈创再生资源回收有限公司，2012 年获得高新技术企业认证，是一家“智能固废回收机具及回收系统整体解决方案”运营商和提供商。最初是以饮料瓶回收机投放为主，2016 年其自主研发的“旧衣物回收机”投放部分社区。同年，开发线上帮到家 O2O 上门回收系统，让人们利用手机上的废品回收 APP，下单，30 分钟内废品回收者上门回收，工作人员扫描用户的二维码，卖废品所得收入由此进入微信零钱包。

中民惠众再生资源科技开发有限公司成立于 2012 年 6 月，是民政部唯一授权在全国开展废旧纺织品再生循环综合利用项目推广的专业性示范企业，集研发、回收、生产、加工、销售、物流、服务于一体。中民惠众再生资源科技开发有限公司旧衣回收业务包括：民政系统回收、企业自主回收、公益合作回收三大体系。并拥有多项专利，如：

一种废旧纺织品自动喂料及分类装置和一种废旧物资智能回收装置（见表 1-8）。

表 1-8　北京市科技公司及“互联网+”企业

启动时间	科技企业及“互联网+”	旧衣项目	回收形式
2012 年	中民惠众再生资源科技开发有限公司	民政部唯一授权在全国开展废旧纺织品再生循环综合利用项目推广的专业性示范企业	集研发、回收、生产、加工、销售、物流、服务于一体
2016 年	北京盈创再生资源回收有限公司	自主研发的“旧衣物回收机”	社区投放智能回收箱
2016 年	帮到家 O2O 上门回收服务平台	帮到家上门回收废品的 O2O 平台	上门回收

7. 北京市民政局每年在京开展“冬衣送暖”活动

自 2012 年以来，每年 11 月份，北京市民政局在全市开展“冬衣送暖”募捐月活动。以“冬衣送暖”为主题，广泛动员社会各界力量，积极参与捐赠活动，弘扬团结互助、扶贫济困的传统美德，表达首都人民对灾区、贫困地区群众的关爱之情。每年募捐活动在全市党政机关、企事业单位和城乡居民中进行，主要是为灾区、贫困地区群众及本市困难群众募集过冬衣被，同时接受捐款。捐赠衣被以棉衣、棉被为主（倡导捐赠新棉被和八成新以上的大衣、羽绒服、毛衣、毛裤、绒衣和绒裤等御寒衣物），帮助北京市对口支援的内蒙古、江西，以及新疆、云南、西藏、甘肃、宁夏、青海等地群众过冬。每年募捐旧衣物多达 100 万吨左右。

本章仅将已调研的北京市旧衣物回收再利用企业作为案例撰写对象，事实上，还有一些企业开始进入旧衣物回收再利用领域，本书并没有全面覆盖所有机构。

第二节　地球站公益创业工程

“地球站公益创业工程”是在环保部指导下，由中国环境新闻工作者协会于2013年创办的环保公益项目。2013—2016年度①，中国环境新闻工作者协会已连续四年获得民政部“中央财政支持社会组织参与社会服务示范项目——承接社会服务试点项目（B类）”的资金支持，共计480万元，如表1-9所示。

表1-9　项目获得资助情况

年度	项目名称	项目来源	立项资金	申请单位
2013年	“地球站”公益创业工程	中央财政支持社会组织参与社会服务——承接社会服务试点项目（B类）	130万元	中国环境新闻工作者协会
2014年	中国环境新闻工作者协会 地球站公益创业工程项目	中央财政支持社会组织参与社会服务——承接社会服务试点项目（B类）	130万元	中国环境新闻工作者协会
2015年	中国环境新闻工作者协会 地球站公益创业工程项目	中央财政支持社会组织参与社会服务——承接社会服务试点项目（B类）	100万元	中国环境新闻工作者协会
2016年	中国环境新闻工作者协会地球站公益创业工程项目	中央财政支持社会组织参与社会服务——承接社会服务试点项目（B类）	120万元	中国环境新闻工作者协会

资料来源：根据民政部网站资料整理。

地球站公益创业工程项目于2013年4月22日，世界地球日当天正式启动。截至2016年6月底，地球站公益创业工程项目，已在

① 年度是以地球站公益创业工程项目经费批复和使用年度进行统计，一般是在每年年初项目资金批复，至当年12月份项目结题审计，为一个统计年度。

北京地区的居民社区、机关单位和企业，及学校设立309个家庭闲置废旧物品收集站点。回收的闲置物品涵盖服装、鞋、玩具、图书和电子产品等。其中，旧衣物占比最大，回收量累计超过1000吨（见表1-12）。

一、地球站公益创业工程秉承传播"节约、环保、慈善"的理念

地球站公益创业工程项目，旨在推进循环经济、垃圾减量、物尽其用的环保理念。通过在机关、学校及社区设置收集箱及上门服务，收集城市居民家中留之无用、弃之可惜的各类闲置物品，用于捐助弱势群体，搭建起常态化的社会捐赠与扶贫救困的桥梁。

自2013年以来，地球站公益创业工程项目以社会企业的模式，为大众和企业提供便捷、可持续、常态化的捐助渠道，用实际行动传播"节约、环保、慈善"的理念。如图1-9所示，节约的理念，是把家里闲着的、不用的东西再利用起来；环保的理念，是减少垃圾产生，不去污染环境；慈善的理念，是将收集的闲置物品，捐给贫困地区，物尽其用，以扶贫助困，爱心奉献。

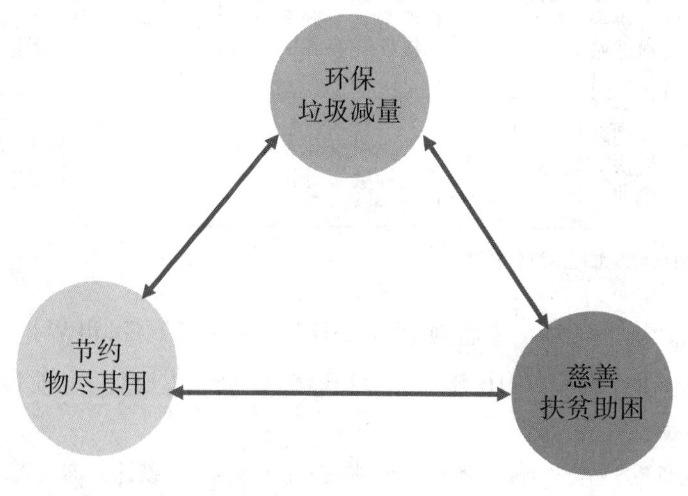

图1-9　地球站公益创业工程"节约、环保、慈善"的理念

二、地球站公益创业工程“环保+公益”双增效途径

图 1-10 显示，地球站公益创业工程项目运营环节包括：回收、运输、分拣及消毒、再利用等四个环节。其中，回收渠道和再利用环节又分别代表了投入与产出，与项目效益和可持续发展密不可分。

（一）地球站公益创业工程项目运营环节

1. 回收渠道

地球站公益创业工程旧衣物回收渠道建设，主要通过三个途径：（1）在北京市居民社区、机关单位和企业，及学校投放家庭闲置废旧物品“收集箱”；（2）与北京青年报合作，利用社区驿站，开展旧衣物回收工作；（3）与北京隆庆祥服饰有限公司建立定向合作关系，每年获得企业捐赠的价值 200 万—300 万元的西服等爱心物资，用于义卖和公益爱心活动。

2. 运输

截至 2016 年年底（见表 1-10），地球站公益创业工程在北京地区 199 个站点投放 246 个收集箱，还与 80 个社区驿站合作，共设有 279 个旧衣物回收站点，每天有两辆运输车穿梭在北京各个城区，每年运输费用占到项目总支出的 8.6%。

3. 分拣、整理、修缮和消毒

将回收的旧衣物进行分拣、整理、修缮、消毒等处理后，进入再利用环节，主要途径包括：（1）先是对旧衣物按照男装、女装、童装，及春夏秋冬服装进行初分，再根据受捐赠地区的需要，将棉衣、羽绒服等冬装分拣出来，用于贫困地区冬衣捐赠；（2）其次，是开办地球站爱心超市，将可以二次销售的服装，在北京外出务工人员聚集地，以每件 5 元以下的价格义卖，再将义卖所得，用于慈善等公益事业支出；（3）同时，将企业捐赠的爱心物资，如西装、衬衫等新衣服，以 50—200 元价格在高校举行义卖，并将义卖的全部收入用于公益事

业;(4)最后,将不能捐赠及义卖的旧衣物,运到再生纤维生产企业,置换书包、帆布包等用品,捐赠给西部地区学校的学生。

4. 再利用

再利用传统模式是将回收后的旧衣物捐给贫困地区。在实践中,地球站公益创业工程项目探索出一种环保公益行为创新模式,即环保公益行为双增效模式(见图1-10)。

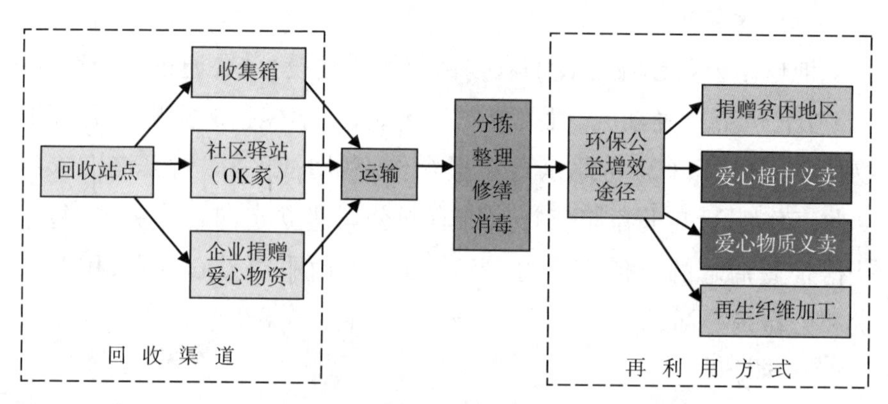

图1-10　项目运营流程及“环保+公益”双增效途径

(二)“环保+公益”双增效途径

地球站公益创业工程“环保+公益”双增效途径的创新之处,体现在环保效益和慈善效益并举。即:一件衣服被捐赠给地球站,经过消毒、分类后,进入爱心超市,当购买者用几元钱将其买走后,这件闲置的衣服即得到了再次使用,实现了其环保效益;同时,将积少成多的衣服义卖收入,再次捐赠给急需救助的弱势人群,如白血病儿童,使这件衣服还实现了慈善效益。

可见,一件衣服进入“地球站”收集箱后,通过爱心超市和爱心物资义卖,使闲置的衣物被再次使用,实现了环保效益,再将义卖所得做慈善,把爱心行为和效益放大,最终实现了环保和公益行为双增效。

（三）地球站公益创业工程取得的主要成效

1. 环境效益显著

（1）收集站点覆盖面广，方便居民旧衣物分类投放

自2013年4月以来，地球站公益创业工程项目，在北京市16个区中的西城区、东城区、海淀区、朝阳区、石景山区、顺义区、丰台区、房山区、昌平区、通州区、大兴区和怀柔区等12区，设立279个家庭闲置废旧物品收集站点，覆盖面广泛。如表1-10所示。

表1-10　在京闲置物品收集站点覆盖情况

收集站点数量	2013年度	2014年度	2015年度	2016年度	合计
新增收集站点（个）	87	22	58	32	199
社区驿站（OK家）（个）	0	56	42	关闭18家	80
当年合计（个）	87	87	100	14	279

数据来源：根据地球站公益创业工程项目提供数据笔者整理。

地球站公益创业工程项目，收集站点主要包括两类：一是在居民社区、机关单位和企业，及学校投放家庭闲置废旧物品"收集箱"。截至2016年年底，分别在北京市58个社区、32所大中小学校及幼儿园、103个国家机关及企事业关单位，共计投放了246个"收集箱"。

表1-11　在京收集箱投放量

收集箱	2013年度	2014年度	2015年度	2016年度	合计
新增数量（个）	96	60	60	30	246

数据来源：根据地球站公益创业工程项目提供数据笔者整理。

二是自2014年以来，与北京青年报合作，利用北青社区驿站开展旧衣物回收工作。北青社区驿站（在社区里的实体服务站点）是北京青年报社区综合服务平台，服务居民的线下实体。2015年3月18日，北京青年报又推出OK家APP社区综合线上服务平台，OK家

是在社区驿站基础上建立的移动互联网社区服务手机平台，让社区居民实现“一个 APP 在手，尽享各种社区服务”的便利。截至 2016 年，已在 80 个北青社区驿站（OK 家）设立旧衣物收集站点。

地球站公益创业工程收集站点，涵盖居民社区、国家机关、学校和企业单位等（见图 1-11），为广大市民提供便捷和常态化的旧衣物投放站点。特别是地球站家庭闲置废旧物品“收集箱”弥补了现有小区三类回收箱（即：可回收物回收箱、厨余垃圾回收箱、其他垃圾回收箱）的不足，实现了旧衣物与生活垃圾分类投放，旧衣物与报纸、饮料瓶等可回收物混合投放一个箱子中，有利于回收后的旧衣物再次使用。

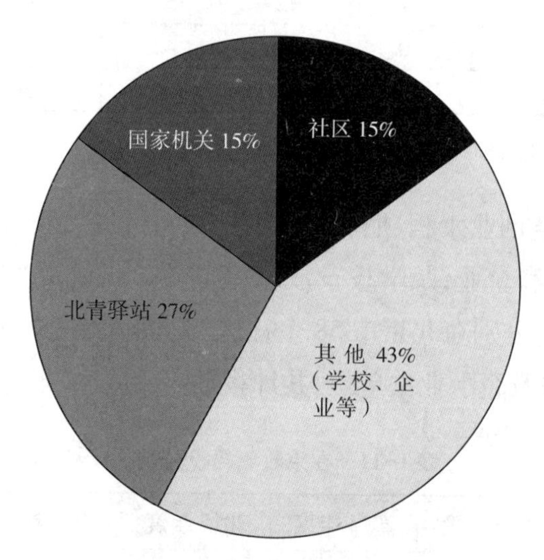

图 1-11　在京各类收集站点占比

资料来源：2016 年“地球站公益创业工程”工作报告。

（2）旧衣物回收量大，实现垃圾减量，减少对环境的压力

地球站公益创业工程项目主要是收集居民家庭闲置废旧物品。从回收的实际情况看，包括服装、鞋、书包、玩具、图书和电子产品等，其中，占比最大的是旧衣物。

自2013年4月地球站公益创业工程项目实施以来，截至2016年年底，共计回收旧衣物1625吨。如表1-12所示，有效地解决了长期困扰市民的旧衣物“留之无用、弃之可惜、无处投放”的问题。

表1-12　旧衣物回收量

旧衣物	2013年度	2014年度	2015年度	2016年度	合计
回收量(吨)	175	200	500	750	1625

数据来源：根据地球站公益创业工程项目提供数据笔者整理。

2015年年末北京市常住人口2170.5万人，全市生活垃圾清运量为790万吨，日均生活垃圾清运量达2.17万吨。其中，北京生活垃圾焚烧、生化等处理量每日为1.52万吨。

可以设想，如果将近几年地球站公益创业工程回收的旧衣物当作垃圾丢弃或进行填埋，都将对环境造成无法想象的影响。来自千家万户的旧衣物集中回收，实现垃圾减量，减轻了对环境的压力，更利于资源循环利用。

2. 实现公益增效

地球站公益创业工程项目的宣传口号是：你所丢弃的，正是他所需要的。目的是推进物尽其用的环保理念，收集城市中留之无用、弃之可惜的各类闲置物品，帮助弱势群体，现实资源循环利用。

回收的闲置物品，以衣物为主，其中八九成新的服装占比大，消毒后可以被二次穿着。通过捐赠贫困地区，搭建起城市中高档社区与贫困地区间的桥梁，盘活居民的家庭闲置物品，送到需要的人手中，旧衣物尽其用，扶贫救困，实现捐赠物品的公益增效。

自2013年以来，地球站公益创业工程先后捐赠闲置物品439吨，受赠地区覆盖北京市、河北省、河南省、湖南省、湖北省、山东省、山西省、广东省、吉林省、黑龙江省、青海省、贵州省、内蒙古、甘肃省、云南省和新疆等17个省市自治区。如表1-13所示。

表 1-13　闲置物品捐赠地区及数量

闲置物品	2013 年度	2014 年度	2015 年度	2016 年度	合计
捐赠量(吨)	161	48	150	80	439
捐赠贫困地区省份	北京市、河北省、山西省	北京市、河北省、黑龙江省、山东省、云南省、河南省、青海省	北京市、新疆、甘肃省、河北省、山东省、吉林省、广东省、青海省、贵州省、内蒙古、湖北省、云南省	北京市、新疆、湖南省、四川省、湖北省、青海省、河北省	17

数据来源:根据地球站公益创业工程项目提供数据笔者整理。

例如,2013 年地球站公益创业工程向山西灵丘县、河北唐县希望小学、北京市太阳村以及川滇甘晋冀豫等贫困地区和弱势群体捐赠衣物 56 万多件。2014 年,向北京市、河北省、黑龙江省、云南省等地的孤儿院、中小学校、贫困家庭进行帮扶,受助人口达 5 万余人。

2015 年,地球站公益创业工程向 12 个省市的孤儿院、中小学校、贫困家庭等弱势群体捐赠 20 多次,受助人群达 10 万余人。还携手爱心衣橱与中铁物流开展了系列捐衣助贫活动,2015 年 4 月 25 日,中铁物流免费将 70 包衣物及 8 套电脑运往新疆乌鲁木齐、新疆喀什、甘肃定西地区。同年 6 月 12 日,在北京外交人员服务局募集的 70 包(2842 件)衣物,通过中铁物流货运专线免费发往四川甘孜新龙县博孜村。

目前,越来越多偏远地区的学校,将所需物资清单提供给地球站公益创业工程,如山区学校孩子需要的冬衣数量、尺码,地球站公益创业工程分拣、消毒、打包后,将准备好的冬衣,直接运输到需要帮扶的学校,实现了精准扶贫。

3. 社会效益明显

(1)关注城市低收入人群

通过开办地球站爱心超市,将可以二次穿着的服装,经过消毒整理后,在北京外出务工人员聚集地,以每件 1—5 元的价格进行义卖,受到广大农民工和低收入人群的青睐。

目前,六家地球站爱心超市中,有四家设在北京海淀区西北旺镇和上庄镇,另外两家在河北省张家口市和承德市。自 2013 年以来,已累计义卖衣物达 349.5 吨,义卖受惠人数超过 14 万人,将义卖全部收入,用于公益事业(见表 1-14)。

表 1-14 衣物义卖及受惠人数

	2013 年度	2014 年度	2015 年度	2016 年度
爱心超市(家)	6	12	9	6
义卖衣物量(吨)	6	23.5	105	215
义卖受惠人数(万人)	1	3	5	5

数据来源:根据地球站公益创业工程项目提供数据笔者整理。

此外,地球站公益创业工程每年携手中铁六局北京铁建公司,在建筑工地,开展了关爱进城劳务工人"温暖'衣'冬"大型义卖活动。

(2)感召知名企业,携手做公益献爱心

地球站公益创业工程得到社会的广泛支持,越来越多的企业主动参与爱心物资捐赠。中国高端服装定制行业的领军企业北京隆庆祥服饰有限公司,已连续 3 年向该项目捐赠爱心物资,捐赠价值累计达到 700 万元(见表 1-15),7000 余套件西服、衬衫和大衣等,均来自直营店面的样衣。北京隆庆祥服饰有限公司以企业自身品牌影响力、会员客户以及员工个人的捐助,传递爱心,承担环保责任,践行纺织品回收再利用,以实际行动倡导低碳环保的生活方式,为环保公益事业做贡献。

表 1-15 北京隆庆祥服饰有限公司捐赠爱心物资情况

	2014 年度	2015 年度	2016 年度	累计
捐赠爱心物资(万元)	200	300	200	700

数据来源:根据地球站公益创业工程项目提供数据笔者整理。

地球站公益创业工程还定期到在京高校举办爱心义卖活动,选择了适合大学生需要的捐赠物品,如北京隆庆祥服饰有限公司捐赠的高档西装,以低价义卖,并将每次义卖的收入用于公益事业。

通过开办爱心超市、工地义卖和高校义卖,有效地实现了二手资源的再利用,形成"资源循环,物尽其用"的良好效果,同时,用义卖所得,以捐钱形式,再次帮扶和献爱心。如,2015 年 4 月 16 日,地球站公益创业工程将 5 万元(爱心超市部分义卖款)送到北京军区总医院患急性白血病的王钦锐患者家属手里,唤起更多人帮扶那些需要帮助的低收入人群。

地球站公益创业工程与中铁物流集团合作,中铁物流集团提供免费运输服务,将捐赠的爱心衣物,运送到偏远山区、乡村和学校,把爱心传递到每一个需要的地方,送去社会各界的温暖和关爱。

(3)提供就业岗位

表 1-16 显示,地球站公益创业工程项目实施,直接创造的公益就业岗位多达 31 人,包括:管理人员、分拣人员、运输车辆司机、爱心超市人员等。同时还开展环保教育及培训项目,培训环保志愿者 300 多人,提供公益事业劳动岗位近百个。随着项目的不断深入,创造的就业机会越来越多,实现了公益创业,带动就业。

表 1-16 直接创造的就业岗位

	2013 年度	2014 年度	2015 年度	2016 年度
创造就业岗位(人)	32	18	21	31

数据来源:根据地球站公益创业工程项目提供数据笔者整理。

（四）地球站公益创业工程发展遇到的问题

1. 随着社会捐赠物品品种和数量的增多，对接工作量加大

经过3年多的探索，地球站公益创业工程项目知名度的不断提高，公众捐赠物品的数量和种类也越来越多。如：企业的库存产品、大型活动礼品、玩具、图书等。项目秉承着物尽其用的环保理念，捐赠的每一件物品都视为一片爱心，认真负责地对待每一件捐赠物品。在对接工作量逐年增加时，尽量为捐赠的物品找到适合使用的机构，例如：圣诞树及其装饰挂件、世博会纪念品等。既完成了捐赠者的环保心愿，也实现了物尽其用的环保理念。

2. 项目资金不足，扩大规模受阻

虽然地球站公益创业工程项目已连续四年获得民政部的资金支持，从实际运营成本支出构成看（见表1-17和图1-12），2013年收集箱投放初期，投放数量大，当年共投放了97个收集箱，因此，用于箱体制作费用成本占到项目总支出的38.2%，之后两年，每年投放量为60个收集箱，用于收集箱制作费用占比有所下降，2015年占18.3%。

表1-17　地球站公益创业工程项目各项运营成本所占比重（单位：%）

主要运营支出	2013年度	2014年度	2015年度
收集箱制作及维修费用	38.2	30.9	18.3
运输车辆及人工成本	30.6	33.8	25.1
分拣人工成本	13.8	10.4	15.5
仓库房租	7.1	10.2	27.4
组织捐赠、运输费用	7.6	13.6	8.6
印刷和宣传费用	2.1	1.1	5.1

数据来源：根据地球站公益创业工程项目提供数据笔者整理。

其次，是运输车辆及人工成本支出占比大，地球站公益创业工程从开始一辆运输车，到2014年增加到两辆运输车辆，不仅增加了油耗，还多了一名司机的人工成本。

随着旧衣物收集量快速增加，从 2013 年的一百多吨分拣量，2015 年增加到 500 吨，分拣量人员数量从最初的 6 人，增加到 10 人，2015 年分拣人工成本已占总费用支出的 15.4%。

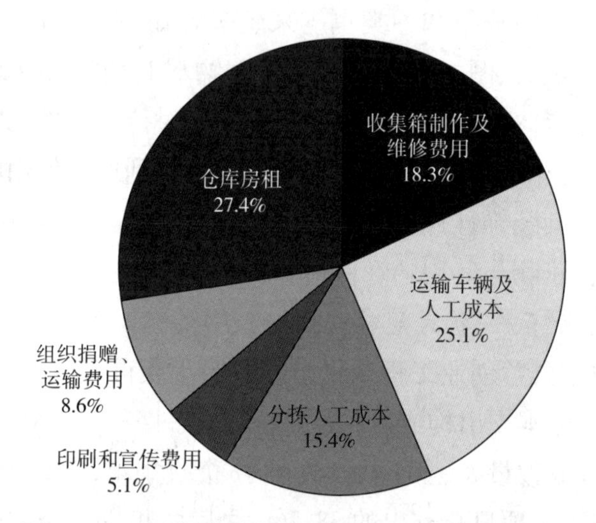

图 1-12　2015 年地球站公益创业工程项目各项运用成本占比

数据来源：根据地球站公益创业工程项目提供数据笔者整理。

同时，用于分拣、消毒的仓库年租金大幅增长，从 2013 年的 10 万，到 2015 年提高到 24 万，2015 年仓库房租已占到总费用支出的第一位，为 27.4%（见图 1-12）。

通过与中铁物流集团合作，为地球站公益创业工程捐赠冬衣提供免费运输服务，解决了部分捐赠运输费用，可以及时将更多的衣物捐助到偏远山区和学校。

（五）地球站公益创业工程未来发展设想

1.“环保+公益”创新模式的推广

目前，地球站公益创业工程项目主要集中在北京地区开展家庭闲置物品收集工作，经过多年的探索，已形成较为成熟的、可复制的“环保+公益”创新模式（见图 1-13）。在环保公益事业中创业，将传统的单纯靠捐赠扶贫，转变为捐赠、义卖等多种形式的市场化运作，保障公益事业的连续性和资金可持续性，通过在其他地区的推广，可以点带面，使更多城市参与，更多的人受惠，受赠地区更加广泛。

地球站公益创业工程项目，现已开始筹备在外埠复制“环保+公益”创新模式，目前有意向的省份包括：辽宁省、河北省、内蒙古自治区等，未来，地球站公益创业工程项目将走出北京向其他城市拓展。

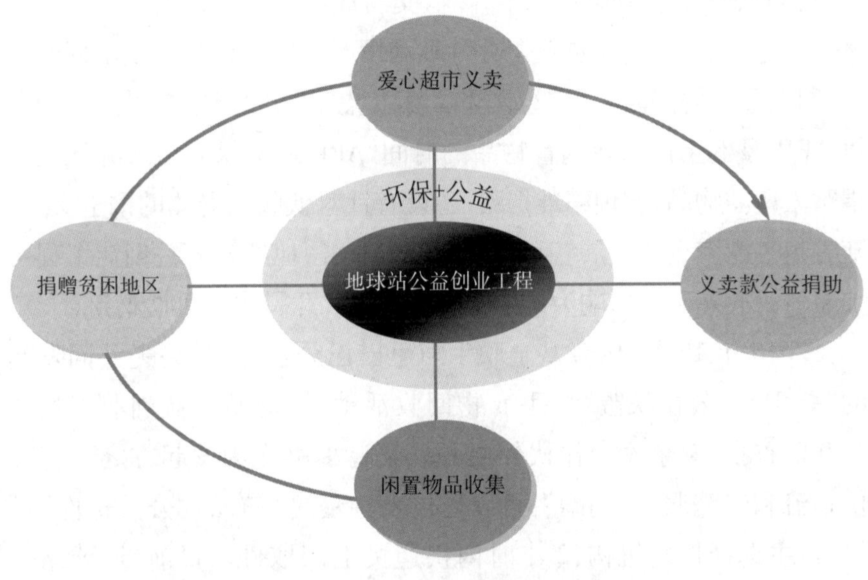

图 1-13　“环保+公益”创新模式

2. 实现自我造血

地球站公益创业工程未来的目标是，经过 3—5 年的政府财政扶持，将项目建成一个环保公益共享和开放的平台，汇集一批社会各界致力于环保公益事业的企业、机构和志愿者，携手共同发展。引入环保和公益形象好，同时经济效益好的爱心企业加盟，以更广泛的社会资源，得到捐赠活动所需的物流、清洗及宣传等环节的资金支持，实现自我造血。最大限度地将闲置物品物尽其用，为环保做贡献，用义卖收入作为公益资金，做大慈善事业。

3. 利用互联网平台拓展线上回收及点对点捐赠

2016 年 5 月，国家六部委出台《关于推进再生资源回收行业转型升级的意见》，是继 2015 年 7 月国务院印发《国务院关于积极推进“互联网+”行动的指导意见》后，这一针对再生资源回收行业推广“互联网+回收”的新模式的政策建议，鼓励企业利用互联网、大数据和云计算等现代信息技术和手段，建立或整合再生资源信息服务平台，提高回收企业组织化水平，降低交易成本。

未来，地球站公益创业工程计划利用互联网平台拓展线上回收渠道，网上回收的同时，还进行网上义卖和点对点的捐赠。居民利用手机 APP，预约上门收取闲置物品的时间，APP 还提供同城或异地接受捐赠人所需物品，实现精准捐赠，还设有针对低收入群体的网上义卖。随着越来越多企业开展“互联网+回收”业务，地球站公益创业工程可加盟较为成熟和有影响力的手机 APP 平台，开展线上回收业务。

2016 年 12 月，由壹基金联手阿里巴巴公益、菜鸟裹裹共同发起的“一 JIAN 公益联盟”二手衣物回收活动，地球站公益创业工程成为联盟首批 20 余家合作伙伴之一。菜鸟裹裹作为发起方之一将提供物流和追踪服务，捐赠者可以通过菜鸟裹裹特有的“公益寄件”模块，自主选择捐赠机构，2 小时内快递员上门取件。目前，地球站公益创业工程每天都能收到数量不等的二手衣物捐赠包裹，捐赠者通过 APP 实现对二手衣物配送动态全流程、各环节的实时追踪。

第三节　蓝蝶公益基金会“西部温暖计划”

“西部温暖计划”项目发起于 2006 年冬季，是由蓝蝶公益基金会作为发起人之一的旧衣回收公益项目。该项目是目前由中国民间机构发起持续时间最长、受助人数最多的二手服装回收再利用慈善项目。项目主要通过组织青年志愿者在中东部地区城市募集闲置衣物及教育物资，将其输送至青海、西藏、甘肃等西部欠发达地区，实现公益慈善目标，同时促进资源的循环利用及合理配置。

一、西部温暖计划旧衣物回收再利用体系

西部温暖计划自实施起采用多种方式拓展旧衣回收捐赠渠道，在经过分拣后，进行分类再利用，一些可穿着的二手衣物捐赠至西部地区，其余的则委托工厂制成书包等再生产品捐赠给西部地区。图1-14显示了西部温暖计划的旧衣物回收捐赠体系。

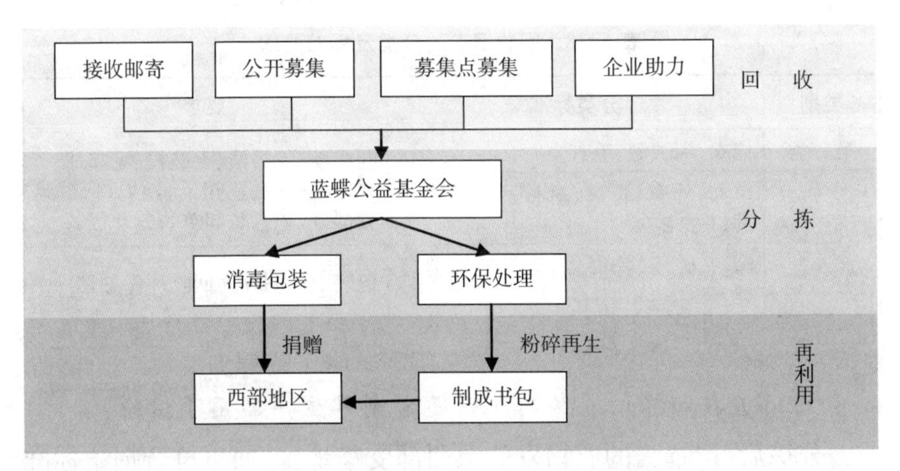

图1-14　西部温暖计划旧衣物回收捐赠体系

（一）多方式回收

西部温暖计划采取社区公开募集、接收邮递捐赠、固定募集点募集和企业助力等多种方式开展旧衣回收。社会公开募集是在一定时期内选择商场、居民小区等人流密集的社区号召居民捐衣；接收邮寄捐赠是在指定时期内通过发起一定的主题活动号召社会公众以邮寄的方式捐衣，例如曾在2014年5—9月开展的“让睡在衣柜中的爱心起航”2014西部温暖计划捐衣行动；募集点募集是通过项目在京津冀地区的高校及北京市街乡、中小学设立的固定募集点收集旧衣；企

业助力是接受企业的库存或回收衣物等物资的捐赠,例如罗莱家纺将其在全国近两千家门店以回馈形式鼓励消费者捐赠的旧衣被统一收集捐赠给西部温暖计划。

(二)依标准分拣

募集的旧衣物最终运至蓝蝶公益基金会的仓库,并由大学生志愿者进行拣选分类。衣物的分拣依据具体的分类和标准要求,对可用于捐赠的棉衣进行单独包装,以保证卫生。具体的分类标准及要求见表1-18。

表1-18 回收旧衣的分类及标准要求

类别	分类标准	要求
第一类	棉衣、羽绒服、毛衣类	九成新、无污渍、无破损、无起球 注意检查拉链、扣子、领袖口、裤脚等部分,成人装和童装分开包装
第二类	单衣、外套、长裤、衬衫、西服、牛仔裤、T恤衫类	
第三类	污渍、破损、陈旧、起球等不可修复类	包装上注明作为回收环保处理

(三)直接捐赠旧衣物的同时还定制再生产品用于捐赠

分拣后,可捐赠的衣物发放至西部受赠地区,而不符合捐赠标准的衣物被运送至再生纤维加工厂制成再生产品,再捐赠给西部地区,再生产品包括书包或帐篷等救灾物资。由于回收的旧衣很大一部分比例不适合再次穿着,很多公益机构对不适合捐赠的旧衣往往缺乏处理途径,也因此无法实现公益价值的最大化。“西部温暖计划”与再生纤维加工厂合作,将不适合穿着的衣物经切割粉碎加工成再生纤维,再制成再生产品,可最大化实现资源的循环利用,而再生产品也根据西部贫困地区的需要而定制和捐赠,因此也可以实现最大化的公益效果。2014年,西部温暖计划共回收约65万件旧衣物,可捐赠衣物约15万件,约77%的衣物进行了环保再生处理。

二、西部温暖计划的特点和实施效果

（一）旧衣募集地区分布广泛

西部温暖计划实施10年来，在以北京为主要募集区域的同时，还在北京周边数十个大中型城市组织志愿者开展社区和学校募集活动。这些募集活动遍布北京市范围内的五个区县、近百个街乡、151所中小学及51所大中专院校，以及天津、石家庄、廊坊、烟台、滨州、大连、临沂等多个地区。

（二）捐赠惠及地区广泛

西部温暖计划惠及的地区有：青海海东循化撒拉族自治县、黄南藏族自治州同仁县、果洛藏族自治州甘德县和玛沁县，西藏昌都地区类乌齐县、日喀则市聂拉木县，甘肃平凉市灵台县，宁夏固原市彭阳县，四川甘孜州石渠县、色达县、新龙县和德格县，新疆伊犁地区，贵州毕节地区，湖北荆州等地区。

（三）志愿服务精神不断传递

西部温暖计划85%的工作由志愿者参与完成，他们不但负责衣物的募集、分拣，还参与衣物的捐赠与发放。仅在2015年，就有2432人次高校及社会的志愿者参加了志愿服务工作，而西部温暖计划发起十年来，累计有数十万志愿者参与。志愿者的足迹遍布青海海东、西藏昌都、甘肃平凉、内蒙古白旗、宁夏固原、四川甘孜、新疆伊犁、贵州毕节等地。

（四）公益效果显著，旧衣循环利用价值得以推广

西部温暖计划自2006年启动以来，截至2015年12月31日累计募集195.5万件棉衣，扶贫助学396万元，捐助书包18000个，价值9865万元。2016年，项目共募集衣物约55万件、图书近10万册，参与捐赠的人数达40多万。物资在青海玉树州玉树县、称多县、治多县、囊谦县、四川甘孜州石渠县、新龙县、色达县等地由当地志愿者协助发放，共发放衣物21.5万余件，发放再生书包1200个。同时，随着西部

温暖计划实施范围的扩大和再生产品的发放,越来越多的人认识到,废旧衣物不但可以用于公益捐赠,也有资源循环利用的环保价值。

三、问题与建议

西部温暖计划在开展过程中也遇到了一定的困难,首先是回收、分拣人员及场地不稳定。分拣环节的主力军是大学生志愿者,但由于大学生存在上课、考试及放假等原因,具有一定的不稳定性。未来可进一步扩大合作高校的范围,与各募集区域的高校爱心和公益社团开展联络,并将志愿服务群体扩展到社会志愿者,以保证回收及分拣工作的及时进行。此外,随着回收量的扩大,需要更为开阔及稳定的仓储、分拣场地,以及系统化的流程管理。由于西部温暖计划的募集地区除北京以外还遍及北京周边省市,因此可以在京津冀一体化的背景下,建立各募集区域的仓储、分拣和发放基地,加速物资的发放。此外,还可以通过加强项目流程管理和信息化建设,在提高项目透明度和参与度的同时,提高项目的收捐效率。

第四节　爱心衣橱基金

一、爱心衣橱基金简介

爱心衣橱基金全称为中国青少年发展基金会爱心衣橱基金(以下简称"爱心衣橱"),2011 年由主持人王凯、马红涛发起,多家主流媒体、主持人、编导、记者、企业家、名人明星共同参与推进的一项爱心公益行动。爱心衣橱的使命为"用心呵护孩子冷暖",意在为偏远、高寒地区的孩子们定制防风防雨保暖透气的新衣服,并倡议社会各界爱心人士关注贫困地区儿童的心灵关爱和教育问题。

爱心衣橱自实施起,通过不同的渠道帮助偏远山区儿童,目前的主要运营项目有三个,分别为:心暖新衣项目、传爱项目、暖洋洋项目

（见图 1-15）。

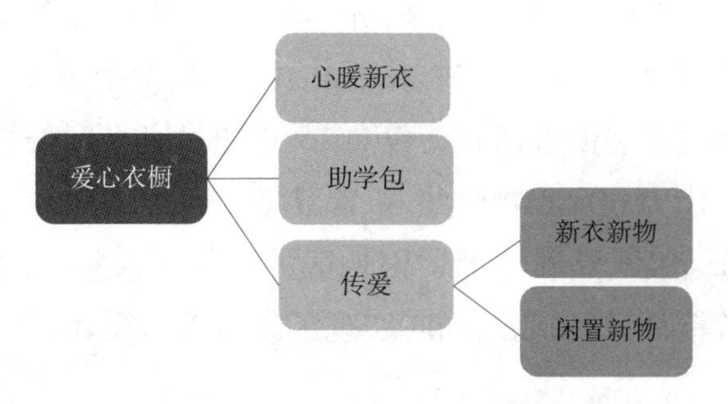

图 1-15　爱心衣橱项目简介

心暖新衣为爱心衣橱的首个也是最主要的公益项目，该项目通过爱心筹资为偏远山区儿童购置保暖舒适的冲锋衣。截至目前，已为来自全国 28 个省份 1079 所学校的 137175 个孩子带去温暖。助学包项目源于心暖新衣项目开展中，志愿者们发现偏远山区的孩子们不仅缺少温暖的新衣新裤，更缺少保暖的手套帽子以及画画学习的铅笔课本。该项目为孩子们提供三款助学包：温暖包、学习包、文体包。从送温暖再到关注学习、文体活动，逐步深入到孩子们的身心中，关爱留守儿童。传爱项目下设闲置衣物与新衣新物两个子项目。闲置衣物项目主要进行闲置衣物的募集与发放。新衣新物项目则是通过联合爱心企业，为偏远地区送去新衣和新物。在帮助他人的同时提升企业公益形象完成企业社会责任。

二、传爱——闲置衣物项目简介及理念

闲置衣物项目为爱心衣橱基金“传爱”项目的子项目之一，项目口号为“衣”旧暖心。该项目意在回收企业或个人的闲置衣物，通过对衣物的再处理再捐赠使之产生更大的价值。通过联合志愿者、爱心企业、再生工厂、洗衣连锁机构、物流机构，将收集的废旧衣物经过分拣、消毒、运输等工序送至偏远地区或送至再生工厂循环利用，使

旧衣物得到了更好的循环利用。

该项目自 2012 年成立以来，先后通过开展定期的回收活动、走进企业高校回收、设立回收箱、接受传统邮寄、携手企业进行闲置衣物募集等方式开展旧衣回收。仅 2015 年通过联合“地球站”在北京各高校机关代为放置衣物收集箱，就为偏远山区送去了 79732 件经过分类拣选、消毒，适合西部贫困地区的农村民众穿着的闲置衣物。不仅将公益精神进行到底，同时实现了废旧资源循环利用。

三、爱心衣橱衣物回收再利用体系分析

爱心衣橱的闲置衣物回收项目设立之初，仅以联合北京城区内干洗店回收市内没有破损和污渍、八成新的棉衣、羽绒服、外套类御寒冬衣，并不回收帽子、鞋子、内衣等衣物，并且所有收集到的旧衣均以捐赠的途径发放至偏远高寒山区。通过不断吸纳新想法并总结经验，爱心衣橱闲置衣物项目从衣物募集、分拣到捐赠形成了较为完整的衣物回收再利用体系（见图 1-16）。

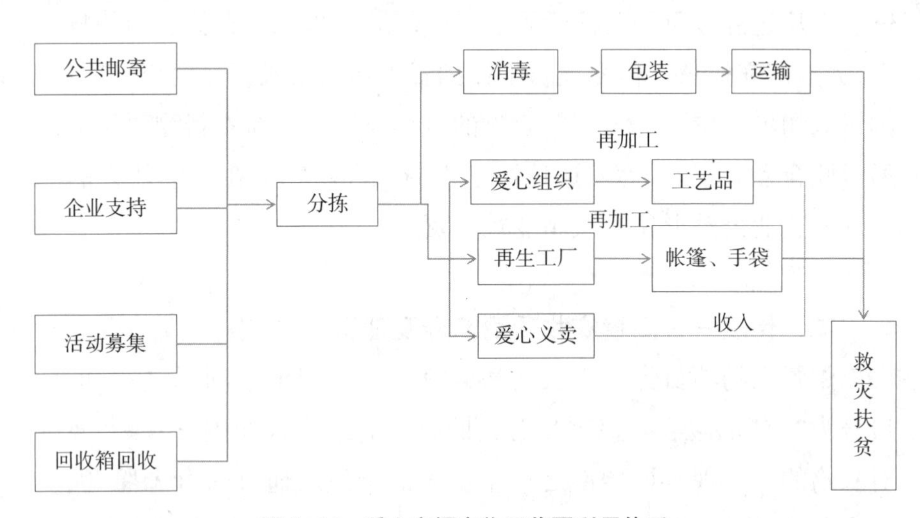

图 1-16　爱心衣橱衣物回收再利用体系

（一）募集阶段

爱心衣橱闲置衣物活动的募集阶段方式主要包括公众邮寄、企业支持、活动募集、回收箱体募集等方式。

公众邮寄主要是通过微博、微信公众号等网络平台发布信息，提供受捐地址，可供全国各地志愿者捐赠。2016 年 7 月菜鸟裹裹联合阿里公益推出一 JIAN 公益，捐赠者可通过手机预约快递员上门取走闲置衣物，爱心衣橱成为北京地区爱心接收单位，发达的互联网时代为衣物捐赠提供了有效的途径。

2014 年爱心衣橱联合“地球站”公益创业工程，在北京多个社区、商场、写字楼、超市、机关单位、学校等人流密集地区放置闲置物品收集箱，让民众以最便捷的方式捐赠闲置物资。截至 2016 年 7 月，已经在北京地区放置 80 余个收集箱。

除个人民众募捐外，爱心衣橱的旧衣还有一部分来自企业捐赠。这部分衣物主要是一些外贸剪标商品或企业库存，还有一些企业生产中的废料，通过与企业的联合，将本来即将废弃的衣物变废为宝，重新利用。

（二）分拣再利用阶段

经爱心衣橱所募集到的衣物一部分直接邮寄到了受助当地，由当地志愿者进行发放。另一部分的旧衣被运至固定的仓库进行分拣，爱心衣橱通过募集志愿者完成衣物的分拣过程。

所有衣物通过分拣，将部分成色较好并适合的衣物进行消毒打包送至偏远地区，2013 年爱心衣橱联合爱心企业，将 10473 件衣物送至偏远高寒地区解决当地群众寒冬之急。

部分成色较好但并不适合捐赠的衣物被送到爱心义卖店，以五元、十元的低廉价格卖给在京的打工者。义卖所得除了支付义卖店房租及人员工资外，剩余的款项会投入“收集箱”的制作中。还有一些明星捐赠的物品，则会通过网络或慈善商店等方式进行义卖。

经过多年开展旧衣回收工作,爱心衣橱的工作人员在废旧衣物的再利用环节上积极开拓,将某些不能直接捐赠或售卖的衣物送至再生工厂进入再生环节。废旧衣物首先经过消毒,消毒后的衣物在分拣区进行分拣,衣物通过材质、纺织工艺、颜色等分成十几个种类。部分吸水性较好的布料在去除领子、袖口、拉链后被再生为墩布拖把。其他废旧衣物经深加工可变为救灾帐篷、各类环保书包、工业用品等。

四、爱心衣橱闲置衣物项目实施效果

(一)六年来累计回收旧衣十余万件,投放回收箱80个

自2012年来,爱心衣橱通过闲置衣物项目举办旧衣回收活动十余次,项目累计回收旧衣物十万余件,累积量高达10吨。通过与地球站合作在北京市设立固定回收箱80个,开启流动回收到固定回收模式的开拓。并在旧衣回收活动开展中不断完善回收发放体制,形成了一套集衣物回收、运输、发放、反馈、存档于一体的管理体制。具体做法,在捐助、收集阶段,在北京放置衣物回收箱,市民可将家里闲置衣物清洗干净后就近放置到回收箱内,地球站安排车辆定期将收集箱内衣物运送到库房分拣、消毒、整理,根据不同用途进行分类;运输阶段,中铁物流等物流企业负责将捐赠给中西部地区的衣物运送到各省;接收、发放阶段,各地区站点、志愿者、公益组织、教委、团县委负责接收闲置衣物,并运送到地方,组织村委会、学校发放闲置衣物;反馈、公示阶段,将接收证明和衣物发放照片向爱心衣橱反馈,发放组织方与爱心衣橱微博公示发放信息和发放照片;资料存档阶段,爱心衣橱负责做资料归档的工作(见图1-17)。

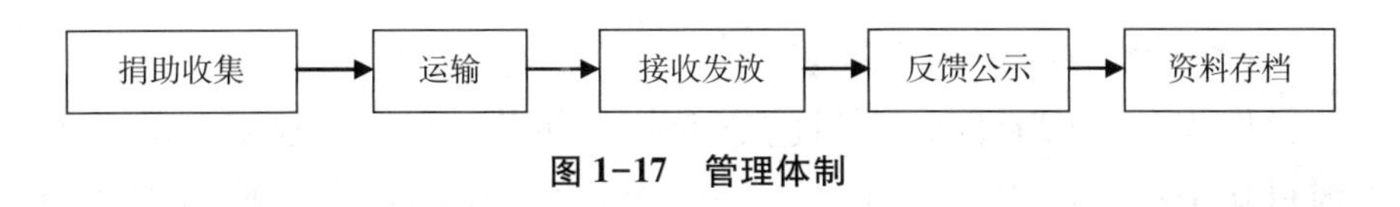

图 1-17　管理体制

（二）公益带动旧衣回收再利用模式

作为一家以帮助偏远、高寒地区学生解决温暖的公益组织，爱心衣橱从设立初始的募集善款为学生带去新衣，到后期通过组织越来越多的活动发现城市庞大的闲置衣物量，并发掘闲置衣物潜在价值，开启了以公益带动旧衣回收再利用的模式。

通过公益渠道更有利于闲置衣物的收集，爱心衣橱借助原有影响力和志愿者资源带动更多城市家庭将家中闲置衣物捐赠。2016 年爱心衣橱携手天猫共同发起了衣物“以旧换新”活动，消费者将旧衣带至指定门店兑换网点优惠券，收集到的旧衣经过分拣、消毒等过程捐赠至山区或进入再生工厂循环利用。并且在闲置衣物的再利用的捐赠环节，能够切合实际的结合山区、高寒地区需求对衣物进行分拣，许多回收的闲置衣物并不适合受捐者要求，盲目地邮寄到受捐地只能造成资源的浪费，并给受捐当地群众带来不必要的负担。

（三）社会效应

2015 年爱心衣橱接收到企业捐赠的残次及剪标库存 14000 余件，虽然有破损及残次但因为是新衣且质量较好，经过分拣工作人员挑选出 7000 余件较为完整的衬衣。通过联系贵州一家以帮扶残疾人就业为主的机构，衣物被送到残疾人手中经过拆解、蜡染、缝制做成手包、零钱袋等各种各样的小礼品，通过企业回购及销售不仅为废旧衣物带来再生价值，还帮助了贵州当地残疾人解决工作生活问题，使废旧衣物的再利用产生社会价值。

五、爱心衣橱闲置衣物项目启示

（一）吸纳精神助力回收

作为开展旧衣回收项目已有 5 年的机构，爱心衣橱举办的公益项目从为偏远高寒山区送新衣到闲置衣物回收捐赠，回收方式从单一的以活动募集收集旧衣到与地球站合作放置固定箱体，社会帮扶手段由简单的提供衣物捐赠到解决残疾人群就业，爱心衣橱发扬拓展精神，积极吸纳有益项目、回收方式，使闲置衣物项目体系越发完整成熟。

（二）旧衣回收运输成本居高不下

目前，爱心衣橱的旧衣来源较为丰富、旧衣收集量充足，但问题在于在爱心衣橱闲置衣物项目的运营成本中，运输成本占到了总成本的 90%，还有 5%的打包成本，如此一来运费几乎成为整个项目的所有花费，与募集相比，运输成为较大的困扰。近几年，爱心衣橱积极联系运输物流企业，通过公益捐赠解决旧衣物回收中的运输费用问题。

2015 年 3 月，中铁物流集团与中国青少年发展基金会爱心衣橱基金达成战略合作协定，在全国范围内的干线班车免费为那些需要爱心衣物的偏远山区、乡村提供运输服务，送去社会各界的温暖和关爱；并在资金方面最大限度地支持公益事业。中铁物流集团总裁陈民德表示希望通过战略合作将中铁物流集团企业文化与公益事业密切联系起来，通过公益事业合作来提升集团影响力，提高企业员工社会责任感和服务意识。

（三）循环经济、资源利用——旧衣回收理念应重新树立

在很多普通人的眼中，往往把捐赠闲置衣物与爱心、公益等词汇相联系。衣物因其特殊的属性在很多的城市家庭中大多扮演改善生活品质的角色，但许多偏远贫穷地区的家庭由于还在为吃饭、上学、医疗等基本生活问题发愁，对于穿着的要求不高。所以就造成了目

前收集到的大多衣物并不满足受助人需求和接受旧衣捐赠的地区越来越少的情况。以爱心衣橱2016年的旧衣捐赠为例，目前国内接受旧衣捐赠的地区仅仅集中在青海玉树地区、四川甘孜地区、凉山州、云南怒江地区等。公众还停留在传统的二手闲置衣物捐助西部贫困弱势群体使用的观念中，但其实中国每年都会产生几千万吨的废旧衣物，这些衣物大多并不适合继续捐赠，捐赠并不是旧衣循环利用的唯一途径。

国外对于旧衣物回收再利用已拥有一套完整的体系，以英国、美国等国家为例，都建立了完善的废旧物回收再利用制度及处理方法。想要合理利用废旧资源，做到循环经济还应从树立大众回收观念入手，并逐步完善国内旧衣回收再利用体系。

第五节　同心互惠商店

一、同心互惠商店简介

同心互惠商店，为非营利机构，北京工友之家文化发展中心下属社会企业，成立于2006年3月，法人代表为王德志。同心互惠以“资源有限、合作消费、社区参与、互助互惠”为宗旨，希望把城市积累的大量闲置富余物品收集起来，在同心互惠商店义卖，降低打工者的生活开支，发展合作消费，支持打工者自身文化教育事业及其他相关公益活动，从而改善打工者群体的生存状况。

2002年，打工青年文艺演出队在各工地为工友演出的过程中，发现工友们普遍穿得比较差，对于服装有着强烈的需求，迫于经济条件所限，这种需求往往被压抑着；另一方面，城市居民家中往往存有大量闲置的服装。2003年，他们与各大高校的志愿者以及一些爱心人士一起，发起募捐，演出队到工地演出时，带上募捐来的衣服，发放给工友，受到了工友的热烈欢迎。

“发衣服时的情形你都想象不到是什么样子！那些工人们上来就抢啊，场面都有点吓人，连保安都有点控制不住。当然，有的工人对我们这种发放很反感，因为他们觉得这是一种施舍，自尊心受到了伤害。”负责同心互惠公益商店的王德志说[①]。

部分工人认为发放旧衣服是一种施舍，自尊心受损；另一方面，旧衣虽然是募捐来的，但是还需要进行整理、运输，都会发生成本，而且不能影响艺术团的正常演出。于是，王德志想到了做“旧衣服福利超市”的想法——将募集来的衣服经过消毒处理，以非常低的价格出售给工人，这样既能维护工人的尊严，又解决了管理成本的困难。于是，2006年，第一家“同心互惠商店”在北京工友之家文化发展中心所在的皮村诞生了，商店刚开张就受到欢迎。经过调研，他们陆续又在北京周围几个大型社区开办了同心互惠店，主要是所谓的城乡接合区域。截至目前，共有15家同心互惠店。为了更好地利用商店，丰富工人的业余生活，除皮村之外的商店，还各自有一个图书角，这里的图书也都来自个人以及企事业的捐赠。

商店的所有盈利，除了维持各个网点正常运转之外，全部被用在同心实验学校的建设、帮助困难工友家庭，支持更多工友之家开展的项目上。比如，后来陆续开办的打工文化艺术博物馆、免费电影、打工春晚等[②]。

二、同心互惠旧衣回收处理流程

同心互惠通过多个渠道从北京、河北、天津回收来的旧衣，经分拣后，主要是以二手衣的形式在国内，主要是北京周边打工人员集中的区域销售。2016年，旧衣回收销售业务拓展到了西安和山东（见

① 寇青：《“新工人”做公益》，《今日中国》2012年4月15日，第48—51页。

② 王乐然、王德志：《给农民工办春晚》，《环球人物》2013年1月26日，第83—84页。

图 1-18）。

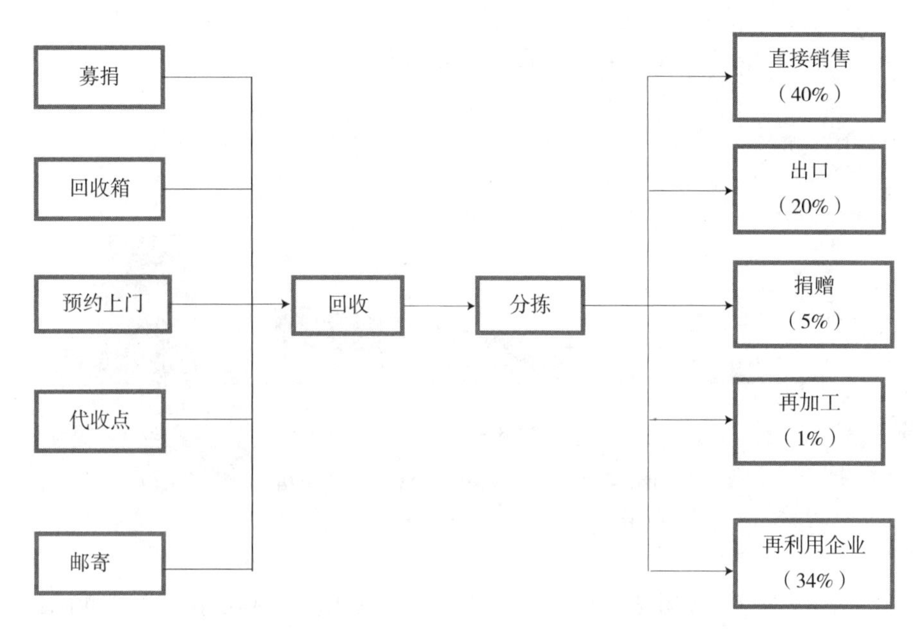

图 1-18 同心互惠旧衣回收处理示意图

（一）多渠道回收

同心互惠回收旧衣的渠道包括以下几种：

1. 定期募捐

同心互惠以多渠道回收旧衣，最初与高校大学生社团建立长期关系，比如对外经贸大学、北京化工大学、中华女子学院，河北廊坊大学城的高校等合作，定期举办募捐活动。截至 2016 年 6 月，共有近 60 所高校 100 多个社团与同心互惠建立了定期合作回收关系，特别是每年五六月份，高校学生毕业季，更是捐赠高峰期。这些高校主要分布在北京市，少部分在天津和河北。

2. 回收箱回收

2011 年开始，同心互惠和一些企业建立合作关系，比如微软、LG、惠普、联想等大公司，在这些公司里放置募捐箱，员工们上班时就随手把旧衣放进去。最初的回收箱只是简陋的由打工工友制作的木制回收箱,2012 年起向江苏宿迁某企业订购红色铁制回收箱。近几年,回收箱数量逐年增多,具体见图 1-19。

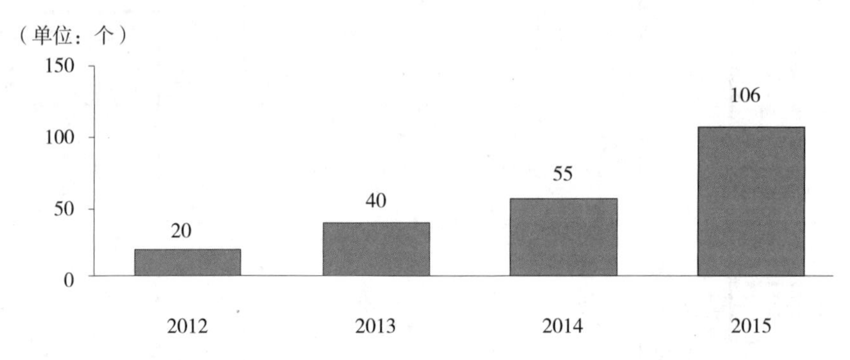

图 1-19　同心互惠累计放置的回收箱

资料来源:2016 年 6 月 28 日对同心互惠项目负责人王德志的访谈。

由上图可以知道,2015 年,同心互惠放置的回收箱有了大幅增加,相应地,旧衣回收规模也有大幅增加。

一些大企业也积极投身公益,主动放置同心互惠的衣物回收箱,帮助打工人员。2016 年 4 月 21 日,京东公益联合京东社区便民服务站携手工友之家同心互惠开启闲置物品捐赠活动。工友之家同心互惠在京东北京地区的 10 个便民服务站点安放了同心互惠的衣物募捐箱,方便了住在京东便民服务站附近的爱心人士捐赠衣物等闲置物品,奉献爱心。

3. 预约上门回收

除了与高校合作接受捐赠,以及在企业放置回收箱外,同心互惠还开通了捐赠热线、网络、微信平台等,爱心人士可以通过以上多种方式提前预约,由同心互惠的工作人员上门接受捐赠。北京市民对于捐赠非常踊跃,笔者在同心互惠调研期间,接听捐赠热线的工作人员一直在接听电话,预约上门时间。

回收人员（由司机兼）在接收捐赠物品时，与爱心人士共同填写捐赠证明，并留作存档。捐赠证明一式两联，同心互惠留存的是黑白的。这既作为对于爱心人士捐赠的证明与肯定，也作为同心互惠收到捐赠的证明。同心互惠商店会定期把捐赠统计后，上传网站。

4. 代收点回收

分布在朝阳、通州、海淀的各个同心互惠商店都可以代收捐赠物。除此之外，同心互惠在北京市各区县都设有代收点，如海淀上地的创业大厦、部分福奈特洗衣店、部分国美电器店、朝阳慈云寺远洋天地居委会等，并且在网上预留了各代收点的具体地址，联系方式，以及接收捐赠的时间，以防捐赠者白跑一趟。

无论是高校募捐、放置回收箱、上门回收还是代收点回收，都需要由车辆把旧衣物运回皮村总部。运输的车辆由最初的 2 辆发展到现在的 5 辆。回收的量也有了很大的增长，负责同心互惠商店的王德志估计 2015 年全年回收不到 600 吨，2016 年，每月回收 40—50 吨，2016 年估计可回收超过 600 吨旧衣。

5. 邮寄回收

除了以上各种捐赠方式外，同心互惠也接受邮寄捐赠。而且邮寄只能寄到皮村同心互惠总店，以节约成本，方便管理。

（二）明确规定可回收旧衣

同心互惠在网站上明确规定了接受衣服、床上用品、鞋子、电器、家具、书籍、玩具等物品的捐赠，并规定捐赠物要符合一定的要求，比如对于衣服和床上用品，规定接受大人、儿童、婴儿四季衣服，要求不破损、不染色、不霉变、毛线织品不严重起球，不接收旧的裤衩、胸衣、袜子，物品可以正常使用。

对于鞋子，规定接受大人、儿童、婴儿四季鞋子，同时规定必须不破损、不断底、不开胶、不开线、不单只等，可以正常使用。

因为同心互惠回收来的衣物主要是面向打工人员销售，不破损、不霉变等是基本的要求，也是出于对打工人员的尊重，毕竟即使是以很便宜的价格买来的，也没有谁会愿意自己穿得破破烂烂的。

同时，同心互惠善意提醒捐赠者，在捐赠之前，好好清理，确保自己的私人贵重物品不要遗忘在捐赠物中，要将捐赠物做清洁处理，要简单分类。如果是请工作人员上门回收，要填写物品登记表，与工作人员共同填写并领取捐赠证明。

（三）旧衣以销售为主

回收来的旧衣，统一运到皮村入库，进行必要的消毒、简单的分类。由各同心互惠商店的负责人根据商店所在区域工友的需要，挑选出可能销售出去的旧衣。在挑选的过程中，由总部的分拣人员定价并计算所选旧衣的总价。旧衣的定价基本上由分拣人员按照类别来确定，如长裤 8 元，夏天的短袖上衣 6 元，冬天的棉衣、羽绒服 20 或 30 元。商店负责人回去后，挂上同心互惠的价签。由于相对市场全新衣物的价格，定价已经很低，旧衣不允许还价。

对于同心互惠商店销售不出去的旧衣，运回皮村后，由分拣人员进行二次分类，有些可以继续销售的（占 10%—20%），则放入可销售旧衣中，有可能被其他商店的负责人挑选后再次销售。多数商店销售不出去的旧衣则放入废品中。

据王德志介绍，总的来说，可以直接穿用，由同心互惠商店或在北京周边的集上销售的旧衣占 40%，出口占 20%，捐赠给困难工友及西部困难群众的占 5%，由同心女工合作社的妈妈们进行加工后义卖的，占 1%，余下 34%作为废品卖给再利用企业。以上各比例都是指占旧衣总件数的百分比。

（四）对少量旧衣进行再加工

很多同心实验学校的家长妈妈们因为需要照顾年幼的孩子，不便外出找工作，所以工友之家希望支持流动妇女，让她们能在照顾孩子的同时，发现自己的价值。2010 年 12 月，同心女工合作社正式成立，最初是利用旧衣生产一些简单的产品，比如拖把、围裙、袖套、鞋垫等，但这些产品市场上存在不少同类产品，缺乏特色，价格也非常低。

2012 年，同心女工合作社成员们找准了自己的方向，以创意旧衣拼布产品为主打，开始正式设计并生产属于自己的产品。她们的产品包括电脑包、同心娃娃、小鱼钱包、拼布钱包等。

同心女工合作社的特色产品包括环保袋、靠垫、包等等，和以往的鞋垫、围裙相比，这些新产品在款式上有着非常大的变化，设计上更为大胆，而且个性十足，全部由拼布做成，每一个包都是独一无二的，都是根据旧衣拆解后布料本身的形状和质地去设计，因此不仅色彩搭配千差万别，形状、式样都各不相同[①]。价格也很实惠，大多在 20—50 元之间，这比市场上其他布包要亲民得多。通过自主设计、自主生产、自主销售，女工们能够从卖出的每件产品中得到合理、公平的回报。每位女工的工资根据完成作品的件数和复杂程度来计算。产品销售盈余则用于合作社流动妇女的创业发展，为流动妇女提供更多的工作机会和生活支持。

目前，同心女工合作社会不定期在北京市区组织义卖，也在周末举办的北京有机农夫市集上摆摊，同时，798 艺术工厂的“三匚创意汇”中有一家专属于同心女工的实体店铺，同心互惠公益商店的淘宝店中也出售同心女工的产品。但仍存在以下问题：一是由于女工随家庭流动，流动性较大；二是女工大多没有接受过专门培训，产品款式有待丰富，设计有待提高；三是产品虽在一定范围内有一定知名度，但产品销量有限，有待进一步提高消费者认知度，开发市场潜力。

同心女工合作社用于加工拼布工艺品、包、拼布布料等所使用的

① 陈全忠：《再造衣银行 旧衣的奇幻漂流》，《恋爱婚姻家庭 · 青春》2014 年第 5 期，第 49—50 页。

旧衣约占旧衣总数量的1%。

三、同心互惠商店取得的经济社会效益

据同心互惠公布的年度报告，从2009年开始，同心互惠已经逐步有盈余，可以说，从经济角度看，同心互惠商店能自负盈亏，并有盈余，是成功的[①]。除此之外，同心互惠还取得了一定的社会效益，这反映在以下几方面：

（一）促进就业

同心互惠专职工作人员从最初的几人，到2015年，共50个专职人员，目前北京地区有约40名员工，分别承担管理、分拣、商店经营等职责，西安和山东有10名员工，其中有8名残疾员工。打工人员多属于弱势群体，而残疾人员更是职场弱势，很难得到稳定雇佣，能为他们提供一个稳定的就业岗位，相当于稳定了一个家庭，这是同心互惠创造的重要的社会效益。

（二）为打工者节约生活成本

打工者属于城市外来人口，为城市创造了大量财富，大多从事建筑、流水线生产、服务业、早点摊、家政服务等比较脏、累的工作，而且收入较低，但同样，他们也渴望丰富的物质生活和多彩的精神生活，但限于经济收入，他们负担不起动辄几百上千的衣物，而同心互惠商店义卖的商品正好可以满足他们的需求。

据同心互惠年度报告公布的数据，按照同心互惠销售商品价格仅为市场10%—30%计，从2006年同心互惠商店开办以来，已经为打工者节约了几千万的支出。另一方面，这其实也是整个社会资源的节约。

（三）举办培训班等帮助打工者

同心互惠商店定期举办各种培训班，如夜校英语班、电脑班、法

---

① 《同心互惠年度报告》，见 http://www.tongxinhuhui.org/ArticleList.asp? class1=116。

律培训班、法律维权、家庭教育、就业指南、社会性别意识、医疗健康等各类文化教育培训讲座等,帮助打工者提高技能,提高法律意识。在同心互惠商店向社区工友免费派发法律常识及权益信息、工友之家服务卡等宣传资料,接受工友咨询及个案援助,维护工友权益。

组织动员社区工友及大学生志愿者参与社区宣传活动,服务社区工友,为社区工友搭建社会资源支持网络。

利用募捐来的图书杂志,在各同心互惠商店设立"图书角",免费向社区工友提供借阅服务等。

支持打工子女教育事业,资助困难及失学儿童、设立奖学金、开展流动儿童活动中心、课外兴趣小组等各项公益活动。

第六节　北京市城市再生资源服务中心

一、北京市城市再生资源服务中心简介

北京市城市再生资源服务中心(以下简称"服务中心")是经北京市民政局登记注册、由北京市社会建设工作办公室直接管理的市级社会服务机构,于 2011 年 3 月成立,截至 2015 年 9 月,是经北京市民政局批准的唯一一家具备废旧衣物收集、分拣、公益捐助资质的组织。服务中心的业务范围:开展社区便民服务,志愿服务;垃圾分类,环境保护;废旧衣物收集、分拣、公益捐助;再生资源回收站点规范建设服务管理;相关环保、消防、治安等法律法规、职业技能教育宣传;咨询服务。

服务中心自成立以来,以"发展再生资源回收利用事业、培育再生资源回收人才、助力绿色北京建设"为宗旨,积极开展再生资源环保收集处理工作,努力做好再生资源分拣加工利用、技术开发推广以及相关环保回收的宣传工作。

2013 年 12 月 11 日,服务中心与大栅栏街道办事处共同签署

“社区环保项目战略合作协议”并宣布启动“废旧衣物公益回收活动”，并在大栅栏社区统一设立废旧衣物回收站，放置回收箱，这标志着服务中心正式开展废旧衣物的回收工作。

二、服务中心回收旧衣情况

服务中心采用多种形式回收闲置衣物，在海淀、丰台和西城的一些社区放置“老北京娃娃”旧衣回收箱，同时在社区、高校举办“废旧物品公益行”等活动，在活动中，对群众宣传环保以及再生资源再利用等知识，同时，以肥皂、洗衣液、环保袋等实物，作为对居民捐赠废旧物资的奖励。

服务中心共计投入30万元自有资金用于旧衣回收，其中2014年、2015年，分别投入自有资金10万元和20万元。与此同时，2014年，服务中心承担政府购买项目“废旧衣物回收倡导垃圾分类服务项目”，2015年承担“废旧衣物回收捐助行动服务项目”，北京市社会建设工作办公室分别给予了20万元和25万元用于旧衣回收工作(见表1-19)。

表1-19　北京市城市再生资源服务中心资金来源

（单位：万元）

资金来源	2014年	2015年	合计
自有资金	10	20	30
政府购买社会组织服务：	—		45
废旧衣物回收倡导垃圾分类服务项目	20	—	
废旧衣物回收捐助行动服务项目	—	25	

2014年，服务中心在丰台、海淀和西城区共放置30个“老北京娃娃”回收箱，2015年，共放置50个回收箱。服务中心刘泰原主任在接受课题组访谈过程中透露，之所以选择“老北京娃娃”作为回收箱，是因为20世纪六七十年代，不倒翁娃娃玩具非常流行，采用这个

造型能接近与普通老百姓的距离。但由于“老北京娃娃”回收箱属于不规则形状，需要开模等工艺，成本较高。据刘主任介绍，“老北京娃娃”回收箱的成本达4500元/个。回收箱采用玻璃钢材质，金属材质的合页很容易损坏。

为了吸纳更多的企事业参与到旧衣回收工作中来，服务中心与上海奥图环卫设备有限公司开展战略合作，由奥图环卫陆续、分批提供4000万个智能衣物回收箱，安放于北京16个区县，近4000个社区中。2016年，首先在人口密集的城六区选择2000个小区投放，2017年，实现十六区县全覆盖。这种智能衣物回收箱内置GPRS芯片，由太阳能电池提供能量，当容量将满信号就会发到终端并自动规划衣物收集车行车路线。

三、服务中心回收旧衣取得良好的社会经济效益

从2013年年底正式开始回收旧衣以来，服务中心在回收旧衣方面取得了良好的社会经济效益。

（一）回收旧衣取得良好经济效益

2014年，服务中心共计回收50吨旧衣，其中较新，可以直接穿着的用于捐赠，共捐赠了0.5吨旧衣，其余49.5吨卖给再生利用企业于开松后再利用。2015年，共计回收100吨旧衣，捐赠了0.6吨，其余99.4吨用于再生利用。旧衣被回收，相当于减少了同样重量的垃圾。与此同时，服务中心分别从再生利用企业兑换了1372件和2772件再生产品，如帐篷、环保袋等，捐赠给受灾群众或作为奖品送给捐赠旧衣的群众（见表1-20）。

表1-20　北京市城市再生资源服务中心回收旧衣量

回收及再利用情况	2014年	2015年
回收旧衣总量（吨）	50	100

续表

回收及再利用情况	2014 年	2015 年
用于捐赠(吨)	0.5	0.6
再生利用(吨)	49.5	99.4
兑换再生产品(件)	1372	2772

再生利用的旧衣,按照较低价值的旧纺织品 400 元/吨,则服务中心可以得到 19800 元和 39760 元。服务中心回收旧衣能产生一定的经济效益,100%用于公益环保事业的发展。

服务中心还曾经邀请杭州太湖雪参加以旧换新活动,居民拿来棉被或其他蚕丝被折钱,再购买太湖雪的蚕丝被,旧棉被或蚕丝被则由服务中心回收交由利用企业循环利用。

(二)服务中心增加了就业岗位

服务中心现有日常管理人员 8 人,回收人员 50 人,分拣工人 4 人,司机 30 人,在旧衣回收繁忙时期,服务中心还聘请临时分拣人员,2014 年和 2015 年分别聘请了 66 人次、80 人次参与旧衣分拣工作,近 500 名大学生志愿者参与衣物回收环保宣传活动。

服务中心作为北京市社会建设工作办公室直接管理的市级社会服务机构,为大学生参与社会实践工作提供了一个长期稳定的平台,让广大学生从实践中了解公益环保事业,参与环保,重视环保。让受过高等教育的大学生毕业后加入到环保事业中,为我国公益环保事业注入新鲜血液,有助于提高公益环保事业人才结构,具有良好的社会效益。

第二章　上海市旧衣物回收现状调查

上海是个时尚之都，服装的更新换代较之其他城市快得多，据相关研究者调查统计，上海有大约46.5%的家庭存放有30件以上的大件废旧服装。据统计，在上海2010年产生的约732万吨生活垃圾中，废旧衣物年产生量有13万吨，所占生活垃圾比例为17.76%。

上海市废旧衣物的回收工作，早些时候主要由拾荒者、个体回收站走街串巷进行回收，在市场推动下，2008年，上海缘源实业公司成立，成为国内首个有正规资质的旧衣回收及再利用企业。目前，该企业已形成了较为完善的旧衣回收及再利用体系。

第一节　上海缘源实业有限公司

上海缘源实业有限公司注册于2008年年初，主要从事经批准的衣物归类、整理（包括臭氧消毒）后调剂业务。公司由上海市发展和改革委主导，与国家发展和改革委环资司、中国资源综合利用协会、解放军总后勤部军需研究所、中国废旧衣物综合利用产业技术创新战略联盟有密切的联系，同时又有东华大学教授的高度参与，由热心公益的人士构成。

公司自成立之初就秉承了将发展慈善与循环经济相结合，将建立和谐社会作为公司基本社会责任的理念，构建了较为完善的旧衣回收与再利用体系（见图2-1）。

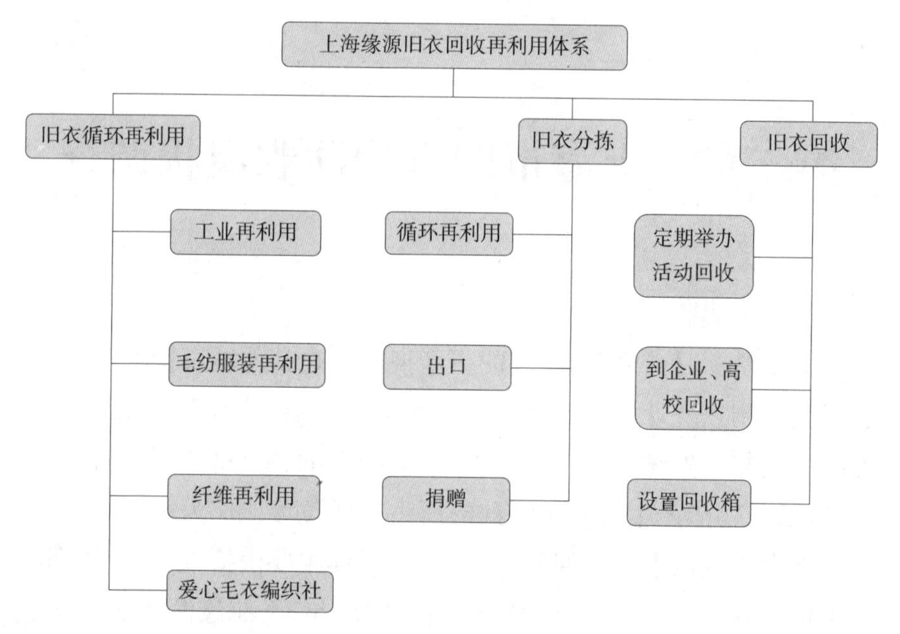

图 2-1　上海缘源旧衣回收再利用体系

一、旧衣回收

上海缘源实业有限公司的旧衣回收业务主要以在社区投放回收箱为主要回收方式,同时还会定期搞一些旧衣回收及循环经济的主题宣传活动,除此之外,到企业或高校回收也是企业旧衣回收的途径之一。

从 2010 年年底开始,上海各政府部门为推进上海生活垃圾分类减量工作制定了多项公共政策,上海缘源实业公司在这样的城市发展背景下将回收箱体设在市各区县进行收集。

上海缘源回收箱设置的原则一般是:500—600 户的小区投放一个箱体;1000 户小区投放 2 个箱体,小区较小的多个小区共同使用一个箱体。2010 年上海缘源置放在居民小区的收集箱子主要是铁皮镀锌板材制作的,一共是 32 只,分布于 21 个小区;至 2011 年年底累计置放480只箱子,分布于432个小区;2012年年底增至980只箱子,分布于892个小区;2013年下半年起改用熊猫箱子,年底增至1502个箱子,分布于1313个小区;2014年年底累计1925个箱子,其中1897只分布于1600个小区,还有28只箱体分别分布于:市纪律检查委员会1只、虹口区人民政府1只、中国福利会5只、东方海外大厦1只、上海青云中学、上海市第六十中学、上海师范大学和华东理工大学、金鹭幼儿园、6所老年大学共19只;闵行比亚迪4s店1只。2015年回收箱累计达到2050只,分布于1780个小区。2016上海缘源继续增加回收箱布局,至2016年年底回收箱个数已达到2110个,分布于1850个小区。

随着布点的增多,回收的衣物量也呈现逐年增长的趋势。2010年的全年收集量为12吨;2011年为113吨,平均每个箱体收集235.42千克;2012回收旧衣总量达到了305吨,平均每个箱体收集311.22千克;2013年仅上半年的回收量就超过了2012年全年的总量,全年回收衣物总量达到了885吨,平均每个箱体收集近600千克;2014年回收总量超过1000吨,为1255吨;2015年回收总量进一步上升,为1600吨,2016年旧衣回收数量已达到1900吨。上海缘源回收箱具体设置及旧衣回收情况见图2-2。

上海缘源从2010年开始旧衣回收的试点工作到2016年的6年时间里,回收量数量和回收旧衣的规模都呈现出明显的上升趋势,企业的发展日趋成熟,管理也日趋规范。尤其在与高校合作进行回收箱的设置和旧衣回收方面,取得了显著成效。目前,上海缘源已在上海市20余所高校铺设回收箱,如,在上海交通大学设置回收箱15个,在上海师范大学设置回收箱16个,在华东理工大学设置回收箱10个,在上海政法大学设置回收箱4个,在上海海关学院设置回收箱3个等。作为国内较早开展旧衣回收的企业,可以说探索出了一条可供业界借鉴的成功之路。

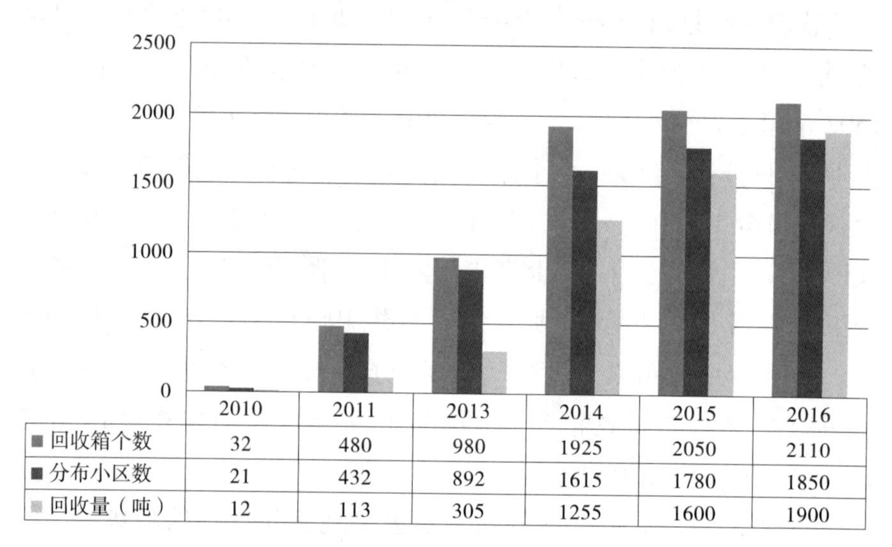

	2010	2011	2013	2014	2015	2016
■ 回收箱个数	32	480	980	1925	2050	2110
■ 分布小区数	21	432	892	1615	1780	1850
■ 回收量（吨）	12	113	305	1255	1600	1900

图 2-2　上海缘源回收箱设置情况

资料来源:根据上海缘源实业有限公司调研数据整理。

上海缘源最早的回收箱箱体设计为高 1.65 米,宽 1 米,厚 80 厘米。为方便居民使用,箱体上均有明确的标识,包括箱体的名称、用途、哪些物品可以投放其中,且箱体颜色与垃圾箱的可回收箱颜色一致,便于居民辨别投放。另外,在箱体的设置位置方面,企业也进行了周密的调查分析,经过细致的观察实验,并得到社区的大力配合。企业发现箱体放置在小区门口比放在垃圾箱房旁边和健身设施区域效果更好,回收量更高。除此之外,企业还注重回收宣传和与社区管理员的密切配合,以保障回收效果。

随着回收工作的日益推进,一些社区居委会提出旧衣回收箱体影响社区市容市貌,于是上海缘源将箱子做成可爱的国宝大熊猫,大熊猫材质为玻璃钢,每只大熊猫可以容纳 60—80 千克的衣物。目前,上海的旧衣回收箱多为可爱的大熊猫箱体。

进入 2016 年以来,大熊猫回收箱遭遇了新的问题:第一,一些没有旧衣回收资质的企业冒充上海缘源在上海南京路等地设立大熊猫回收箱，给企业形象造成了一定程度的损坏。第二，大熊猫箱体由于其材质的限制，箱体遭到破坏的现象日趋严重，给企业造成严重的经济损失。鉴于以上情况，目前上海缘源又开始着手研发自己的新一代防盗旧衣回收箱，并在一些地区试用新的回收箱替换原来的大熊猫箱体。

在开展回收箱进行旧衣回收的同时，上海缘源还与企业、社会组织等合作开展各种活动进行旧衣回收活动，如 2016 年，企业与家纺协会共同开展了“被”加珍惜，家纺回收项目、与中国银行、DHL 等开展了慈善捐赠活动，配合社区、街道等组织开展旧衣回收宣传活动，组建由政府、公益组织和企业组织共同体，共同推进社区优化治理、垃圾分类等活动。

二、回收旧衣的运输与分拣

（一）旧衣运输

上海缘源实业有限公司回收的废旧衣物，运输主要由企业自行负责。企业进入社区收运废旧衣物相对其他行业的物流比较简单，公司目前共有五辆收运专车。每个回收箱最多可收 60—80 千克衣物。若一辆卡车满箱，可装 25 个箱体。一般一辆车由一名司机和搬运工人协助负责收集装运。企业的旧衣运输秉承定人、定车、定区域、定周期，同时结合居民来电的原则对废旧衣服进行运输管理。

企业收运废旧衣物的频率根据重点区域与非重点区域而定（根据废旧衣物产生量划定重点和非重点区域）——配备旧衣回收箱的小区被分成 A、B、C 三种类型，旧衣量大的为 A 类，一般每周收运一次，B 类则每半月收一次，而有些小区一般一个月可能箱子也不一定能填满，被分为 C 类，基本上一个月会去收一次衣服。社区会积极联系企业告知废旧衣物回收箱体收集的情况，提高企业回收效率。

企业在物流运输上没有固定的路线，这是由于废旧衣物收集的情况随时间、气候、季节而变化，不过企业也在不断研究设计多种较为经济的路线。据调研获知，企业收运工作需要获得政府的通行证，由于工作日市区对收运车实行交通管制，因此企业对于市区小区内的废旧衣物收运主要放在周末进行，周一至周五主要去郊区的社区收集旧衣物。而如此复杂烦琐的旧衣收集与运输，自然脱离不了相关社区的配合。

（二）旧衣分拣

企业回收的废旧衣物，品类繁多，有冬装、夏装；有八九成新的、也有不可再穿的破旧衣物等；衣服的面料也各不相同，有棉、涤、毛、皮、混纺等不同面料。要实现回收旧衣的再利用，对旧衣物进行科学分拣是前提。目前，国内的旧衣分拣大多靠的是纯手工分拣，效率低下，卫生状况堪忧。上海缘源实业有限公司采用了半自动化分拣模式，引入了旧衣分拣流水线。但这种旧衣分拣流水线仍比较原始，对衣物的新旧、面料只能靠人的经验。

上海缘源旧衣分拣的原则是先把回收回来的旧衣物分为能再二次穿着的和不能再二次穿着的，能二次穿着的再分为冬衣、夏衣和牛仔，分别用于下一步的捐赠或出口，不能二次穿着的则按面料进行分拣，上海缘源主要和一些毛纺企业合作进行毛类面料的纤维再利用，所以，对回收的不可再二次穿着的旧衣，企业将毛类面料的旧衣分拣出来，准备后续与毛纺企业的合作进行循环再利用，另外，企业也正在积极探索对纯白的纯棉面料的旧衣以及黑色纯棉面料旧衣的纤维再利用途径。而不能再纤维的“废料”，则将其用于制作工业板材或隔音材料等（见图2-3）。

总之，企业的旧衣分拣秉承的是发展慈善与发展循环经济相结合的理念，努力实现废旧衣物的循环利用，实现废旧衣物的价值最大化。

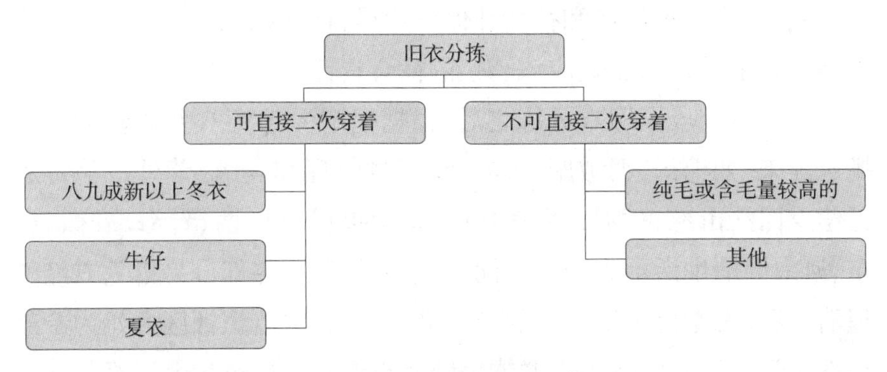

图 2-3　上海缘源旧衣分拣

三、旧衣再利用

上海缘源回收分拣后的旧衣主要通过捐赠、出口、纤维再利用和工业再利用等途径实现旧衣的再利用（见图 2-4），经过这些环节，基本实现了旧衣的零废弃。

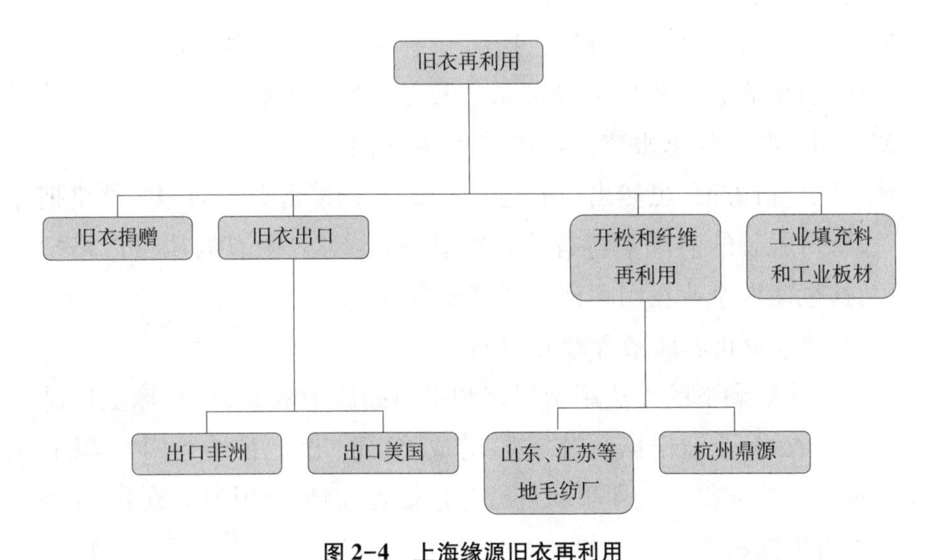

图 2-4　上海缘源旧衣再利用

（一）旧衣捐赠

上海缘源秉承发展慈善与循环经济相结合的理念，在做好旧衣循环利用，为循环经济和社会环保事业尽自己的责任的基础上，也将发展慈善事业作为企业应该承担的社会责任。

企业在完成了旧衣分拣之后，根据捐赠要求将八九成新的冬衣挑选出来，如棉袄、羽绒服、大衣等，经过整理和臭氧、紫外线消毒后无偿返回给市慈善物资管理中心，无偿提供给广西、青海、安徽、山东、河南等地生活困难群体。同时，上海缘源还将部分易拆毛衣经整理消毒后，无偿提供给社区的爱心毛衣编结社，组织社区大妈为希望小学的学生和老师及困难群体编结爱心毛衣。这也是上海缘源和上海市妇联合作的一个项目，这一项目的实施也有力推进了和谐社区的建设。

（二）旧衣出口

企业在将可重新穿着的棉衣向西部贫困地区进行捐赠的同时，将挑选出的基本完好的夏衣，通过裁剪缝补等方法将衣服改制成比较适合热带地区穿着的形式，这部分主要用于出口到非洲一些贫困地区，由于非洲一些地区经济条件较差，他们对廉价的衣物相当欢迎。而一些牛仔类服装，则主要出口到美国。

在出口方面，虽然出口的是二手旧衣，但缘源公司对服装严格把关，既对服装的清洗消毒有严格的管理，也对二手衣的质量严格把关，这也使得企业在国际市场享有较高声誉。

（三）回收衣物的纤维再利用

对最后剩下的无法用于捐赠和出口的废旧衣物，包括床上用品等一些衣物，企业根据面料分类：分成毛、棉、化纤、混纺等四大类别，出售给毛纺或棉纺企业重新进行开松处置，循环利用加工成毛、棉等纺织再生面料。

2012 年 7 月，上海缘源与山东淄博地区毛纺织品生产企业合作，开展资源循环利用业务；2013 年年初与安徽合肥、浙江湖州、江苏南通地区的废旧棉纺、化纤、混纺衣物合作，开展资源循环利用业务。按照旧衣物面料的不同,废旧衣物售出的价格会有较大差异。

通过以上各个环节,作为企业型旧衣回收机构,缘源公司已实现了企业的良性循环,从2013年起企业就已经开始实现盈利,并且近两年利润逐年增长,真正实现了旧衣产业的循环经济,也给业内相关企业作出了良好示范。

2014年12月28日,上海缘源又与国内纺织业著名的龙头企业杭州华鼎集团签署协议,双方决定在浙江省杭州市余杭经济开发区组建"鼎缘(杭州)纺织品科技有限公司"共同推进废旧衣物综合利用"资源化、无害化、高值化"。该项目于2015年12月15日被国家工业和信息化部批准为"国家纺织品资源再生利用重大示范工程"。上海缘源将回收后经过初步分拣的毛呢面料和警服类旧衣服全部给杭州鼎缘,由鼎缘将废旧衣物进行进一步拆解及开松,再将开松的毛再生纤维与羊毛混合,制成再生面料,进一步做成再生服装,实现了废旧衣物的价值最大化,目前,该项目处于启动阶段,已有部分样衣,相信不久将会实现产业的规模化生产。

通过和以上企业的合作,并通过相应的技术支持,上海缘源公司库房里堆放的废旧衣物,最后可变成纱线、劳防手套、各类服装面料,也可作为毡布或汽车内饰,真正做到了废旧纺织服装零废弃,实现了纺织服装产业的循环经济。综上所述,上海缘源实业有限公司作为我国从事旧衣回收的企业,是在行业内最早得到政府认可的正规化旧衣回收企业,经过几年的发展,其在推动慈善事业、循环经济以及和谐社区的建设方面都起到了积极的推动作用,它的运行模式和经营理念对业界其他企业有一定引领作用。但是,企业在成长的过程中,也遇到过各种困难,比如,企业缺乏政府支持,在运营成本较大的情况下曾出现资金困难;企业回收箱会遭到走街串巷的废品回收小贩的破坏,给企业带来较大的经济损失;有些企业冒充企业的大熊猫回收箱进行有悖循环经济理念的旧衣回收活动,损坏企业形象等。

企业在未来的发展中，需要政府给予相应的政策或资金支持，业内的相关行业也需进一步加强合作，这样才能更好地推动旧衣回收产业的发展，进而推动循环经济的发展。

第二节　上海睦邦环保科技有限公司

一、睦邦公司简介

上海睦邦环保科技有限公司，成立于2013年8月，积极响应党和政府的号召，专注于研究和从事中国环保行业生活垃圾源头分类、再生资源回收再造体系全产业化的“互联网+”新生态模式的全面解决方案，是中国城市卫生环境协会的会员单位，是上海市再生资源回收利用行业协会的常务理事单位。

睦邦环保，倡导“解决环境问题从源头开始”，提出“环保服务追溯”的新理念，充分运用移动互联网思维，结合再生资源回收再造的全产业化体系，从每家每户每个企事业单位再生资源产生源头开始，自回收、分类、分拣至再利用的回收新体系，建立“互联网+源头回收”、环保回收便民服务站、物流中转、专业分拣的应用系统，采用规范化、规模化、集约化、集成化、网络化、资源化模式，旨在重塑再生资源回收体系，进一步把绿色回收和发展循环经济的理念转化为全民实际行动，发展静脉产业，巩固非法废品回收市场整治的成果，促进循环经济可持续发展。

经过艰难的摸索，2015年，在上海浦东新区区商务委的支持下，睦邦公司被认定为“浦东新区再生资源回收新体系建设示范试点单位”，并在张江镇和东明路街道进行示范试点，受到居民欢迎，取得成功的经验，证明睦邦公司的“互联网+再生资源全品类回收体系”可行。2016年，睦邦公司成为“上海市资源回收与垃圾清运体系‘两网协同’示范单位”，睦邦环保回收便民服务站在浦东和浦西得到快速铺开,截至 7 月底,共建立 20 多个简称“邦邦站”的睦邦环保回收便民服务站,服务于浦东和浦西。

二、睦邦公司“互联网+再生资源全品类回收体系”

睦邦公司“互联网+再生资源全品类回收体系”,是以线上为平台,而线下是基础。线上,实现了 APP、网络、电话、微信公众号、面对面等等一应俱全的预约回收方式。居民在出售废品后,可以获得等同价值的积分,积分可以兑换现金,也可兑换各项便民服务,惠民利民。

线下则建立了以“点、站、仓”为节点的再生资源全品类回收体系,点就是环保回收便民服务点,站就是回收中转站,仓就是回收中转仓(见图 2-5)。

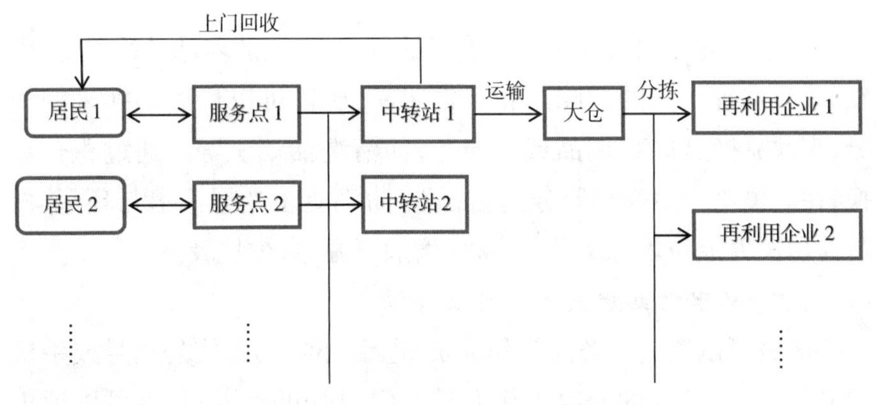

图 2-5　睦邦公司再生资源全品类回收体系

(一)在居民区建立服务点

睦邦公司面对的服务对象是街和镇的居民,以及一些商业、办公用户。由于街道和镇存在区别,相应地,回收体系的运营方式也存在一定的区别。

街道集中居住着大量居民,寸土寸金,小区里的房子基本上都属于个人所有。睦邦公司做的环保项目属于政府试点项目，虽属商业化运作，但含有非营利的成分。睦邦公司需要政府的支持，需要社会各方力量的支持，来帮助找寻合适的场地，支付适当的费用后，建立起一个个环保回收便民服务点，每建立一个服务点，都需要前期做大量的准备工作。而在镇，由于镇有村，相对来说，空间也较大，闲置的房子较多，睦邦公司能较为方便地建立服务点。一般来说，每个服务点要为2000—3000户居民提供服务。

在建立服务点时，选择小区出入口或者是其他居民经常会路过的地方，因为服务点除了为居民服务之外，还是一个很好的环保形象宣传窗口。这样，服务点的工作人员可以在小区居民出入小区时开展宣传，并提供服务。除此之外，睦邦公司的工作人员经常与居委会、物业合作，进行环保宣传，如怎样进行垃圾干湿分类，哪些废品可以回收再利用，等等。

在睦邦环保回收便民服务点里的货架上，摆放着油盐酱醋、卫生纸、矿泉水等常用的调味品和日常用品，居民可以用废品换来的积分，来此兑换这些日用品或者服务，如清洗油烟机等。通过积分兑换，在居民中产生一种服务的黏合性，带动更多的居民参与环保，慢慢让居民养成垃圾源头分类，从而增加资源，减少垃圾。

（二）从中转站出发回收再生资源

居民可以通过服务点工作人员、电话、网上、微信公众号或手机APP预约，让睦邦的回收工作人员上门回收再生资源，也可以把再生资源直接送到各服务点来。

回收人员从中转站出发，为居民进行回收服务。用液晶电子秤进行废品的称重，秤重计量，对于可以熟练使用手机的回收师傅，可以通过手机APP工作端，自动计算出此次废品回收总价值，以积分方式体现在用户卡的个人账户中。用户可以当场打印出回收单据，也可以通过手机短信接收废品回收信息，还可以通过网络登录用户账户查询信息。

中转站作为存放回收来的再生资源的临时场所,要求距离附近几个小区中间的位置,以便回收师傅能在接到居民回收预约后,快速到达居民家中。同时,由于只是临时存放回收物,面积不必太大。

（三）中转仓

回收来的再生资源被统一运送到中转仓,在这儿,由工作人员对回收物进行精细化分拣,分拣后,直接送到相应的再生资源再利用企业。由于运送量较大,要求中转仓设置在大型货车进出交通便利的地方。目前,睦邦公司在浦东的高桥、张江等地已有 3 个中转仓。

三、优质服务,精细分拣是睦邦公司的赢利保证

睦邦环保公司负责人介绍说,由于存在无证废品回收人员,一开始,睦邦公司必须与拾荒者展开竞争,才能回收到废品,因此,睦邦公司参照市场价确定回收废品的价格。比如,拾荒者回收价 1 毛的,睦邦公司定价 1 毛 2,甚至 1 毛 5。以此类推,睦邦公司给回收的废品定价至少要跟拾荒者回收价一样,甚至稍高。

另一方面,居民在出售废品后得到积分,并且可以用积分换取日常用品和一些优惠服务。比如,在 2016 年 7 月睦邦公司的宣传页上标注着 1.6 积分(1 积分=1 元)换一瓶 550 毫升的农夫山泉矿泉水,1.9 积分可以换一瓶 300 毫升的可乐等。从中可以看出,积分换物的价格与市场价差别不大,甚至比市场价要低,并不能给睦邦公司带来任何利润。同样,积分换优惠服务,如 50 个积分可以换油烟机清洗服务,相对市场价来说,也不存在利润空间。

废品回收价至少与拾荒者一样高,积分换物或换服务的价格也不能带来利润,那么,睦邦公司的赢利点到底在哪里?

睦邦公司负责人介绍说,由于建立的服务点数量还有限,导致回收的废品量还不是特别大。随着回收网络越来越健全,居民对睦邦公司认可度的提升,回收量正在逐渐增加。目前,每个服务点平均每月能回收 20 吨左右废品,截至 2016 年 8 月,睦邦公司共回收 700 吨废品。当服务点增加到一定数量,回收量上去之后,睦邦公司可以通过优于拾荒者的服务以及精细化分拣来获得利润。

即使经过睦邦公司的宣传后,居民对于再生资源品种的分类依然比较粗。比如,对于塑料矿泉水瓶,居民可能就是把整个瓶子一起卖给睦邦公司,而经过睦邦公司的专业分拣后,把瓶体、瓶盖和瓶上的标签分开,这样,可以较高的价格卖给再利用企业。

为了提供优于拾荒者的服务,睦邦公司对于每一位服务点的工作人员以及回收师傅都进行了标准的规范的培训。为了保证服务质量,创建与居民的和谐关系,公司对回收师傅进行严格培训,再三考验,历经两周培训的时间,方可正式上岗。培训内容包括回收业务以及服务,与此同时,在培训及工作中,如果发现回收师傅的工作态度和服务质量存在问题,就马上予以教育和再培训,直到其可以改正。正是这样对工作人员的全面培训和严格要求,保证了睦邦公司的服务质量。

四、睦邦公司回收的再生资源

目前,睦邦公司回收的再生资源共有 7 类,包括:衣物类(含旧衣、床上用品、鞋、包)、纸张类(含纸板、书、报纸、杂志等)、塑料类(含饮料瓶、塑料泡沫、洗发水瓶、洗衣液瓶、各种杂塑等)、电子电器类(大家电和小电子废弃物)、金属类、玻璃类、木制品类。其中,纸张类、塑料类和旧衣类占据回收量的前三位。

从睦邦公司回收的再生资源品类,可以看出,该公司确实有别于普通的拾荒者。普通拾荒者一般只回收价值较高的废品,而对于低值废品因为基本不挣钱,甚至赔钱,就不愿意回收,而睦邦公司出于对环保事业的挚爱,资源的增量,即垃圾的减量,只要是资源,都进行回收。

由于可以提炼出黄金等贵金属，或者可以翻新后再出售，拾荒者很愿意收购电子电器类废品，但睦邦公司负责人介绍道，由于电子产品，比如有很多较新型号的手机，大家都抢着收，可以作为二手手机进行转卖，可是对于那些老式非智能手机，却极少有人问津，而睦邦公司重点就是收那些老式非智能手机，其资源利用的价值并不低。虽然可能会失去潜在的利润来源，但仍是一件值得的事，这也是一个具有社会责任感和公信力的公司应具有的立场。

第三章　广州市和深圳市旧衣物回收现状调查

第一节　广州市和深圳市生活垃圾分类概况

一、广州市和深圳市生活垃圾分类

（一）广州市和深圳市城市经济发展与生活垃圾产生量

广州市和深圳市作为我国最早改革开放的沿海城市、中国一线城市，根据国家统计局公布的2015年数据显示（见表3-1），广州市和深圳市GDP总量分别居全国第三位和第四位，排在上海市和北京市之后。广州市和深圳市常住人口分别居全国第六位和第七位。深圳市和广州市人均GDP居全国前两位。同时，在全国246个大、中城市中，广州市和深圳市城市生活垃圾产生量分别居第六位和第四位。

表3-1　2015年广州市和深圳市主要数据比较

全国城市排名	广州市（排次）	深圳市（排次）
GDP总量	第三位	第四位
常住人口总数	第六位	第七位
人均GDP	第二位	第一位
生活垃圾产生量	第六位	第四位

1. 经济发展和人口增长带来的环境压力

按照2014年11月国务院发布的《关于调整城市规模划分标准

的通知》标准划分，常住人口1000万人以上的城市，属于超大城市。以2014年年底人口统计数据，依次顺序是：重庆市（2991.4万）、上海市（2425.7万）、北京市（2151.6万）、天津市（1516.8万）、成都市（1442.8万）、广州市（1308.1万）、深圳市（1077.9万）、苏州（1060.4万）、武汉（1033.8万）和哈尔滨（1015万）等十个城市。

伴随着广州市和深圳市经济发展，人口的增长、人均消费水平的提高，无法规避的“大城市病”也成为困扰城市发展的环境问题。图3-1显示，2011—2016年，广州市和深圳市常住人口数量在1000万—1300万，人口年增长控制在2%左右。

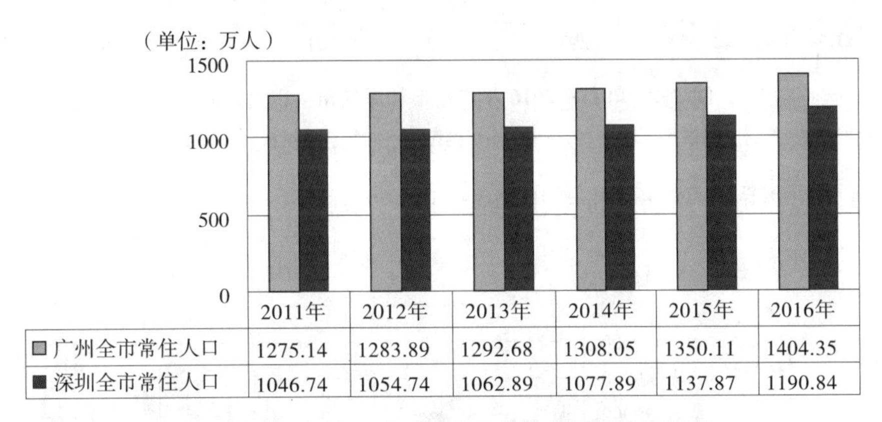

	2011年	2012年	2013年	2014年	2015年	2016年
广州全市常住人口	1275.14	1283.89	1292.68	1308.05	1350.11	1404.35
深圳全市常住人口	1046.74	1054.74	1062.89	1077.89	1137.87	1190.84

图3-1　2011—2016年广州和深圳全市常住人口数量

数据来源：根据广州市和深圳市2011—2016年国民经济和社会发展统计公报数据整理。

图3-2显示，2011—2016年广州市和深圳市GDP增长保持强劲的增长势头，高于全国GDP增速，两市的GDP总量均超过1.9万亿元，为全国城市GDP总量排名的第三位和第四位。

图3-3显示，2011—2016年广州市城镇居民家庭人均可支配收入稳步增长，2016年已超过5万元，达50940.7元。2012年以来广州市居民家庭人均消费性支出超过3万元，2016年为38398.2元。从消费构成看，2015年广州城镇居民人均衣着支出为1995元，占城

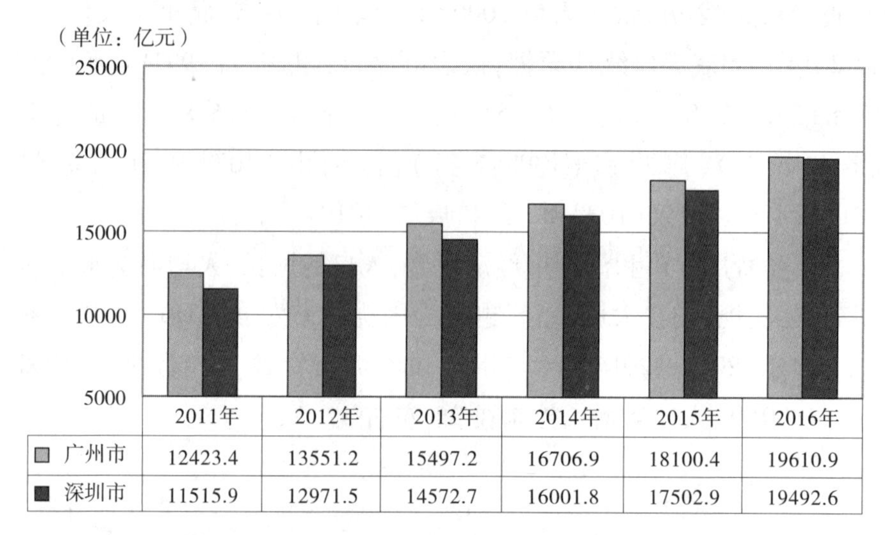

图 3-2　2011—2016 年广州市和深圳市实现生产总值

数据来源：根据广州市和深圳市 2011—2016 年国民经济和社会发展统计公报数据整理。

镇居民家庭人均消费性支出总额的 4.27%。

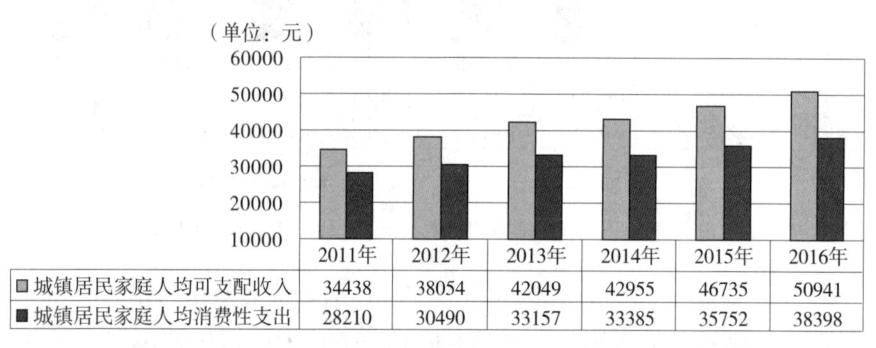

图 3-3　2011—2016 年广州市城镇居民家庭人均可支配收入和消费性支出

数据来源：根据 2011—2016 年广州市国民经济和社会发展统计公报数据整理。

图 3-4 显示，2011—2016 年深圳市城镇居民家庭人均可支配收入和家庭人均消费性支出额。自 2012 年以来，深圳城镇居民家庭人均可支配收入在 4 万元以上，2015 年以来，深圳城镇居民家庭人均消费性支出超过 3 万元。2016 年深圳市城镇居民家庭人均可支配

收入达 48695 元,城镇居民家庭人均消费性支出为 36480. 61 元。从消费构成看,2015 年深圳城镇居民家庭人均衣着支出为 2024. 91 元,占城镇居民家庭人均消费性支出总额比重的 6. 27%。

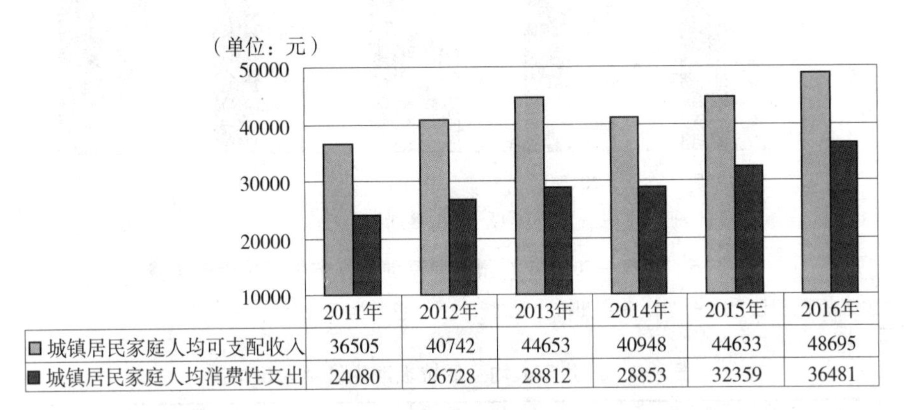

	2011年	2012年	2013年	2014年	2015年	2016年
城镇居民家庭人均可支配收入	36505	40742	44653	40948	44633	48695
城镇居民家庭人均消费性支出	24080	26728	28812	28853	32359	36481

图 3-4　2011—2016 年深圳市城镇居民家庭人均可支配收入和消费性支出

数据来源:根据 2011—2016 年深圳市国民经济和社会发展统计公报数据整理。

根据 2011—2015 年广州市和深圳市统计年鉴数据显示(见图 3-5),2011—2015 年两个城市生活垃圾产生量呈逐年快速增长走势。2015 年广州市和深圳市生活垃圾产生量分别为 456 万吨和 571 万吨,居全国生活垃圾产生量前十位城市,分别为第六位和第四位。

2. 广州市和深圳市日产生活垃圾量超过万吨

从广州市和深圳市人均生活垃圾产生量看(见表 3-2 和表 3-3),人均日产生活垃圾量较大。根据广州市城市管理委员会数据显示,2015 年广州市城市生活垃圾产生总量为 455. 84 万吨,相当于每天全市生活垃圾产生量达到 1. 25 万吨,按照广州市常住人口计算,人年均生活垃圾产生量达 337. 6 千克,人日均生活垃圾产生量达 0. 93 千克,并在逐年递增。

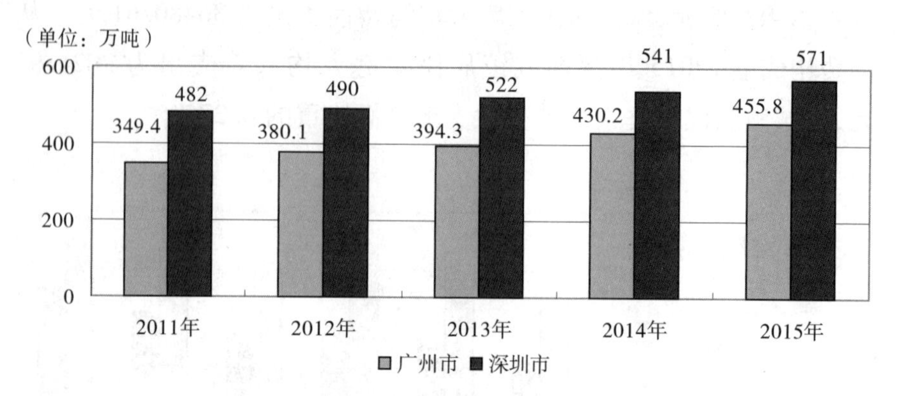

图 3-5　2011—2015 年广州市和深圳市城市生活垃圾产生量

数据来源：根据 2011—2015 年广州市和深圳市统计年鉴数据整理。

表 3-2　广州市人均生活垃圾产生量及人日均量

指标	2011 年	2012 年	2013 年	2014 年	2015 年
全市日均生活垃圾产生量(万吨)	0.96	1.04	1.08	1.18	1.25
人年均生活垃圾产生量(千克)	274.0	296.0	305.0	328.9	337.6
人日均生活垃圾产生量(千克)	0.75	0.81	0.84	0.90	0.93

根据深圳市城市管理委员会数据显示，2015 年深圳市城市生活垃圾产生总量为 571 万吨，相当于每天全市生活垃圾产生量达到 1.57 万吨，按照深圳市常住人口计算，人年均生活垃圾产生量达 501.8 千克，人日均生活垃圾产生量达 1.38 千克，人日均生活垃圾产生量不仅逐年递增，还高于北京市和上海市。

表 3-3　深圳市人均生活垃圾产生量及人日均量

指标	2011 年	2012 年	2013 年	2014 年	2015 年
全市日均生活垃圾产生量(万吨)	1.32	1.28	1.41	1.48	1.57
人年均生活垃圾产生量(千克)	460.5	464.6	491.1	501.9	501.8
人日均生活垃圾产生量(千克)	1.26	1.21	1.33	1.37	1.38

（二）广州市和深圳市人生活垃圾分类情况

1. 两市生活垃圾处理以填埋和焚烧方式为主

从广州市和深圳市生活垃圾处理能力看，均没有堆肥厂，垃圾处理主要是采取填埋和焚烧发电处理。2015 年广州市城市生活垃圾产生总量的 455.84 万吨中，无害化处理量达 434.15 万吨，其中，生活垃圾焚烧处理 99.18 万吨，卫生填埋 334.97 万吨，无害化处理率为 95.24%。

2015 年，深圳市正常运营的垃圾无害化处理场（厂）共有 10 座，其中卫生填埋场 4 座，焚烧厂 6 座，垃圾无害化处理能力 15748 吨/日。全年生活垃圾清运量 574.81 万吨，无害化处理量 541.81 万吨，生活垃圾无害化处理率达到 100%，处于全国领先地位。

表 3-4　2015 年广州市和深圳市生活垃圾处理设施

	填埋场	日填埋量	焚烧厂	焚烧厂日处理能力
广州	—	334.97 万吨	—	99.18 万吨
深圳	4 座	306.16 万吨	6 座	268.65 万吨

2. 两市均将“织物”或“废旧织物”作为可回收物进行分类

（1）广州市将织物视为“可回收物”

2015 年 9 月 1 日起生效的《广州市生活垃圾分类管理规定》，遵循生活垃圾源头减量、分类投放、分类收集、分类运输、分类处置的原则。生活垃圾分为四类：可回收物、有害垃圾、餐厨垃圾（有机易腐垃圾）和其他垃圾。其中，可回收物，是指适宜回收和资源利用的生活垃圾，包括纸类、塑料、金属、玻璃、木料和织物等，将织物视为“可回收物”。

2016 年 3 月发布的《广州市生活垃圾分类指导手册》中，织物类可回收物包括：废衣服、废布料、废窗帘、废床单、废毛巾、毛绒玩具等纺织制品。要求废旧衣物如较新的可以捐赠他人,较旧的按照不同类别叠好投放。

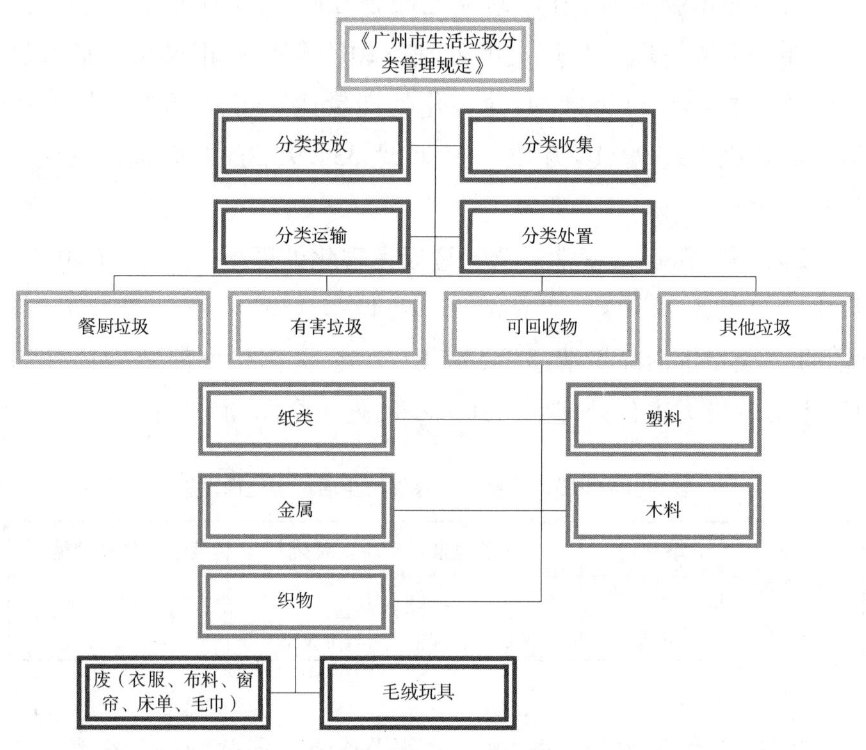

图 3-6　广州市生活垃圾分类管理规定中的相关内容

源头减量要求建立涵盖生产、流通、消费等领域的各类废弃物源头减量工作机制,鼓励单位和个人在生产、生活中减少生活垃圾的产生。政府采购应当优先采购可循环利用、再生利用商品。

分类投放要求可回收物应当投放至可回收物收集容器或者交售给再生资源回收站点(企业)、个体回收人员。分类收集要求每个住宅区或者社区至少设置 1 个可回收物收集容器;商务、办公、生产区域应当配置可回收物收集容器;可回收物应当定期收集。要求分类收集的生活垃圾应当分类运输,禁止将已分类收集的生活垃圾混合运输。

此外,分类处置要求对可回收物采用循环利用;可回收物应当由再生资源回收利用企业或者资源综合利用企业进行处置。在回收、再生利用和资源化过程中,应当防止产生二次污染;鼓励再生资源回收利用企业或者资源综合利用企业对生活垃圾中的废塑料、废玻璃、废竹木、废织物等低附加值可回收物进行回收处理。

图 3-7　广州市可回收物投放、收集、运输和处置示意图

(2)深圳市将废弃织物列入"可回收物"范围

2015 年 8 月 1 日起施行的《深圳市生活垃圾分类和减量管理办法》,遵循减量化、资源化、无害化原则。按照生活垃圾分类标准,生活垃圾分为可回收物、有害垃圾及其他垃圾三类。其中,可回收物,是指可循环利用和资源化利用的废纸、废塑料、废玻璃、废金属、废弃织物、废弃电子产品等。因此,废弃织物被列入"可回收物"范围。

分类投放要求可回收物应当投放至可回收物收集容器。深圳市设立生活垃圾"资源回收日",住宅区在"资源回收日"当天集中收集可回收物。要求分类投放的生活垃圾应当分类收集,分类收集的生活垃圾应当分类运输,禁止将已分类投放的生活垃圾混合收集和混合运输。分类处理要求可回收物交由再生资源回收企业处理,引导再生资源回收利用企业或者资源综合利用企业对可回收物进行回收处理。

作为"十三五"期间开展生活垃圾分类工作的纲领性文件,2015 年 10 月,深圳市政府出台了《深圳市生活垃圾分类和减量工作实施方案(2015—2020)》,提出自2015年起,将每周六确定为深圳市“资源回收日”,在社区、住宅小区(城中村)统一集中回收可回收物,引导居民养成在家中暂时存放可回收物并在“资源回收日”集中分类投放的良好习惯。

其中,可回收物分类投放要求:废弃织物应捆牢后,投放到废弃衣物回收箱;用于捐赠的废弃织物,应清洗干净,打包自行送到民政部门设置的捐赠点。污损严重的衣物、破袜子、旧内衣裤、拖布等应投放至其他垃圾收集容器。

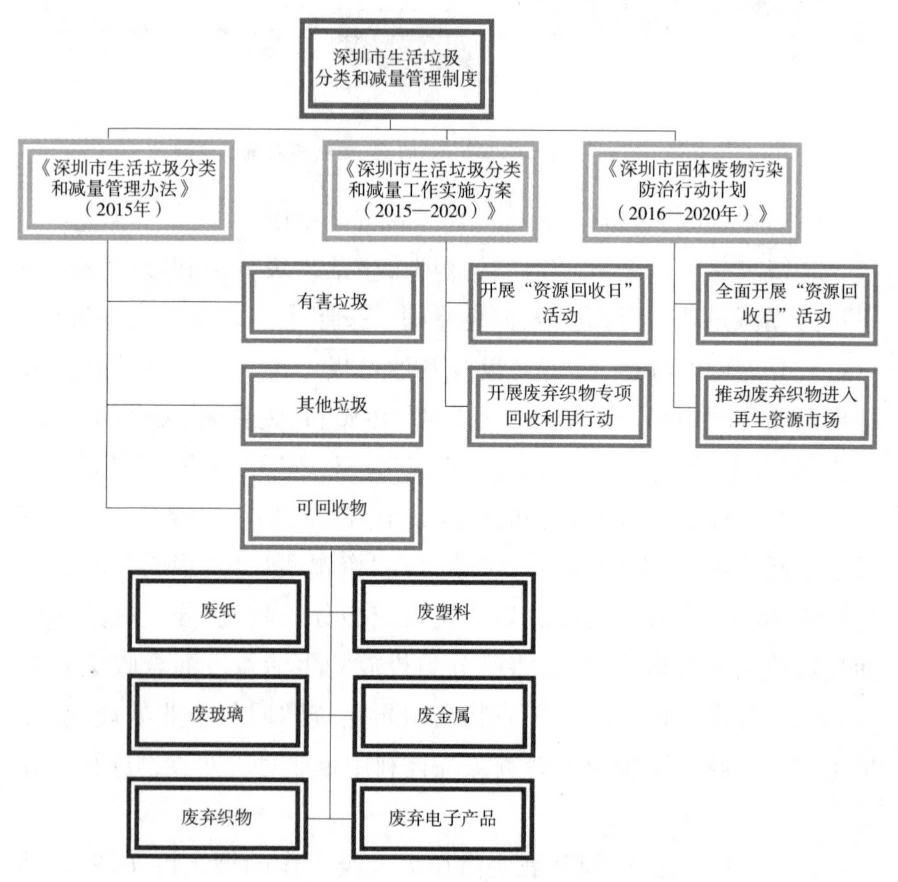

图3-8　深圳市生活垃圾分类和减量管理制度

3. 深圳市率先提出开展废弃织物专项回收利用行动

深圳市政府出台的《深圳市生活垃圾分类和减量工作实施方案(2015—2020)》中还提出开展废弃织物专项回收利用行动。建立废弃织物回收利用渠道,回收不符合公益性捐赠条件的废弃织物并进行再生利用,提高废弃织物资源化利用水平。

2015年年底以前引进有分拣场所和再生利用渠道的回收企业,在住宅小区(城中村)设置醒目标注统一编号、回收用途、城管投诉热线等信息的专用废弃织物回收箱,回收居民家中不符合公益性捐赠条件的废弃织物并进行再生利用。

严格加强监督管理,杜绝回收的废弃织物非法流入二手市场。规范公益性旧衣捐赠的监管,防止非法流入二手市场。

上述针对废弃织物回收箱投放和回收渠道建设的规定,不仅先于国内其他城市,还明确了仅回收不具有公益性捐赠条件的废弃织物,对回收企业要求应具有一定的分拣、再利用条件。这有效地推动了深圳市旧衣物回收再利用工作的开展。

2016年出台的《深圳市固体废物污染防治行动计划(2016—2020年)》,提出到2020年,固体废物回收利用率显著提高;力争实现各类固体废物减量化、无害化、资源化的全量处理:生活垃圾分类覆盖率达到90%;焚烧处理率达到100%,原生垃圾填埋量为0的目标。

同时,提出生活垃圾源头减量,通过全面开展"资源回收日"活动,将每个星期六确定为"资源回收日",引导居民在"资源回收日"集中分类投放的良好习惯。建立"互联网+分类回收"模式,建设居民线上交投废品与"回收哥"线下回收的O2O平台。打通低价值可回收物的流通渠道,推动分类回收的废弃织物等进入再生资源市场,并加强监督管理避免回流。

深圳市提出在"十三五"期间,推动废弃织物进入再生资源市场，这一举措先行于国内其他城市，将促进废弃织物再生利用，还有助于百姓将闲置在家中的旧衣物及时投放，实现资源循环利用。

二、两市旧衣物在生活垃圾中占比较大

（一）广州市生活垃圾中废织物占 8.02%

2013 年广州市再生资源回收量平均每天为 6438 吨/日，2014 年增加到平均每天为 7022 吨/日。2009—2014 年广州市中心城区生活垃圾物理填埋组成均值[①]显示（见图 3-9），近五年广州市生活垃圾主要成分是餐厨垃圾（剩菜饭、菜皮、果皮等），约占垃圾总产生量的 50%以上，生活垃圾中 30%—40%为塑料、纸类、织物、玻璃等可回收物，经过分类回收再利用，实现资源化，从而减少进入终端处置的垃圾量。广州市生活垃圾中废织物占 8.02%，居各类可回收物产生量的第四位。

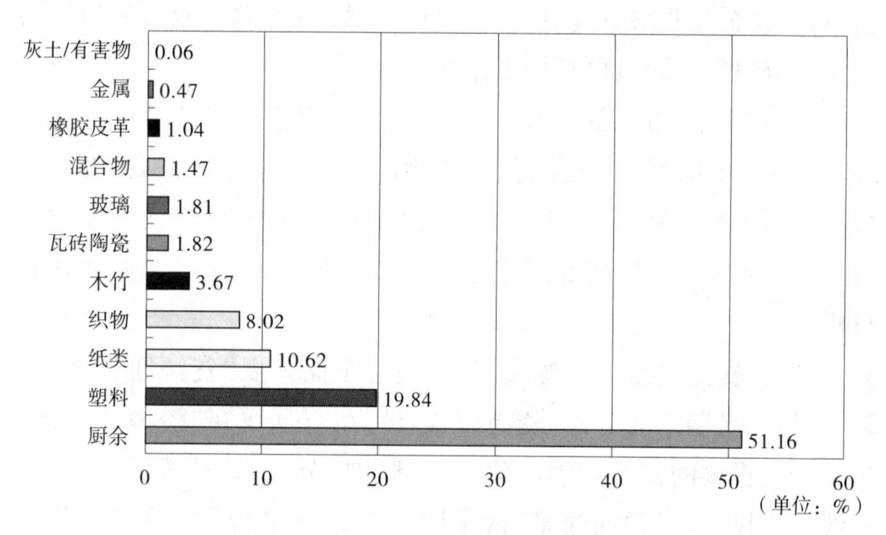

图 3-9　广州市中心城区卫生活垃圾物理填埋组成

① 广州市城市管理委员会：《广州市生活垃圾分类指导手册》，2016 年 3 月，见 www.gzcgw.gov.cn。

（二）深圳市生活垃圾中废织物占 7.4%

随着城市经济的快速发展和生活水平的提高，不仅生活垃圾产生量在增长，生活垃圾的组分也在不断变化，在固体废弃物中，增长最快的品类是纸类和塑料，而废旧织物往往堆放在家中，没有得到循环再利用。

图 3-10 显示，2010 年深圳市生活垃圾产生量为 479 万吨，按照生活垃圾组分，厨余垃圾占 44.1%，为有机物质，可回收物中，塑料、纸类和织物占比分别为 21.72%、15.34%和 7.4%。

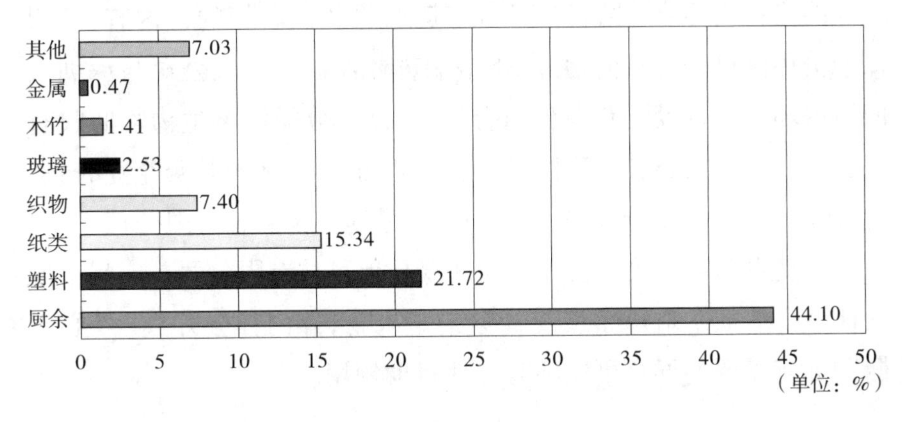

图 3-10　深圳市生活垃圾物理填埋组成①

（三）深圳市开展"资源回收日"活动推动可回收物进一步分类

2015 年起，深圳市在全市各社区、住宅小区（城中村），每个星期六定时定点开展"资源回收日"活动，集中回收废金属、废纸、废塑料、废玻璃、废织物等可回收物，引导居民养成收集可回收物，并在"资源回收日"集中分类投放的良好习惯。

截至 2015 年 12 月底，全市 635 个社区已全部开展"资源回收日"活

① 黄昌付：《深圳市生活垃圾理化组分的统计学研究》，华中科技大学硕士学位论文，2012 年。

动,700多个物业小区累计开展了"资源回收日"活动5000多场,参与人数超过12万,回收各类可回收物共700多吨,回收废旧织物1357吨。

第二节　广州市和深圳市旧衣物回收企业概况及特征

一、广州市和深圳市旧衣物回收企业概况

目前,广州市开展旧衣物回收的机构包括专门回收企业、社会组织和网络科技企业(见表3-5)。其中,投放回收箱的机构有:广州保洁美环保科技有限公司、广州格瑞哲环保科技有限公司与深圳衣旧情深环保科技投资有限公司合作、广州市分类源再生物资回收有限公司和广州衣心衣德环保科技有限公司。此外,科技类企业有:运营APP移动平台开展旧衣回收的广州绿创科技信息有限公司、运营互联网建立旧衣回收平台的广州纺缘环保科技有限公司。广州市接受社会捐赠工作站每年接受社会捐赠衣物,并向社会开放"爱心衣橱",如有需要的群众可以随时前往自助领用。

表3-5　广州市开展旧衣回收主要机构
(按企业注册时间列表)

机构名称	旧衣物回收方式	注册时间①
广州市接受社会捐赠工作站	接受社会捐赠衣物	2008年
广州保洁美环保科技有限公司	专业回收废旧衣物	2009年
广州格瑞哲环保科技有限公司	与深圳衣旧情深合作投放回收箱	2010年
广州绿创科技信息有限公司	92回收APP移动平台	2015年
广州市分类源再生物资回收有限公司	社区投放回收箱	2015年
广州纺缘环保科技有限公司	互联网+旧衣回收平台 开展网上下单　上门回收	2016年

① 表中机构注册时间数据来源于天眼查全国企业信息查询网,见http://www.tianyancha.com/。

续表

机构名称	旧衣物回收方式	注册时间[①]
广州衣心衣德环保科技有限公司	投放回收箱	2016年
广州萤火虫社会工作服务中心	与深圳衣旧情深合作开展回收活动	—

目前,深圳市开展旧衣物回收活动的机构主要有四家(见表3-6),分别是深圳市升东华再生资源有限公司、深圳市翔维诚纺织品科技有限公司、深圳衣旧情深环保科技投资有限公司和深圳恒锋资源股份有限公司。

其中,在社区投放旧衣回收箱的机构主要有:深圳市升东华再生资源有限公司、深圳市翔维诚纺织品科技有限公司。随着手机APP应用和"互联网+回收"模式的出现,科技类企业开始应用"互联网+物联网"系统,开展网上预约,上门回收旧衣物活动。

表3-6 深圳市开展旧衣回收主要机构
(按企业注册时间列表)

机构名称	旧衣物回收方式	注册时间[①]
深圳市升东华再生资源有限公司	投放回收箱	2007年
深圳市翔维诚纺织品科技有限公司	投放回收箱	2012年
深圳衣旧情深环保科技投资有限公司	投放回收箱	2014年
深圳恒锋资源股份有限公司	互联网+物联网 智能回收机	2016年

二、广州市和深圳市旧衣物回收企业特征

(一)积极参与城市生活垃圾分类宣传活动

2015年广州市和深圳市分别出台生活垃圾分类相关制度,两市旧衣回收机构积极参与生活垃圾分类回收宣传工作。

① 表中机构注册时间数据来源于天眼查全国企业信息查询网,见http://www.tianyancha.com/。

在广州，为响应广州市政府的城市垃圾分类号召，倡导再生资源的回收利用，为实现城市垃圾减量作出贡献，2015 年 3 月萤火虫社会工作服务中心与深圳市衣旧情深环保促进中心“衣旧情深　爱在循环”旧衣回收环保项目联合，开展广州社区旧衣回收环保再生公益活动。

为全面发动群众主动参与垃圾分类处理工作，2016 年 8 月，广州市沙湾镇引入企业，联合广州衣心衣德环保科技有限公司，在辖区内所有小区开展低值废旧衣物循环利用环保公益项目，2016 年 8—10 月，共开展垃圾分类宣传活动 15 场次，在广州市番禺区沙湾镇 23 个小区设立废旧衣物回收箱 40 个，回收居民废旧衣服、棉被等废旧纺织物品共计 58.33 吨，回收居民废旧鞋类物品共约 1 吨。每月减少居民生活垃圾填埋处理量达 20 吨，垃圾分类减量成效显著。

在深圳，衣旧情深环保促进中心仅 2015 年就开展近百场活动，其中承担深圳市 69 个社区“生活垃圾分类社区建设示范项目”的废旧衣物回收箱投放。2015 年，深圳翔维诚纺织品科技有限公司参与深圳市福田区 600 个小区废旧织物集中回收利用试点工作。深圳市升东华再生资源有限公司与深圳市晴天环保促进中心合作共同开展“衣衣不舍　旧衣回收”活动。

（二）利用“互联网+回收”平台开展旧衣物回收

2015 年国家出台《再生资源回收体系建设中长期规划（2015—2020 年）》和《关于积极推进“互联网+”行动的指导意见》相关政策以来，引导再生资源回收企业利用互联网平台创新新型回收模式，即：“互联网+回收”模式，通过线上预约或手机 APP 预约，线下上门回收的方式，推进旧衣物回收“互联网+回收”模式建设，打造了快捷、规范、便民、实用的回收服务网络，提高再生资源回收率，推动了旧衣物回收行业转型升级。

例如：“92 回收”广州绿创科技信息有限公司开发一款手机应用

软件，社区居民可以通过这款APP，预约上门回收服务。“92回收”移动平台是通过互联网+生活垃圾分类+城市矿产回收，将生活垃圾分类和城市矿产回收工作进行优化提升。“92回收”可回收物包括旧家具、废报纸、废瓶子，还延伸到旧衣物回收。居民使用“92回收”APP下单，回收完成后，可获得“92回收”积分，积分可兑换92网上商城中的商品，每月可获得至多50元补贴。同时线下与衣旧情深合作，推出“92回收”旧衣物循环利用回收箱，居民投放旧衣物后，扫描二维码后，同样可以获得“92回收”积分。

（三）自主研发的国内首个旧衣物智能回收机

深圳恒锋资源股份有限公司自主设计及研发的旧衣物智能回收机，目前在深圳市主要社区进行投放，打造旧衣物智能回收机及再利用体系，通过智能化回收终端将旧衣物回收后进行加工，形成资源化产品，同时采用“互联网+物联网”的模式，建设网上商城及数据监控系统，实现居民投放积分兑换、旧衣物回收数据收集及在线监控、资源化产品在线销售的全套产业销售模式。

（四）与公益机构合作捐赠旧衣物

旧衣物回收不忘初衷，回收后的服装中八成新的衣服可以捐赠给需要的人们。回收企业与慈善机构和公益组织携手，开展多项衣物捐赠活动。例如：深圳市升东华再生资源有限公司“衣衣不舍旧衣回收”环保公益项目，深圳衣旧情深环保科技投资有限公司“衣旧情深　爱在循环”旧衣物循环利用公益环保项目，将回收的服装捐赠给西部贫困地区，实现环保公益双赢效果。

第三节　深圳衣旧情深环保科技有限公司

一、深圳衣旧情深环保科技有限公司发展历程

面对城市生活垃圾急速增长的现状，每座城市都将面临“垃圾

围城”的窘境。在此背景下，广州市早在2012年就出台了《生活垃圾分类和减量管理办法》，深圳市也于2015年6月23日出台了《生活垃圾分类和减量管理办法》，并于2015年8月1日正式实行，此办法明确将废旧衣物规定为可回收物。

在此背景下，结合中国社会联合会和中国循环经济协会联合发起的“衣旧情深旧衣物循环利用环保公益项目”，2014年9月由爱心人士发起，在深圳成立了“深圳衣旧情深环保科技投资有限公司”（以下简称“衣旧情深”）进行旧衣的回收与再利用活动。衣旧情深项目在深圳启动后，开始了蓬勃的发展，如今已发展到广州、长沙、北京、石家庄等（见图3-11）。

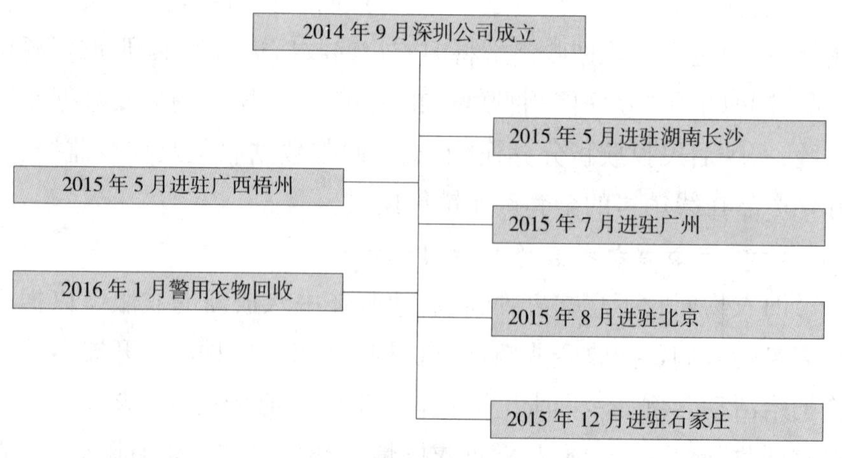

图3-11　深圳衣旧情深发展历程

深圳衣旧情深环保科技有限公司于2014年9月启动，通过在各社区或机构、学校等安装旧衣回收环保箱、举行各类社区活动等形式收集居民淘汰的旧衣物。于2015年5月，在广西梧州成立了“绿色先锋华南再生面纱研发基地”，拓展了旧衣的再利用。随着业务的进一步深化，衣旧情深又分别于2015年5月进驻湖南长沙、2015年7月进驻广州、2015年8月进驻北京、2015年12月进驻河北石家庄，

2016 年 1 月开始与深圳公安系统合作，进行深圳市公安系统警用废旧衣物的回收。到目前，衣旧情深已成为国内旧衣回收和循环利用领域最有影响力的公司之一，形成了完善的旧衣回收与再利用体系。

二、"衣旧情深"旧衣回收再利用模式

"衣旧情深"成立以来，主要通过在居民小区设置旧衣回收箱、举办各种活动、与企业合作等进行旧衣回收，它的旧衣回收利用模式和前面的回收企业有类似之处，但又有自己独到的特色，其旧衣回收再利用模式见图 3-12。

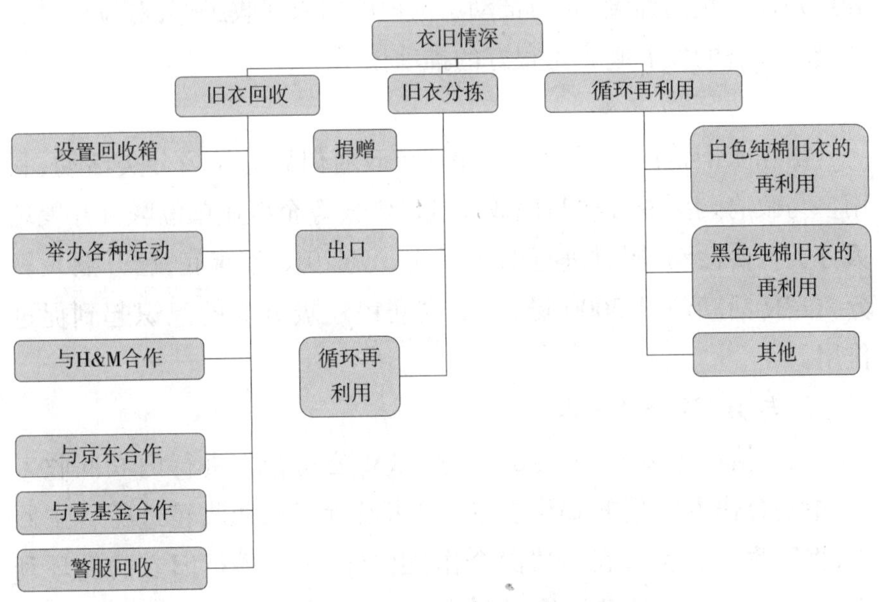

图 3-12　衣旧情深旧衣回收再利用模式

（一）旧衣回收

衣旧情深自 2014 年公司成立以来，以设置回收箱和参与政府购买、宣传垃圾分类为主要的旧衣回收方式，同时又尝试了与 H&M、京

东商城等进行合作回收，与壹基金公益组织合作进行线上回收等回收模式。

1. 设置旧衣回收箱进行回收

设置旧衣回收箱进行废旧衣物的回收是“衣旧情深”旧衣回收的主要形式。经过深入调研，深圳衣旧情深按照500户配备一个回收箱的比例，在深圳各大小区开始投放回收箱。截至2016年12月两年多的时间内，深圳衣旧情深的旧衣回收箱投放数量已经突破了2000个，覆盖了将近1500个小区。同时，衣旧情深于2015年7月进驻广州，截至2016年8月，一年时间内已在广州市铺设回收箱453个，覆盖多个居民小区和广州大学等十几所高校。衣旧情深在深圳和广州回收箱的铺设，有力推动了两地的旧衣回收工作，对垃圾分类和循环经济的发展起到了很好的推动作用。

2. 举办活动回收

深圳衣旧情深还积极参与深圳市政府倡导的垃圾分类活动，利用参与政府购买的方式与民政、城管、学校等企事业单位联合开展垃圾分类宣传活动，同时进行旧衣回收。到2016年年底，已开展垃圾分类宣传活动超过3000场，对提高居民垃圾分类的意识起到促进作用。

3. 与H&M合作回收

衣旧情深于2016年尝试了与H&M公司合作进行旧衣回收工作，主要合作方式是H&M在其各门店设置旧衣回收箱进行自主回收，将回收的旧衣与衣旧情深合作，由衣旧情深进行旧衣的循环利用。衣旧情深将用回收的黑色废旧衣物制成的再生纤维提供给H&M进行再生面料的制造。2016年8月，H&M用再生面料制作的黑色裤子尝试在官网销售，如果销售情况良好，H&M与衣旧情深将展开更大规模的旧衣回收与再利用方面的合作。这一合作方式也是实现废旧衣物高值化再利用的一个有效方式，给业内其他企业起到了一定的示范效应。

4. 与京东商城合作进行旧衣回收

在通过以上方式进行旧衣回收的同时，深圳衣旧情深于2016年3月5—8日积极探索与京东商城合作进行旧衣的回收活动。开展活动的城市包括北京、沈阳、大连等十几个城市，主要活动地点是高校。具体操作方式是由京东商城进行网上宣传，居民（学生）将旧衣捐赠后由京东商城返给居民一定的购物券，所捐赠的旧衣由衣旧情深集中运回广州进行处理。这一活动由于活动周期较短，加之活动时间点不是旧衣淘汰的高峰期，旧衣回收量并不大，但这种回收思路有一定创新，值得在业界推广。

5. 与“壹基金”合作进行线上回收

除了以上几种回收方式，为了节约回收成本，提高旧衣回收效率，目前广州衣旧情深还在积极探索与“壹基金”合作，进行旧衣的线上回收模式。这种方式主要由捐赠者将废弃的旧衣物通过快递的方式捐赠给就近的旧衣回收机构，由回收企业与“壹基金”合作，将符合捐赠条件的旧衣进行捐赠，其他的旧衣则由回收企业进行旧衣的再利用处理。这种回收方式回收的旧衣目前占衣旧情深旧衣回收数量的比例仍很小，但这种回收方式值得回收企业借鉴和推广。

6. 与公安系统合作进行警服回收

在积极推进居民旧衣回收的同时，深圳衣旧情深积极探索与公安局合作，进行警服的回收。警服作为一种制服，有其特殊性，尤其是淘汰的警服坚决不能流向社会。鉴于这一特点，衣旧情深的警服回收系统十分严密。警服的回收、运输、分拣等全部环节都设有监控，保证回收的警服绝对不会流向社会。截至2016年8月，深圳衣旧情深已在深圳各公安分局门口设置30多个警服回收箱，每月回收警服约1—2吨。在进行警服回收的同时，该公司还在积极探索与银行、航空公司等机构的合作，进行其他制服的回收。

（二）旧衣运输与分拣

衣旧情深回收的旧衣通过公司自己的运输车辆运输到公司的分拣中心进行分拣。目前，深圳有 6 辆旧衣运输车（包含运输警服的一辆警车），广州共有 3 辆车辆负责回收旧衣的运输，各个回收点基本 5 天左右进行一次回收或者回收箱的维护。

衣旧情深回收的旧衣首先根据衣服的新旧程度进行初次分拣，将回收的旧衣分为可再次穿着和不可再次穿着。可再次穿着的旧衣分为九成新以上的冬衣、九成新以上或不够九成新但可用于再次穿着的夏衣；而不能再次穿着的旧衣，则分出白色纯棉面料、黑色纯棉面料和其他。经过科学细致的分拣，为公司下一步进行旧衣的再利用奠定了基础。衣旧情深的旧衣分拣见图 3-13。

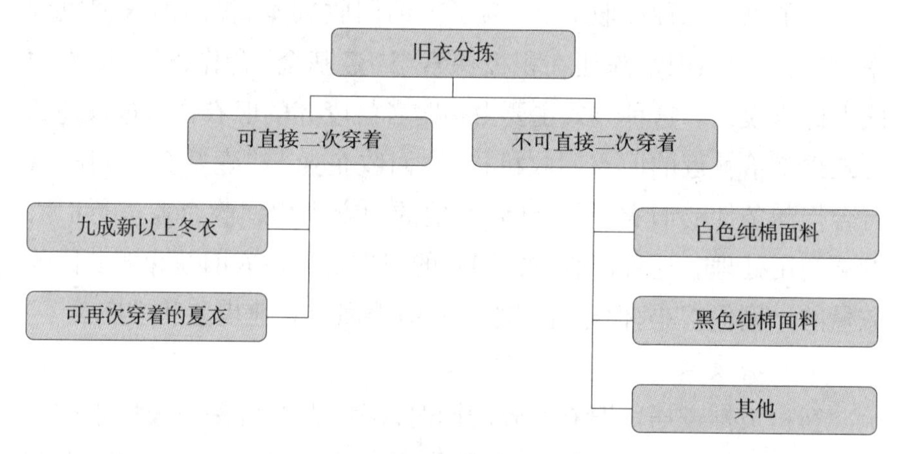

图 3-13　衣旧情深旧衣分拣

（三）衣旧情深的旧衣再利用

衣旧情深回收分拣后的旧衣主要通过向广东省本地或公益组织捐赠、向非洲出口、纤维再利用和工业再利用等途径实现旧衣的再利用（见图 3-14），经过这些环节基本实现了旧衣的零废弃。

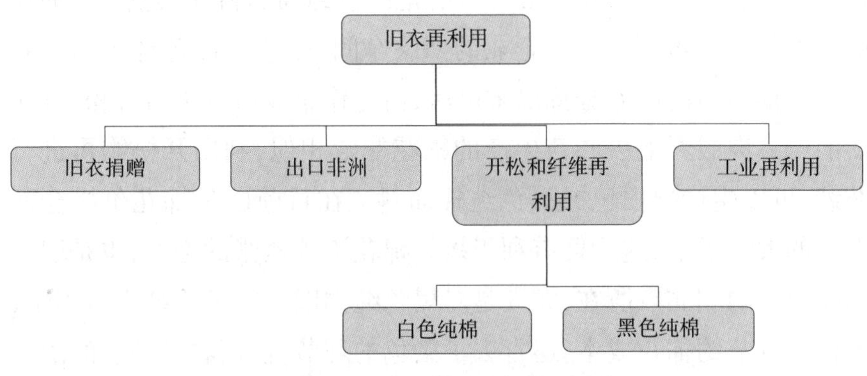

图 3-14　衣旧情深旧衣再利用

1. 旧衣捐赠

对于回收来的旧衣服，衣旧情深首先是将九成新以上符合捐赠标准的衣服分拣出来，进行消毒、整理、包装，联合公益组织、爱心企业等共同捐赠给贫困群众，实现旧衣物的社会价值。自项目启动以来，衣旧情深先后为深圳本地弱势群体、粤北山区、云南、贵州、青海、四川等地捐赠近百批经过消毒整理的九成新衣服，让贫困群众感受到来自深圳的温暖。为了更好地实现捐赠的可持续性，衣旧情深还尝试与贫困地区的相关部门或爱心人士建立长期联络点，详细记录当地群众对衣服的需求，包括尺寸、颜色、款式等，尽可能实现精细化的捐赠。

2. 旧衣出口

用于出口的旧衣，主要是不符合捐赠条件但仍具有一定穿着价值的旧衣，这类旧衣企业消毒处理后将其分为男装、女装、成人、童装等类别，出口的对象主要是落后的非洲地区。目前，旧衣出口也是包括广州衣旧情深在内的旧衣回收企业的主要利润来源之一。

3. 纤维再利用

对于不符合再次穿着标准的旧衣服，衣旧情深积极探索旧衣的高值再利用途径。纤维再利用是旧衣高值化利用的主要模式。衣旧情深的旧衣纤维再利用主要针对的是白色纯棉面料和黑色纯棉面料的旧衣的纤维再利用。在企业的回收车间,企业将白色纯棉面料和黑色纯棉面料的旧衣分拣出来以后,由合作企业将其进行开松,开松后的产品肉眼看上去和新生产的棉花非常相似,利用开松物再进行纺纱,可以生产出白色或黑色纯棉面料。在目前国际棉花价格全面上涨的大背景下,这无疑有利于缓解棉花资源紧张的态势,也是旧衣回收企业的利润点所在,尤其是对黑色纯棉旧衣物进行纤维再利用,不仅可以节约棉花成本,还省去了染色的环节,使回收的旧衣的附加价值进一步提升。

4. 工业再利用

对于无法进行纤维再利用的废旧服装,衣旧情深进行了下一步的处理:一些腈纶类的毛衣做成勘探用的研磨剂;剩余的杂料破碎后作为农业大棚保温毯的填充材料。

衣旧情深通过对旧衣的分类应用,实现了旧衣物的无害化处理。而对于废旧衣物的高值化应用,“衣旧情深”也从未停止过追求的脚步,随着设备的升级及处理技术的发展,企业设想将废旧衣物广泛应用在隔音材料、建筑材料等更多领域。

三、遇到的主要问题

通过以上环节的处理,广州衣旧情深也基本实现了旧衣的零抛弃。但是调研中发现,衣旧情深在进行旧衣回收的过程中也碰到了很多困难,主要困难有以下几个方面:

(一)回收旧衣的运输问题

企业的旧衣回收运输车辆为货车,而深圳、广州市区货车的运营是受到限制的,这样企业就会面临市区设置的回收箱旧衣回收运输困难的问题。要解决这一问题,笔者认为,市政府应本着推动循环经济发展的理念,给旧衣回收企业的旧衣收集运输车辆一定的政策优惠，尤其是放松对其的限行限制，为企业的旧衣回收开绿灯。

（二）旧衣回收箱遭破坏问题严重

衣旧情深设置的旧衣回收箱，经常会遭到拾荒者或其他人的蓄意破坏，企业在维修维护回收箱上耗费了大量的人力、物力，使得本身就运营困难的旧衣回收企业更是雪上加霜。针对这一问题，企业在回收箱的设计上投入了更多的物力，增强回收箱的牢固性和防盗性。但要根本解决问题，还需加强对居民的教育，提高人们的环保意识，让居民自发互相监督，减少人为破坏回收箱。

总之，旧衣回收利国利民，具有很高的社会效益，要使回收企业得到良好的发展，政府应给予一定的关注，同时各地回收企业应力求实现资源共享，从而在一定程度上节约企业成本，促进企业的良好运营。

第四章　重庆市旧衣物回收现状调查

第一节　重庆市生活垃圾分类及旧衣物回收企业概况

一、重庆生活垃圾分类情况

重庆市位于长江上游地区,处在我国中部地区和西部地区的接合部,具有特殊的区位地势,全市总人口 3059.69 万人,其中农业人口 2445.67 万人,占总人口的 80.91%,非农业人口 577.10 万人。目前,重庆主城区生活垃圾日均收运量近 9000 吨(固体生活垃圾约 7600 吨、餐厨垃圾 1200 吨、果菜垃圾 200 吨)。其中,50%焚烧处理,35%填埋处理,15%作为餐厨垃圾、果菜垃圾进行了综合利用处理。近年来,主城区生活垃圾年均增长率为 10%左右,预计到 2020 年每天将达到 1.4 万—1.5 万吨。

2016 年,重庆市出台了第一部生活垃圾分类的行业标准《重庆市生活垃圾分类设施设置及标识导则》。导则将生活垃圾分为可回收物、易腐垃圾、有害垃圾和其他垃圾四大类。四类生活垃圾分类设施标识通过颜色、图形和文字形式进行区别。其中,可回收物用蓝色标识;易腐垃圾采用绿色标识;有害垃圾采用红色标识;其他垃圾则采用灰色标识。2020 年之前将是重庆市垃圾分类的普及阶段,在这个阶段,新建住宅区、开发地块建设开发单位配套建设生活垃圾分类设施,生活垃圾分类收运处理设施专项规划也将纳入城市总体规划和控制性详规，通过规划布局，预留和控制相应的生活垃圾分类设施用地。到2020年，重庆将实现主城区生活垃圾分类工作总体达到全国领先水平，公众知晓率达90%以上，居民参与率达到80%以上，投放正确率达70%以上。

二、重庆市生活垃圾处理现状

（一）垃圾分类比较简单

重庆每天的厨余垃圾达到1200吨以上，大部分被私人收作饲料，很少一部分被倒入了下水道，对水域造成了污染。而且，即使已经实行了垃圾的分类收集，在运送过程中又经常混合运输，加大了生活垃圾进行进一步回收、无害化处理和资源化处理的难度。另外，一些家庭有害垃圾如废旧电池、药品、灯管以及电子产品等也都与生活垃圾混在一起，对回收处理带来了难度。

（二）生活垃圾主要用于焚烧发电

目前重庆市主城生活垃圾采取焚烧、卫生填埋和厌氧发酵三种方式，约有4000吨生活垃圾用于焚烧发电，占主城每日生活垃圾的五成左右。以重庆丰盛垃圾焚烧发电厂为例，每天可以处理生活垃圾2400吨，年处理规模达87.6万吨以上。每年上网电量约2.3亿度，可满足约20万户居民的用电需求，是目前我国西部地区建设规模最大的现代化焚烧发电项目。1吨生活垃圾经过有效处理方式，可以产生350度左右的电量。除了丰盛垃圾焚烧发电厂，重庆还有同兴垃圾焚烧发电厂，日均处理垃圾约1500吨用于焚烧发电。此外，重庆江津百果园于2015年已开始建设亚洲最大垃圾焚烧发电项目，建成后可日均处理垃圾约4500吨。到2019年前后，预计重庆市内85%以上的城市生活垃圾可以被减量化、无害化和资源化利用。

三、重庆旧衣物回收企业概况

(一)重庆江津阳光社工中心

江津阳光社会工作服务中心是由江津区的自然人自愿出资举办的,从事非营利性社会服务活动的民间公益机构,成立于2007年5月,是江津区首家在民政局注册的民间公益组织,目前拥有志愿者1000余人,开展活动1000多次,参加服务4000人次,服务社会时长累计三万多小时,是江津区"2012年十佳优秀志愿者组织",是综合服务型公益机构。

2016年,该中心与江津区文明办在东和花园、建宇爱上等65个小区投放72个旧衣回收箱,回收衣物1万余件。对于回收的旧衣物,阳光社工中心的志愿者们每周及时进行分拣,然后将符合捐赠标准的衣物进行消毒、整理,再转赠给贫困地区有需要的人群。对于不符合捐助要求的旧衣物,工作人员则通过各种技术处理做成废纺类产品,捐赠给有需要的人群,减少废旧衣物对环境的影响。

(二)阳光520爱心志愿者协会

阳光520爱心志愿者协会是一家2013年在重庆市渝中区民政局注册成立的社团组织,由社会各界、各行、各业精英人士自愿共同发起组成的非营利性社团组织。2016年该协会在渝中区大坪中学推出了"衣旧情深、节用惜福"环保志愿服务活动,陆续设置了近200个回收箱,2017年计划投入1000个爱心衣物回收箱入驻全市各个学校、社区。

每个爱心衣物回收箱可装20千克的干衣物,阳光520的志愿者每3天会巡视一次回收箱的捐赠情况,一旦发现回收箱即将装满,就会安排车辆到专门的回收机构进行处理。这些旧衣物不会直接送到贫困山区,而是先由专业的回收企业进行分类、消毒和筛选。质量好一些还可继续使用的衣物,将送到协会的定点捐赠学校;质量差一些的,则可能拆解之后制成拖布等用品。目前,志愿者协会已确定了6

所偏远地区的中小学作为捐赠对象，分别位于巫山、奉节、合川、巴中等地，未来还将根据捐赠情况增加更多的捐赠对象。此外，阳光520也正在建设社区志愿服务环保站，将覆盖主城各大社区，这些环保站也可以接受旧衣物的捐赠。

第二节 重庆青年助学志愿者协会

重庆青助会的前身是新生活志愿者，后更名为重庆青年助学志愿者协会（以下简称“青助会”），并于2007年4月正式注册成立，以帮扶困难群体、捐资助学为己任。青助会是一个非营利性组织，十年来致力于发动社会的力量，以核心团队专业社工+志愿者模式，开展山区助学、环保扶贫、社区发展、救灾防灾、志愿服务方面的工作。

协会成立以来，先后开展过《益行客——徒步公益项目》《益心益易——闲置物品循环使用项目》《永川散居孤儿社会工作帮扶项目》《彩虹守护计划——青少年预防毒品项目》等数百次的活动，倡议会员和其他志愿者上万人次为贫困山区孩子捐助学费、生活费、奖学金和为地震灾区捐款等累计达50多万元，捐助图书5100册，捐助衣物2000多件，在农村学校设立体育室10个，图书室3个，农村留守儿童到城市旅游3次，资助学生100多人次，暖冬行动捐过冬衣物2000名学生。设立稻花香10万奖学金，首批资助100名优秀贫困生，抗旱救灾募集矿泉水12万瓶，到目前为止受惠的贫困学生有2万多名。其中《益心益易闲置物品循环使用项目》获得了联合国开发计划署UNDP特别奖、第三届“中国社会创新奖”优胜奖、首届“中国青年志愿服务项目大赛”银奖。

一、益心益易闲置物品循环使用项目背景

随着人们经济收入的提高，生活物资更新速度越来越快，大堆旧

而多余的生活物资如何处理，已经成为家庭头疼的问题。一本书、一部手机、一件衣服、一个书包、一个玩具都已经成为家庭压在箱底的负担。根据中国资源综合利用协会的最新数据显示，我国每年生产旧衣物存量约为 2600 万吨，而回收率不足 10%，多数被扔进垃圾桶，大量的旧衣服进入填埋场、燃烧场，造成了大量资源的浪费，也加大了环境的污染。而如果将其中的 50%约 1500 万吨纤维用于再生，约等于节约了原油 1950 万吨，满足国内纺织业 25%的需求，产生 1500 亿元的经济效益。另一方面，根据重庆扶贫办的相关数据显示，重庆目前的绝对贫困人口有 20 万人。基于此，2012 年 10 月青助会设计"益心益易"闲置物品循环使用项目，2013 年 3 月成型并开始运作。

二、项目目的

益心益易闲置物品循环使用项目的目的是建立一个规范有效的回收、再利用循环机制。项目以减量化（Reduce）、再利用（Reuse）、再循环（Recycle）、再制造（Remanufacture）、互助（Reciprocity）5R 体系为核心理念运行。将收集到的物资进行整理、分类、清洗、消毒，然后选择部分渠道捐助给需要帮助的人，在捐助的过程中带动更多的社会参与，并将不实用和过于破旧的物资交给环保公司处理，实现"第二次生命"。

表 4-1　益心益易项目目的

项目目的	具体操作
贫困人群	我们只是搬运工，把城市闲置物品清洗消毒后，搬运给需要帮助的人，通过我们的努力，改变他们的处境，让他们不要成为社会问题而是成为和谐社会的倡导者
环境保护	每年有 2600 万吨的废旧衣物进入填埋场、垃圾场，给环境带来了严重的危害，项目在无形中降低了废旧物品对环境的伤害
自我造血	项目资金在保证组织及项目运作的同时，赢利部分又重新投入相关项目的运作

续表

项目目的	具体操作
提供平台	项目为更多的人提供了参与志愿活动的平台,每次活动前进行培训,带动了志愿者整体能力的提升
项目推广	项目简介、项目组织、项目架构、激励机制、操作流程、资金使用、财务公布、按理制度、培训课件
项目延伸	天使爱心蚊帐项目、27度暖冬行动项目、益行客公益徒步项目、益心益易环保手工项目,待延伸的项目有爱心货柜项目

三、项目资金使用流程

因为,青助会是一家公益性组织,因此资金的来源主要是一些政府购买项目和环保公司的赞助经费,未来希望能够做成社会企业模式(见图4-1)。

四、项目运行现状

项目共招募19所高校4759名志愿者、617名社区志愿者,82名企事业单位志愿者累计参加活动2.3万次。项目运行三年多来共募集废旧衣服约1379143件,合354.041吨(分拣出可捐赠衣8万件);废旧手机1894部、书籍11290册、文具3725套。

全市参与捐赠的人数约35万人,项目覆盖重庆19个区县1008个城乡社区市民学校,覆盖人群约900万人。捐赠渝东北等地山区、甘孜州衣物共计4563件,捐赠綦江莲花中学等学校蚊帐398顶,捐赠云阳、奉节、巫山山区学校图书室、漂书角图书共计5000余册,文具1000余套。芦山地震募捐500平方米活动板房建设天全县完全小学板房学校。在云南地震以及重庆奉节县、巫溪县、统景镇的洪灾中共捐赠衣物计16900余件,书籍2000余册,文体用品370余套。

在社区投放环保海报5000张、宣传单5万张、横幅500条、海报架100个、百度搜索“益心益易”找到相关信息65万条,中青网、新

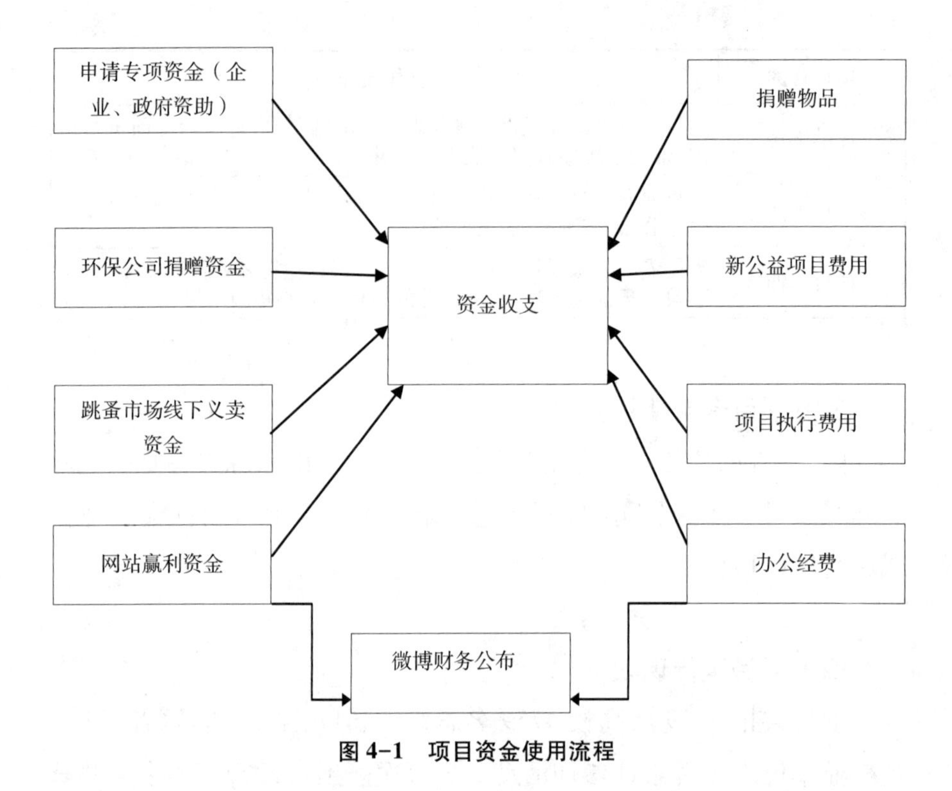

图 4-1　项目资金使用流程

浪新闻等全国主流媒体报道 23 条。华龙网及各区县政府网站报道 50 多条，志愿服务网发布简报 73 条，新浪、腾讯微博微信发布信息 357 条。重庆发现栏目拍摄 23 分钟纪录片《行走的青春》，《重庆晨报》《重庆青年报》《志愿重庆报》在头版报道了该活动。

五、项目延伸

（一）天使爱心蚊帐项目

五部损坏、破碎手机可以和环保公司兑换一顶蚊帐，益心益易闲置物品循环使用项目中捐赠手机和项目赢利共为山里贫困学校的孩子带来了 3000 顶蚊帐，让他们在炎热的夏天不再受蚊子的叮咬。

（二）27℃暖冬行动项目

青助会发起的27℃暖冬行动项目，在每年冬天来临后运作，以益心益易闲置物品循环使用项目捐赠物资为主体，结合社会捐赠，至今已经帮助2000名山里的孩子不再受严寒的侵扰。

（三）益心益易环保手工项目

益心益易环保手工项目是益心益易闲置物品循环使用项目又一延伸项目，项目利用捐赠旧衣服通过高校志愿者手工制作手套，项目运作至今共惠及高山区贫困儿童100余人，参与志愿者150余人。

（四）"益行客"公益徒步项目

"益行客"徒步三峡、徒步乌江、徒步南湖等山区徒步运动公益项目在各个区县进行，发动全国的志愿者、户外团队加入到益心益易闲置物品循环使用项目中来，在徒步过程中走访贫困儿童和老人家庭，为项目提供捐赠对象，同时筹款。目前已经吸引上千人参与，2000多名贫困儿童、老人因这个项目得到帮助。

六、调查发现项目可借鉴的地方

该项目以自我造血的社会企业运作模式在帮助困难群体的同时，也为组织的运作注入了可持续的资金；坚持取之于民用之于民，该项目把城中寻常百姓家的闲置不用物品搬运到了需要的人手里，充当了"搬运工"的角色。

经过实践摸索，该项目已经形成项目操作实用手册，可以在全国推广，在解决各地民间组织资金运作的同时可以帮助到更多的人；简单易操作，覆盖人群广，公益理念及组织公信力宣传可以得到最大化的普及，带动更多的民间组织运作项目，改变项目运作组织的整体状况。项目一体化运作过程中，为更多的高校志愿者提供社会实践的平台。

第五章　南京市旧衣物回收现状调查

南京市总面积 6587. 02 平方公里，辖内有玄武区、秦淮区、鼓楼区、建邺区、雨花台区、六合区、浦口区、栖霞区、江宁区、溧水区和高淳区，共 11 个区。作为长三角及华东地区的特大城市，截至 2016 年年底，南京市有常住人口 827 万人，其中城镇常住人口 678. 14 万人，城镇化率达 82%，比 2015 年年末提高 0. 6%。[1] 伴随着日益增加的人口，城市生活垃圾与日俱增，包括旧衣物的弃置带来的回收再利用问题也为公众所关注。

第一节　南京市生活垃圾分类及旧衣物回收企业概况

南京统计局 2017 年 3 月公布的相关数据显示，2016 年南京地区生产总值高达 10503. 02 亿元，比 2015 年增长 8. 0%。随着地区生产总值的增加，金融机构本外币各项存款余额也在不断增长，2016 年年末达 28355. 89 亿元，比 2015 年年末增长 7. 1%，其中住户存款 6095. 08 亿元，2016 年净增加 443. 51 亿元。存款的增加反映了居民收入的提高，2016 年全年南京人均可支配收入比上年增长 8. 6%，达

① 《南京市 2016 年国民经济和社会发展统计公报》，见南京统计局网站 http://www.njtj.gov.cn/2017-03-27。

到21156元，其中城镇居民可支配收入中位数增长8.4%，达46395元。

伴随着居民收入的提高，2016年全年社会消费品零售总额比2015年增长10.9%，达到5088.20亿元。在限额以上企业(单位)批发零售贸易业[①]零售额的统计数据中，服装、鞋帽、针纺织品类增长了4.7%。从居民人均生活消费支出看，2016年为26802元，比2015年增长7.7%。从消费支出构成来看，其中衣着类支出1918元，占比7.2%。新衣物的购置往往带来旧衣的弃置，而弃置的旧衣物何去何从？

一、南京生活垃圾分类概况

(一)南京市城市生活垃圾分类管理制度

早在2000年6月，南京便成为全国8个垃圾分类收集试点城市之一。2011年，南京市正式启动垃圾分类管理工作，并出台了《南京市生活垃圾分类工作试点方案》。2013年6月1日起，《南京市生活垃圾分类管理办法》正式实施。2014年，南京市又成为国家垃圾分类示范城市。

2015年12月，依照《住房城乡建设部办公厅等部门关于公布第一批生活垃圾分类示范城市(区)的通知》的相关要求，南京市政府制定并公布了《南京市建设国家生活垃圾分类示范城市实施方案》。该方案的总目标是：到2020年实现南京市城市生活垃圾分类收集覆盖率和垃圾资源化利用率均超过90%，同时人均生活垃圾清运量比2014年减少6%。为了实现上述目标，南京市城管局、发改委、房产局、商务局、环保局、教育局、财政局、文广新局、规划局、国土局、物价

---

① 限额以上批发业是指主营业务收入2000万元以上的批发业法人企业、产业活动单位和个体经营户；限额以上零售业是指主营业务收入500万元以上的零售业法人企业、产业活动单位和个体经营户。

局、绿化局和公安局等政府各部门分别负责垃圾减排、分类、回收及再利用等方面的相关工作。同时市政府还建立了两套具体的垃圾分类减量机制:(1)垃圾分类电子积分奖励机制。市民可按照垃圾种类和数量换取积分,积分可用于换取物品或服务,比如鸡蛋、大米、食盐、蔬菜等日常生活用品。(2)垃圾减量考核机制。对各区、街道制定生活垃圾总量控制指标进行考核。

依据《南京市生活垃圾分类管理办法》,南京市城市生活垃圾主要分为四类:(1)可回收物,包括废纸类、塑料类、玻璃类和金属类以及织物类;(2)餐厨垃圾:废弃食品、蔬菜和瓜果皮核等;(3)有害垃圾,主要指废充电电池、废扣式电池、废灯管、弃置药品、废杀虫剂及容器、废油漆及容器、废日用化学品、废水银产品、废旧电器以及电子产品等;(4)其他垃圾,涵盖范围较广,比如混杂、污染、难分类的塑料类、玻璃类、纸类、布类、木类、金属类等生活垃圾以及废旧家具等大件垃圾。

从垃圾收集频率来看,对于厨余垃圾每天收集1次,可回收物、有害垃圾每周收集次数不低于1次,大件垃圾可预约上门回收。

从垃圾最终处置来看,对可回收垃圾运至再生资源分拣加工中心进行集中处置;有害垃圾运至危险废物处置厂;厨余垃圾由生化处理机就地处置或进入厨余垃圾处理厂、堆肥厂,而农村地区的厨余垃圾进行堆肥处理;对其他垃圾实施专项分流,并进行综合利用,不能综合利用的进行填埋或焚烧。

(二)南京市城市生活垃圾管理相关数据

南京市人民政府办公厅2016年11月30日公布的《南京市生活垃圾“十三五”无害化处理规划》相关数据显示,在“十二五”期间,南京市城市生活垃圾分类处理实现了质的突破。

垃圾分类由2014年首批8个试点小区扩大到2015年年初的全市11个区共634个社区,分类收集覆盖率达70%以上。

2013年(含)以前,南京市生活垃圾全部采用填埋方式,而2015年上半年,南京市生活垃圾日平均处置量为每日6307吨左右,基本实现无害化处理。

二、南京市旧衣回收机构总体情况

就南京市生活垃圾分类回收政府相关管理部门来看:南京市发改委负责制定生活垃圾分类企业相关政策。城管局负责引导企业参与生活垃圾分类回收利用。房产局负责物业企业垃圾分类收集工作执行监督。

依据2013年6月实施的《南京市生活垃圾分类管理办法》,旧衣物属于可回收垃圾。而2017年3月18日《国务院办公厅关于转发国家发展改革委住房城乡建设部生活垃圾分类制度实施方案的通知》(国办发〔2017〕26号)中规定:可回收物主要包括废纸、废塑料、废金属、废包装物、废旧纺织物、废弃电器电子产品、废玻璃和废纸塑铝复合包装等,因而也将旧衣物纳入到可回收物的范畴。

目前,在南京市各小区放置旧衣回收箱的企业主要有江苏利华环保科技有限公司和南京中织优新纺织科技有限公司等。

江苏利华环保科技有限公司2014年成立,主营环保领域内的技术研发及废旧纺织品回收处理业务,直接参与南京市城管局、环卫处、各区政府、区城管系统、各社区和物业等部门垃圾分类精细化推进工作。该企业是江苏省第一家具备旧衣服回收处理资质的企业,也是南京再生资源行业协会会员,目前是江苏省内最大的旧衣服回收处置企业。2015年该公司在南京部分小区投放旧衣服回收箱400多台,回收旧服装800余吨。

南京中织优新纺织科技有限公司成立于2014年9月,是南京再生资源行业协会会员单位、中国纺织工业联合会环境保护与资源节约促进委员会深度合作伙伴。主要从事南京地区及全国范围内纺织品资源循环利用的资源整合、技术研发、产品生产和销售。

第二节　南京中织优新纺织科技有限公司

南京中织优新纺织科技有限公司是旧衣回收及再利用行业的新秀。公司坐落于江苏省南京市江宁开发区将军大道正方中路，是中国“旧衣零抛弃”品牌公益回收行动南京及周边地区实施单位，也是南京市城市居民废旧服装综合回收与利用项目（宁投字〔2015〕18号）建设单位。

一、中织优新旧衣回收及再利用运营模式的构建

经过三年多的创新和高效率的经营，中织优新目前已初步建立了自己在南京地区的旧衣回收及再利用体系。中织优新公司在旧衣回收体系中最为显著的特点是重视各个环节相关资源的合作和共赢。

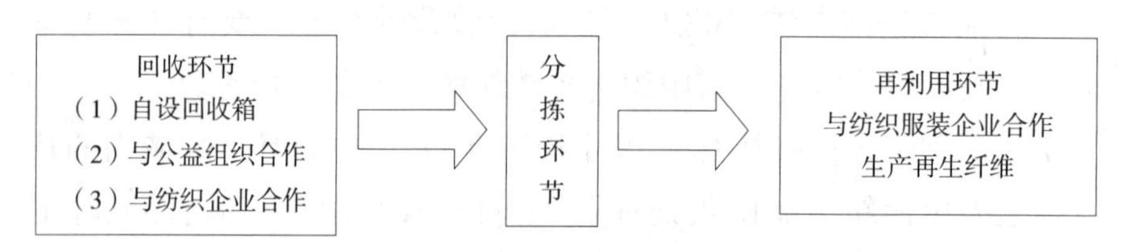

图 5-1　中织优新的旧衣回收及再利用运营模式

（一）旧衣回收环节渠道资源的整合

首先，与市政府签约分区合作设立定点回收箱。截至 2015 年 12 月，中织优新公司共在江宁区、玄武区和鼓楼区的居民小区和一些高校投放了 720 个回收箱。

其次，与公益组织合作，定期开展旧衣回收及再利用相关活动。2014 年、2015 年分别举办宣传活动 15 次和 36 次。这些活动有些是

中织优新自己组织的“旧衣零抛弃”活动，其余是与一些公益机构共同举办的旧衣物相关活动。与其合作的公益机构包括向日葵青少年互助中心、扬州市爱扬志愿者协会、扬州市江都区小艳子志愿者协会、扬州环保公益团、一些高校的青年志愿者协会、高邮阳光志愿者协会、扬州大叔和扬州李响志愿者爱心联合会等。

最后，与纺织企业合作进行化纤被回收再利用活动。中织优新组织负责与家纺企业合作，共同进行旧纤维被在南京地区的回收工作。

（二）旧衣分拣、再利用环节资源的整合

中织优新与国内外知名服装品牌及纺织企业合作，向其提供再生纤维。首先在分拣环节，将牛仔与纯棉衣物单独分拣好。第二步进行剪裁，去除衣物的绗缝线。最后进行纤维的开松，生成27mm以上的再生纤维，为后续纺纱厂进行纺纱做准备，最终可制作成再生衣服。

二、中织优新的环境效益和社会效益分析

中织优新在南京及周边地区开展“旧衣零抛弃”活动，其理念是“打开衣柜，放飞爱心；分类回收，城市更美”。

从环境效益来看，通过整合回收环节的各种渠道资源，中织优新在2014、2015年累计回收旧衣物近900吨。通过举办的各种旧衣回收活动，向公众宣传了垃圾分类、旧衣回收再利用的理念，为城市垃圾减量作出了一定的贡献。

从社会效应来看，中织优新分检出的成色新的衣物主要用于捐赠，实现物尽其用。另外，公司有管理人员、分拣员工、志愿者和旧衣运输车司机共16人，为社会创造了就业岗位。

第六章　苏州市旧衣物回收现状调查

第一节　苏州市生活垃圾分类概况

一、苏州市居民生活水平

根据《2016年苏州市国民经济和社会发展统计公报》显示，2016年年末，苏州全市常住人口1062.5万人[①]，其中城镇人口802.24万人。2016年，苏州市全体常住居民人均可支配收入为46460元，其中城镇常住居民人均可支配收入54400元，城镇居民人均消费支出33305元，其中，衣着消费支出额为2084元，占城镇居民人均消费支出比重的6.3%。

二、苏州市生活垃圾产生量

根据《苏州统计年鉴2016》[②]数据显示，苏州全市生活垃圾清运量达383.82万吨，如果按照2015年年末，苏州全市常住人口1061.6万人计算，人年均生活垃圾产生量为361.5千克，人日均生活垃圾产生量为0.99千克。

表6-1显示了2014—2016年苏州市区[③]生活垃圾产生量、填埋和焚烧处置量。2016年，苏州市区累计生活垃圾产生量为204.4万

---

① 苏州全市常住人口包括：市区、吴江区和4个县级市的常住人口。

② 苏州市统计局：《苏州统计年鉴2016》，www.sztjj.gov.cn。

③ 苏州市区包括：姑苏区、吴中区、相城区、高新区、虎丘区和工业园区。

吨,其中,焚烧处置为132.4万吨,填埋处置为72万吨。2016年,苏州市区日生活垃圾产生量为5584.4吨。

表6-1 苏州市区生活垃圾产生量及处置方式

年份	生活垃圾产生量	填埋处置	焚烧处置
2014	177.79万吨	33.38万吨	144.41万吨
2015	201.58万吨	57.78万吨	143.80万吨
2016	204.40万吨	72.00万吨	132.40万吨

表6-2显示了2013—2015年苏州市区常住人口、日均生活垃圾产生量及人均日生活垃圾产生量。结果表明:苏州市生活垃圾产生量增长速度远远快于人口增速。2015年,苏州市区日均生活垃圾产生量达5522.7吨,人均日生活垃圾产生量1.32千克。生活垃圾产生量的增长与人民生活水平的提高呈正相关,生活水平的提高使得商业垃圾与居民生活垃圾两个主要的生活垃圾来源显著增长。伴随着生产、生活与消费模式转变的城市化进程,生活垃圾产生量逐年递增,城市扩张是导致生活垃圾产生量增长的直接原因。

表6-2 苏州市区人均生活垃圾产生量

年份	市区常住人口(万)	市区日均生活垃圾产生量(吨)	市区人均日生活垃圾产生量(千克)
2013	417.33	2509.37	1.08
2014	418.67	4871.00	1.16
2015	419.53	5522.70	1.32

三、苏州市生活垃圾分类

苏州市十分重视生活垃圾分类。从2000年起,苏州市逐步向市民宣传垃圾分类理念,提出“近期大分流,远期细分类”的生活垃圾分类新模式(见图 6-1)。2012 年,苏州市在市区确定了首批 25 个小区试点生活垃圾分类。截至 2017 年 4 月,苏州市生活垃圾分类试点小区达 437 个。

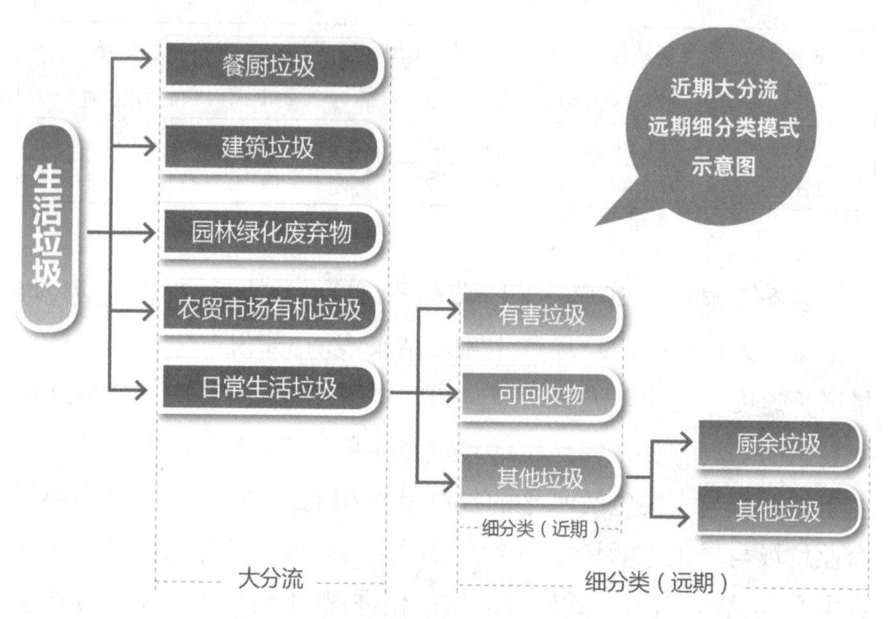

图 6-1　近期大分流、远期细分类模式图

图片来源:《2017 年苏州市生活垃圾分类处理工作行动方案》,www.suzhou.gov.cn。

细分类就是将日常生活垃圾再进一步细分成有害垃圾、可回收物和其他垃圾。近期,在有条件的场所可以将其他垃圾进一步细分成厨余垃圾和其他垃圾,远期所有场所的分类都将按照有害垃圾、可回收物、厨余垃圾和其他垃圾进行细分。

2016 年 7 月 1 日起实施的《苏州市生活垃圾分类促进办法》,将生活垃圾分为:可回收物、有害垃圾、易腐垃圾和其他垃圾。其中,可回收物,指适宜回收和再生利用的纸类、塑料制品、玻璃、金属、纺织物、家具、家用电器和电子产业等固体废弃物。将纺织物视为可回收物,并规定可回收物应当由依法设立的再生资源的单位进行处理。

2017年6月13日,苏州市出台《苏州市生活垃圾强制分类制度实施方案》,提出:到2019年年底,城市生活垃圾回收利用率达到35%;到2020年年底,苏州市区城乡居民生活垃圾分类设施覆盖率达到90%。

强制分类生活垃圾分为七类:易腐垃圾、可回收物、园林绿化垃圾、建筑(装修)垃圾、大件垃圾、有害垃圾和其他垃圾。可回收物主要品种有:废纸、废塑料、废金属、废包装物、废旧纺织物、废弃电器电子产品、废玻璃、废纸塑铝复合包装等8种,由产生单位自行出售给再生资源回收企业处置。

图6-2显示,2014年苏州市区居民日常产生的生活垃圾主要成分。随着居民生活水平的提高,生活垃圾产生量不断增长,生活垃圾主要成分也在发生改变,2014年苏州市居民生活垃圾主要是厨余垃圾(剩菜饭、菜皮、果皮等),约占生活垃圾产生量的66%,剩余的为塑料、纸张、织物、玻璃等可回收物,占34%。2014年苏州市通过专项,回收废旧织物达402吨。

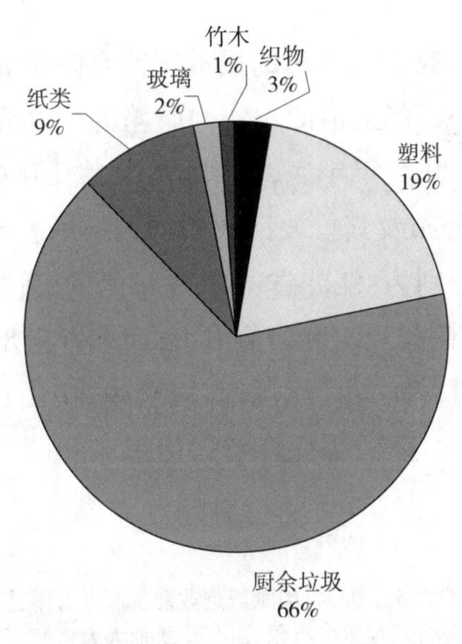

图6-2　苏州市居民生活垃圾主要成分

第二节　苏州华凯佰废旧纺织品综合利用有限公司

苏州华凯佰废旧纺织品综合利用有限公司（以下简称“华凯佰”）于2015年9月14日注册，是华凯佰集团[①]旗下的一家专业从事废旧纺织品回收利用、加工处理企业。

经过两年的发展，华凯佰已成为我国规模最大的旧衣物回收渠道企业，截至2016年年底，华凯佰在全国21个城市投放旧衣物回收箱超过1万个。其中，回收箱制作费投资额超过700万元；运输车辆达到90多辆，运输车辆投资超过100万元。

华凯佰快速发展，得到地方政府部门的大力支持，这与其对我国旧衣物回收行业充满信心，坚持“把废旧衣物综合利用起来，节能低碳环保”理念密不可分。

一、华凯佰旧衣物回收箱的投放覆盖全国主要城市

自2016年以来，华凯佰旧衣物回收箱的投放覆盖我国6个省的21个城市。截至2016年年底，华凯佰旧衣物回收箱的投放量达到11786个，其省市分布及其投放回收箱的数量见表6-3。

覆盖的省市分别为：江苏省苏州市和无锡市；福建省厦门市、泉州市、福州市、漳州市、晋江市和莆田市；广东省惠州市、揭阳市、汕头市、潮州市、清远市、佛山市、河源市、东莞市、中山市和汕尾市；山东省青岛市；辽宁省大连市；黑龙江省大庆市。

---

① 华凯佰集团，旗下拥有六家子公司：华凯佰企业财税服务有限公司、华凯佰再生资源有限公司、华凯佰手机远程监控服务有限公司、华凯佰人力资源管理有限公司、苏州苒华物流、华凯佰废旧纺织品综合利用有限公司。

表 6-3　华凯佰投放旧衣物回收箱的省市及数量

投放回收箱省市		2016 年投放回收箱（个）
江苏省	苏州市	630
	无锡市	350
福建省	厦门市	1180
	泉州市	850
	福州市	750
	漳州市	450
	晋江市	300
	莆田市	200
广东省	惠州市	1200
	揭阳市	869
	汕头市	713
	潮州市	675
	清远市	400
	佛山市	300
	河源市	300
	东莞市	200
	中山市	200
	汕尾市	100
山东省	青岛市	1108
辽宁省	大连市	850
黑龙江省	大庆市	161
合计		11786

华凯佰在 6 个省分别投放三种旧衣物回收箱，分别是：大熊猫箱、衣旧美丽箱和蓝色箱。其中，在苏州市和无锡市，投放大熊猫旧衣物箱；在福建省投放蓝色旧衣物回收箱；在广东省投放蓝色衣旧美丽旧衣物回收箱。

二、华凯佰旧衣物回收箱进驻高校

华凯佰旧衣物回收箱不仅进社区，还进驻高校。华凯佰根据学校情况，每个宿舍区域设立一个旧衣物回收箱，形成“一校多点”的旧衣物回收网络。2016 年，在汕头大学、西南大学、青岛大学、中原工学院和中国地质大学等 5 所高校，共投放旧衣物回收箱 178 个（见表 6-4）。

表 6-4 华凯佰投放旧衣物回收箱的高校

高校	2016 年投放回收箱（个）
汕头大学	60
西南大学	40
青岛大学	30
中原工学院	28
中国地质大学	20
合计	178

三、华凯佰与市政管理部门、居民社区和高校合作开展宣传活动

为了更好地实施生活垃圾分类投放，华凯佰积极与市政管理部门、居民社区和高校合作，开展“旧衣物回收”宣传活动，倡导社区居民环保意识，培养居民养成垃圾分类的生活习惯。

2016 年，华凯佰在 6 个省 20 个城市，100 多个社区共开展“旧衣物回收”宣传活动 153 场（见表 6-5），惠及的居民人数超过万人，用于宣传及捐赠活动的投资额超过 25 万元。

“旧衣物回收”宣传活动使居民了解旧衣物回收箱投放地点，解决了居民家中囤积的旧衣物问题，还使闲着的衣物得以循环利用。

表 6-5　华凯佰在各地社区举办宣传活动次数

省市		2016 年举办宣传活动场次
江苏省	苏州市	12 场
	无锡市	3 场
福建省	厦门市	28 场
	泉州市	17 场
	福州市	8 场
	晋江市	7 场
	漳州市	2 场
广东省	揭阳市	17 场
	潮州市	13 场
	惠州市	12 场
	汕头市	9 场
	河源市	3 场
	东莞市	2 场
	佛山市	2 场
	清远市	1 场
	汕尾市	1 场
	中山市	1 场
山东省	青岛市	3 场
辽宁省	大连市	7 场
黑龙江省	大庆市	5 场
合计		153 场

华凯佰在高校投放旧衣物回收箱的同时，与高校配合开展“旧衣物回收”宣传活动，2015 年和 2016 年在上述 5 所高校，累计举办 17 场宣传活动（见表 6-6），向大学生宣传环保理念，建立绿色、循环利用的消费习惯。参与华凯佰宣传活动的环保志愿者人数超过 1000 人次。

表 6-6 华凯佰在高校举办宣传活动场次

高校	2015 年	2016 年	合计
汕头大学	2	3	5
西南大学	2	3	5
中原工学院	1	2	3
中国地质大学	1	1	2
青岛大学	1	1	2
合计	7	10	17

四、华凯佰“旧衣物回收箱”实施效果分析

（一）环境效益显著

2016 年，华凯佰在 5 个省 21 个城市投放了 11786 个“旧衣物回收箱”，共回收旧衣物达 25421 吨（见表 6-7）。按照每件衣服平均重量 0.5 千克计算，相当于 5084.2 万件服装。如果将这些服装当作垃圾废弃，不仅产生生活垃圾，还使废旧纺织品资源没有得到循环再利用。华凯佰“旧衣物回收箱”的投放，有效地减少了废旧衣物对环境的压力。

表 6-7 华凯佰旧衣物回收总量

省市		2016 年旧衣物回收量
江苏省	苏州市	1785 吨
	无锡市	670 吨
福建省	泉州市	1960 吨
	厦门市	1850 吨
	福州市	1315 吨
	晋江市	710 吨
	漳州市	620 吨
	莆田市	67 吨

续表

省市		2016 年旧衣物回收量
广东省	揭阳市	2787 吨
	潮州市	1997 吨
	惠州市	1989 吨
	汕头市	1680 吨
	河源市	878 吨
	东莞市	817 吨
	中山市	370 吨
	佛山市	281 吨
	汕尾市	231 吨
	清远市	211 吨
山东省	青岛市	2210 吨
辽宁省	大连市	2781 吨
黑龙江省	大庆市	212 吨
合计		25421 吨

从回收旧衣物的种类看，服装占比最大，为 69%；其次是家纺产品，占比 15%；鞋占比 6%；还有书包、玩具等占比 10%（见图 6-3）。

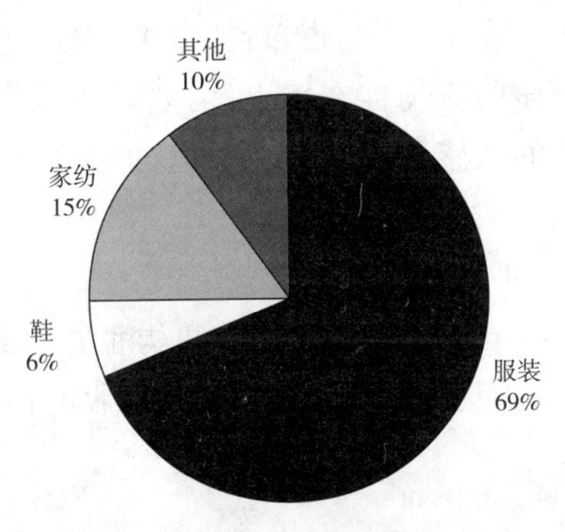

图 6-3 华凯佰回收各类衣物占比

（二）关注公益

作为一家环保企业，华凯佰以“环保，爱人”作为企业核心理念，关注公益，重视社会责任，积极开展各项社会公益活动。在居民社区和高校开展宣传“旧衣物回收”环保活动的同时，号召居民和学生献爱心，将可以二次穿着的服装，经过清洗消毒后，捐助给慈善机构、偏远贫困地区。

2016年，华凯佰向江西省于都县红十字会捐赠冬衣10箱，用于帮助赣南老区困难家庭。向福建贫困地区捐赠818箱、2600件旧衣物（见表6-8）。在各类环保活动中，还积极倡导使用环保袋，2016年华凯佰赞助环保袋5000个。

表6-8　华凯佰开展慈善捐赠情况

慈善捐赠地区（省份）	2016年衣物捐赠数量（箱、件）
江西省	10箱、200件
福建省	818箱、2600件

2016年，华凯佰主办“慈善之墙”活动，“慈善之墙”是以旧衣捐赠方式，在部分城市繁华街道布置“慈善之墙”，爱心人士可以把家里闲置的、干净的衣物挂在墙上，需要者可以根据需求自行取走，让更多需要的人感受到社会大家庭的温暖，以帮扶城市弱势群体。

（三）带动就业

华凯佰在6个省23个市设立分支机构雇员人数多达359人，不仅带动了就业，还使更多的人参与旧衣物回收的相关工作中（见表6-9）。

表 6-9 华凯佰各地分支机构雇员人数

省市		雇员人数
江苏省	苏州市	18
	无锡市	6
福建省	厦门市	38
	福州市	32
	泉州市	30
	福州市	32
	晋江市	8
	莆田市	6
	漳州市	6
	宁德市	4
广东省	揭阳市	31
	惠州市	28
	潮州市	27
	汕头市	19
	河源市	11
	东莞市	8
	中山市	6
	佛山市	5
	清远市	5
	汕尾市	3
山东省	青岛市	31
辽宁省	大连市	29
黑龙江省	大庆市	8
	合计	359

(四)广泛与上下游企业开展合作

华凯佰作为我国旧衣物回收渠道最大企业,致力于与上下游企业开展合作。上游联手废品大叔签署战略合作协议,在厦门共同开展“城市垃圾分类与垃圾减量，社区再生资源回收体系建设”活动，通过手机 APP 进行旧衣物回收。下游与广州格瑞哲环保科技有限公司合作，华凯佰将回收的旧衣物运送到广州格瑞哲环保科技有限公司进行分拣。

分拣后的旧衣物再利用途径主要包括：捐赠、出口及综合利用。其中，可再穿着的衣物，经过清洗消毒后将捐助给慈善机构或偏远贫困地区，占比为 5%左右；或用于出口，占比大约为 10%；剩余不可再穿着的衣物，进行综合利用，大约占 85%（见表 6-10）。

表 6-10　华凯佰旧衣物处置方式

衣物处置方式	占比
捐赠	5%
出口	10%
综合利用	85%

未来，华凯佰将建立分拣中心，并投资旧衣物综合利用加工厂，以实现旧衣物回收、分拣、综合利用完整的配套体系。还将着手构建多渠道回收体系，特别是探索“互联网+回收”模式。

第七章　杭州市旧衣物回收现状调查

第一节　杭州市生活垃圾分类及旧衣物回收概况

一、杭州生活垃圾产生量及处置情况

根据杭州市国民经济和社会发展统计公报，截至2015年年末，杭州市常住人口901.8万人，比2014年年末增加12.6万人。按我国城市规模划分标准，杭州属于特大城市。2015年，杭州市实现生产总值10053.58亿元，位列中国城市GDP排名第十位，比2014年增长10.2%。人均生产总值112268元（按国家公布的2015年平均汇率折合18025美元），增长9.1%。

在经济增长的同时，杭州也面临“垃圾围城”的困扰。根据环保部发布的《2016年全国大、中城市固体废物污染环境防治年报》，2015年我国246个大、中城市共产生生活垃圾18564万吨，其中，杭州生活垃圾产生量居第七位，达365.5万吨，较2014年的330.5万吨增长10.6%。2016年，杭州生活垃圾产生量继续增长，但增幅下降到3.36%，达到378.78万吨，其中填埋、焚烧处置量371.89万吨，比2015年增长1.48%。

杭州从2010年起在全市范围推行垃圾分类。2013年，杭州垃圾分类小区的占比从2012年的79.6%上升到94.3%[①]，到2014年

---

① 《2013年杭州市国民经济和社会发展统计公报》，见 http://hznews.hangzhou.com.cn/xinzheng/tongzhi/content/2014-02/24/content_5171080.htm。

进一步扩大到97.2%[1]。2015年杭州市国民经济和社会发展统计公报显示,2015年杭州市区垃圾分类生活小区1836个,分类收集覆盖率80%,杭州被评为全国第一批生活垃圾分类示范城市[2]。2016年,杭州市新增垃圾分类小区91个,累计已达到1927个,参与家庭115.77万户;共有1251家机关事业单位、国有企业和中小学校开展内部垃圾分类;122个生活小区被授予垃圾分类"示范小区"[3]。

二、杭州生活垃圾管理制度

杭州生活垃圾管理制度主要有两个:一个是杭州市政府于2012年11月公布,自2013年1月1日起施行的《杭州市城市生活垃圾管理办法》(以下简称《办法》);一个是杭州市人大常委会于2015年8月公布,并自2015年12月1日起施行的《杭州市生活垃圾管理条例》(以下简称《条例》)。前者属于地方行政规章,后者属于地方性法规,前者服从于后者。两者除均明确了生活垃圾分类投放、收集、运输与处置方面的规定外,《办法》还具体规定了生活垃圾收集、运输、处置的费用管理,而《条例》则制定了鼓励企业、各类慈善、环保和社会公益组织,以及居民在生活垃圾分类、减量、回收利用和无害化处置方面的促进措施。

根据《条例》,生活垃圾是指在日常生活中或者为日常生活提供服务的活动中产生的固体废弃物以及法律、法规规定视为生活垃圾的固体废弃物,分为可回收物(指未污染的适宜回收和资源利用的生活垃圾,如纸类、塑料、玻璃和金属等)、有害垃圾、餐厨垃圾和其

① 《2014年杭州市国民经济和社会发展统计公报》,见http://zzhz.zjol.com.cn/system/2015/03/03/020531724.shtml。

② 《2015年杭州市国民经济和社会发展统计公报》,见http://www.hangzhou.gov.cn/art/2016/3/24/art_805865_663727.html。

③ 《我市举行垃圾分类示范小区授牌仪式暨生活垃圾"三化四分"推进工作会议》,见http://www.hzcgw.gov.cn/tpxw/2581593.jhtml。

他垃圾(除可回收物、有害垃圾和餐厨垃圾之外的其他生活垃圾,如混杂、污染、难分类的纸类、塑料、玻璃、金属、织物、木料等)四大类。虽然《条例》未明确列明旧衣物属于生活垃圾中的可回收物,但根据其定义,旧衣物当属可回收物。

杭州生活垃圾管理工作遵循政府主导、全民参与、城乡统筹、市场运作的原则,通过实行分类投放、分类收集运输、分类利用、分类处置,逐步提高生活垃圾减量化、资源化、无害化水平。

《条例》对生活垃圾的分类投放、收集、运输与处置均作出明确规定。其中,可回收物应当交售给再生资源回收站点、个体回收人员,或者投放至可回收物收集容器,同时鼓励采用押金、以旧换新、设置自动回收机、网购送货回收包装物等方式回收再生资源,实现回收途径多元化;生活垃圾应当分类收集,禁止将已分类投放的生活垃圾混合收集,可回收物和有害垃圾应当定期定点收集,餐厨垃圾和其他垃圾应当每天定时收集;分类收集的生活垃圾应当分类运输,禁止将已分类收集的生活垃圾混合运输;根据生活垃圾分类处置的规定,可回收物应当由再生资源回收利用企业或者资源综合利用企业进行处置,鼓励再生资源回收利用企业或者资源综合利用企业对生活垃圾中的废塑料、废玻璃、废竹木、废织物等低附加值可回收物进行回收处理。

《条例》明确杭州市城市市容和环境卫生主管部门(以下简称市容环卫主管部门)主管杭州生活垃圾管理工作,负责组织对城市生活垃圾进行收集、运输及处置。对相关行政主管部门的职责划分,《条例》也做了明确规定。其中,商务主管部门负责生活垃圾中可回收物回收的监管,制定可回收物回收规范。

此外,《条例》指出,杭州生活垃圾分类投放实施管理责任人制度。对城市居住区,实行物业管理的居住区,物业服务企业为责任人;未实行物业管理的居住区,社区居民委员会为责任人;农村居住区,村民委员会为责任人。责任人的职责包括:按要求设置、清洁维护生活垃圾收集容器;监督生活垃圾分类投放,对不符合分类投放要求的行为进行指导、劝告;将分类投放的生活垃圾分类驳运至指定集中收置点;将生活垃圾交由有相应资质的单位收集、运输。

三、杭州旧衣物回收现状

与废纸、废玻璃、废塑料等可回收物已经建立起完善的再生资源交售与回收体系不同,旧衣物的回收长期处于空白。居民淘汰的旧衣物除少量用于转送他人或救灾捐赠以外,要么堆在家中,要么与普通生活垃圾一样被扔进垃圾箱,最终被集中焚烧或填埋。直到近几年,杭州市旧衣物的回收利用才有组织地开展起来。

(一)杭州市民政局组织设立集中捐赠点和捐赠日开展旧衣物捐赠活动

为适应市民对旧衣服捐赠的需求,倡导社会爱心传递,杭州市民政局于 2013 年建立协调工作机制,在杭州市主城区的每个街道(乡镇)设立一个集中捐赠点,从 2013 年 4 月 1 日开始,以每月的第一个工作日为集中捐赠日,号召爱心市民积极参与旧衣物捐赠活动。捐赠的衣服需为八成新以上且干净整洁的秋冬旧衣裤(贴身衣服不要),在经过清洗、消毒、整理后捐赠给困难群众和农村五保老人。市民和外来务工人员对捐赠旧衣服有需求的,也可与捐赠点直接联系。这类由民政部门组织协调的捐赠活动可以做到统一部署、分工协作、筹备有序、制度严格、保障到位、流程规范。自 2013 年 4 月至 2014 年 7 月,捐衣活动共接收大衣、棉衣裤和羽绒服等旧衣服 8 万余件,其中 10200 件赠送给了贵州省黔东南苗族侗族自治州的困难群众。

(二)回收企业在社区放置旧衣回收箱

2014 年 4 月,杭州启动了在社区设置旧衣专用回收箱形式的社区废旧衣物循环再生项目。项目由环保组织“绿色浙江”及杭州申奇废品回收连锁有限公司共同发起执行，通过在小区、超市等地点放置旧衣回收箱，变旧衣被动接收为主动收集，并以“低碳环保、节约资源、循环利用、爱心循环”为原则，倡导居民践行低碳环保、节约资源的生活方式。

回收箱的特点在于衣物无论新旧薄厚，一律接收，其中8成新以上的衣物，在重新消毒清洗后统一交由民政部门捐赠给贫困地区，8成新以下的衣物则进入下游再生纤维加工厂进行资源再利用，而再生产的新产品，将有部分用于公益捐赠或反馈给社区，进一步鼓励居民积极参与垃圾分类。

自2014年4月至2015年7月，旧衣回收箱在杭州市范围内放置了1200多只，覆盖主城区90%以上的小区。按每500户家庭一只回收箱的配比，户数多的小区放置了两到三个回收箱①。2016年3月，有媒体曝光，居民投入回收箱的旧衣并没有如发起组织和回收的申奇公司所承诺的捐给贫困地区或用于循环再生，而是流入了江苏太仓的旧衣回收市场用以销售牟利。根据申奇公司披露的数据，从2015年至2016年3月回收箱共回收旧衣物1018吨，其中71448件衣物捐作慈善用途，占总量的5%—10%。此次事件引发了群众对旧衣回收企业的质疑，一方面说明了在旧衣回收领域相关部门有效监管的重要性，另一方面也说明旧衣回收企业对旧衣循环利用所带来的环保和资源价值宣传不够。如果旧衣回收企业能更多强调旧衣回收的资源循环和环保价值，并在回收箱显著位置标明回收后旧衣的具体去向，则可一定程度上消除居民的疑虑。

（三）公益机构多渠道开展旧衣回收

除上述政府部门主导的回收活动和企业主导的回收项目以外，

① 《杭州旧衣回收桶一年吃200吨衣服 40%以上是八成新》，见 http://zj.sina.com.cn/news/d/2015-07-05/detail-ifxesfty0282557.shtml? from=zj_ydph2015-07-05 杭州日报。

杭州一些民间公益组织也通过各种渠道开展旧衣的回收和捐赠。公益组织的回收规模相对较小,回收的主要目的在于通过衣物帮扶和创造就业等实现社会价值。

第二节 益优公益

杭州益优社区互助中心(简称“益优公益”,以下简称“益优”)成立于2012年年底,是一家开展旧衣物回收和捐赠的民间公益组织。在旧衣物回收方面,益优采取了多渠道模式;在旧衣物处理方面,采用再用与再生相结合的方式。从社会效益来看,益优探索的“同城互助”“社区服务”等模式既实现了为低收入人群提供衣物帮扶,又为残障人士提供了就业机会,同时还推动了社区对旧衣资源再用的关注和参与,对实现旧衣物社会价值和环境价值的最大化起到很好的示范作用。从旧衣物的回收到旧衣的再用与再生,益优的模式见图7-1。

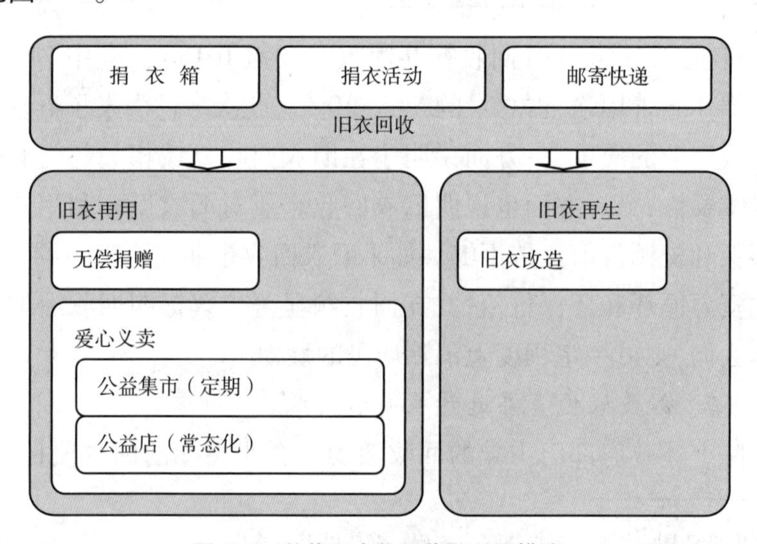

图7-1 益优旧衣物回收再利用模式

一、多渠道回收模式:捐衣箱+捐衣活动+快递

益优通过三个渠道开展旧衣物回收。第一,在社区和企业放置环保捐衣箱。截至2015年年底,益优共放置捐衣箱52个,在2016年捐衣箱数量扩大到200个。第二,在高校、社区和企业发起捐衣活动。2012年至2015年的四年间,益优共举办捐衣活动59次,其中以高校居多。截至2015年年底,益优通过放置捐衣箱和举办捐衣活动共回收旧衣物130吨,合计约26万件。

除上述两种渠道以外,益优也接受以邮寄或快递方式捐来的旧衣物。2016年,益优参与了由菜鸟网络和阿里巴巴公益、壹基金、德邦快递等联合推出的"一JIAN公益"项目,作为菜鸟裹裹APP平台公益捐赠的衣物接收方,收取并处理通过菜鸟裹裹发来的公益捐赠快递。

益优的多渠道回收模式既涵盖了设置回收箱这类定点、长期回收的模式,也涵盖了捐衣活动这类定点、不定期的模式,而借助互联网平台的快递模式则突破了定点、定期的限制,使得旧衣回收更为便利。

二、多方式开展旧衣物再利用:捐赠+义卖+改造

旧衣物在回收后,益优首先组织志愿者进行消毒处理,并根据其新旧程度进行分拣,将旧衣服分为"可再穿衣物"和"不可再穿衣物"两大类,然后再进行具体用途的安排。对于可再穿衣物,通过不同方式将其捐给需要的人或进行义卖,而不可再穿的衣物,通过将其改造成多样产品赋予旧衣物新的生命(见图7-2)。

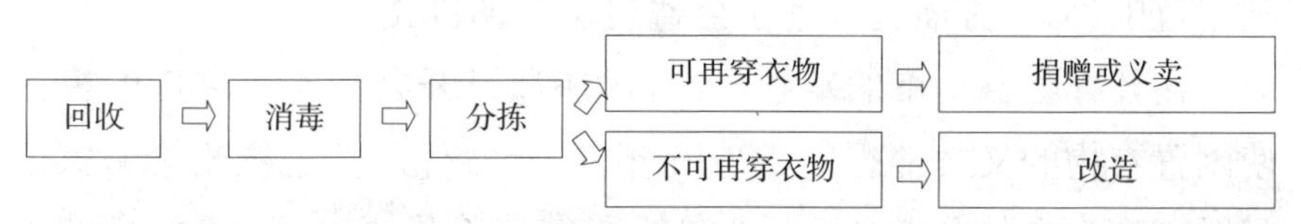

图7-2 益优旧衣物再利用流程及方式

（一）提出“同城互助、就近帮扶”的无偿捐赠模式

将城市淘汰或闲置的衣物捐赠给需要的人是益优公益成立的初衷。与大多数开展跨区域衣物捐赠的公益机构不同，益优将捐赠重点放在本地的低收入人群。通过做好同城的资源对接，以最低的成本实现旧衣物的最大价值。2012 年起，益优开始举办杭州同城的衣服捐赠活动，受赠对象的群体从最初的流浪者到建筑工地的农民工和城市环卫工人，再到杭州本地的汽车修理工、油漆工等衣物损耗大的外来打工者，进而扩展到更广泛的城市低收入者。

“同城互助、就近帮扶”的模式一方面极大地降低了捐赠的物流成本，另一方面还能及时、准确地获取需求与反馈信息，避免了跨区域捐赠因信息不准确、资源分配不均所导致的供需不匹配、重复捐赠等资源浪费问题，同时还能让衣服的捐赠者亲自参与活动的组织，强化物尽其用的环保理念。

（二）创办公益集市与公益店的爱心义卖模式

无偿捐赠主要是针对外来务工人员等特定群体的帮扶活动，捐赠的衣服主要为满足其实际所需的实用、耐磨损的工作着装和保暖的冬衣类服装。为了使更多低收入人群的多样化衣着需求得以满足，同时也让各类闲置衣物得到更广泛的利用，益优于 2015 年 7 月开办了杭州第一个以衣服为主的闲置物品公益集市。公益集市的义卖商品以回收或企业捐赠的衣物以及用旧衣物改造的手工艺品为主，所有商品均以低价出售，筹得的款项用于回收衣物的清洗、消毒和运输或其他公益项目。义卖的模式一方面扩大了闲置衣物的二次利用范围，另一方面也有利于公益机构实现自我造血。

在开办公益集市的基础上，益优还通过开办公益实体店的模式使闲置衣物的义卖常态化。2016 年 1 月，益优承接了杭州第一家以闲置衣物为主的公益店——“东新街道慈善爱心家园”店的运营工作。在公益店义卖的服装，很多都是商品吊牌保留完好的闲置新衣，

同时益优也会为每一件义卖的服装制作新的吊牌。公益店义卖服装的售价均在20—30元左右，除可现金购买外，还可以用积分（获取积分的方式就是捐赠衣物或者参与相关的公益活动）或春风卡（政府为低保家庭和困难家庭免费发放生活必需品的消费卡）来兑换购买。低价义卖的方式使更多低收入人群的服装需求得到满足，同时也解决了公益店的运营成本问题。目前，益优已开设公益实体店3家。

（三）旧衣改造的再生模式

无偿捐赠和爱心义卖满足了低收入人群的不同服装需求，延长了衣服的使用寿命。对于一些因破损或无法清洗干净等原因不适合捐赠或义卖的旧衣物，益优通过改造的方式使旧衣再生。通过实施“衣+”拖把项目（残障人士将旧衣手工制作成拖把并获得劳动报酬）和手工坊项目（为退休老人和残疾人开设免费手工课程，教他们将旧衣服用手工做成发圈、围裙、香包、钥匙包、小玩偶、束口包等生活用品，再由益优进行有偿回收，放到集市义卖），不适合穿着的旧衣物也实现了价值的延伸，同时带动了残疾人就业。

三、益优模式的特点

（一）回收渠道多但目前回收量有限

如上所述，益优的旧衣回收采取了设置回收箱、开展回收活动和邮寄快递等多种形式，但目前各个渠道的回收规模不是很大。2012—2015年的4年间，益优共回收旧衣物130吨，合计约26万件。回收规模不大的主要原因在于；益优回收箱的布点数量有限，开展回收活动的次数有限，而通过互联网平台的快递模式也刚刚起步。

（二）再利用以多样化的公益形式为主

益优对回收来的旧衣物进行分类处理，以同城捐赠、爱心义卖和改造再生为主要再利用形式，各种形式相互补充，使得不适合捐赠的时装类衣服能够被二次穿着，而不能二次穿着的衣服通过改造实现再生。通过多种形式实现资源对接（捐助、义卖）和资源再用（改造），旧衣物的价值得以延伸，同时也为低收入人群和残障人士提供了衣物帮扶和就业机会，实现了环保与公益的结合。

（三）社会效应显著

益优提出的“同城互助、就近捐赠”模式自 2012 年起不断举办杭州同城衣服捐赠活动，受赠对象的群体不断扩大。2012 年，为杭州的流浪者送衣物和棉被；2013 年，关注建筑工地的农民工和城市环卫工人，通过“暖冬计划”无偿为城市低收入和无收入人群提供衣物帮扶；2014 年，为杭州的汽车修理工、油漆工等衣物损耗大的外来打工者捐赠衣物；2015 年，进一步扩大衣物帮扶对象，对更广泛的城市低收入者提供衣物支持。2012—2015 年的 4 年间，益优共捐赠 7.8 万件衣服，产生了显著的社会效应。

四、启示与建议

随着居民的消费升级，很多旧衣物在淘汰时仍具有良好的使用价值，将其回收并用于二次穿着，延长其使用寿命，是最环保、节约的做法。作为一家公益机构，益优以旧衣物为载体，匹配城市大量闲置衣物与城市低收入人群的基本衣着需求，在创造社会价值的同时也实现了资源节约和环境保护，其模式值得推广。

与此同时，随着捐衣箱投放数量的增加，以及互联网回收平台优势的逐渐发挥，益优旧衣物的回收量大幅提高。这一方面意味着设备、仓储、物流成本和分拣等人工成本的增加，另一方面也对益优处理旧衣物的能力提出了新的要求。在通过捐赠和义卖实现部分旧衣物的流转，以及对部分旧衣物通过改造加以再利用以外，剩余旧衣物的处理是亟须解决的问题。为避免剩余旧衣物又一次成为垃圾造成环境负荷，公益机构回收上来但自己难以处理的旧衣物可交由再生纤维加工企业制成再生产品，进一步用于公益捐赠或公益项目，实现公益循环、物尽其用。

第八章　石家庄市和邯郸市旧衣物回收现状调查

第一节　石家庄市旧衣物回收现状

一、石家庄市生活垃圾处理及旧衣物回收现状

（一）石家庄市生活垃圾处理现状

石家庄市为河北省省会城市，经济增长平稳。全市2016年全年生产总值（GDP）实现5857.8亿元，同比增长6.8%（不含辛集市实现5435.8亿元，同比增长6.8%），增速与全省平均水平持平，比全国平均水平高0.1个百分点。全市2016年年末常住人口为1078.46万人（不含辛集为1015.12万人）。同大部分城市一样，经济的发展及庞大人口数量使得石家庄市面临着生活垃圾处理及回收再利用的难题。

石家庄市目前生活垃圾处理方式较为传统。据石家庄市城市管理委员会官方网站数据显示：截至2013年10月，全市日产生活垃圾约3000吨，日处理2600吨。生活垃圾处理方式主要有焚烧发电、堆肥、填埋等（见图8-1）。其中，分拣回收利用500吨；焚烧发电利用1500吨；堆肥利用600吨。

石家庄市根据生活垃圾来源、成分构成和目前生活垃圾处理技术，将生活垃圾分为可回收垃圾、餐厨垃圾、有害垃圾和其他垃圾四类（见表8-1）。其中，在可回收垃圾中，标明“布料”为可回收垃圾。

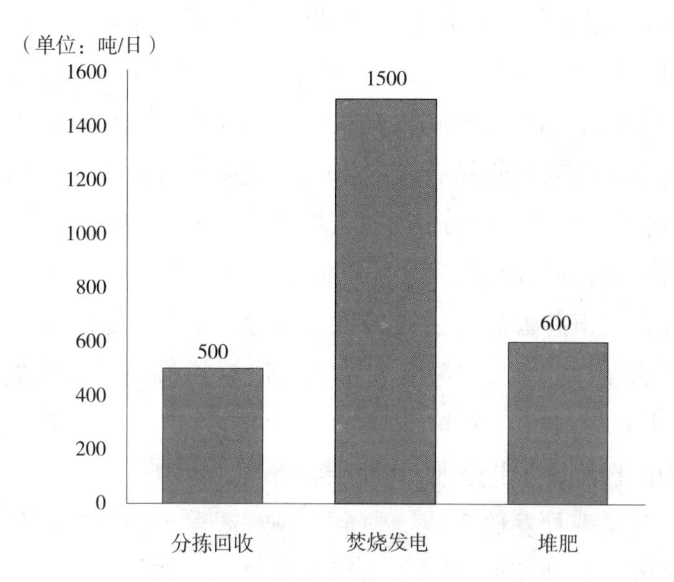

图 8-1　石家庄市生活垃圾处理方式

表 8-1　石家庄市生活垃圾处理方式

垃圾分类	主要包含
可回收垃圾	废纸、塑料、玻璃、金属和布料
餐厨垃圾	剩菜剩饭、骨头、菜根菜叶、果皮等
有害垃圾	废电池、废日光灯管、废水银温度计、过期药品
其他垃圾	除上述几类垃圾之外的砖瓦陶瓷、渣土、卫生间废纸、纸巾等难以回收的废弃物

（二）石家庄市旧衣物回收现状

根据对石家庄市的实地调研，石家庄市的旧衣物回收再利用体系属于起步阶段，并且主要以慈善捐献为主。现全市主要运行的是旧衣物循环利用环保公益项目，项目由石家庄市慈善总会发起，宗旨是以环保再生处理、公益捐助等方式，解决居民家中旧衣物堆积难处理的困扰，实现循环经济可持续发展。

项目指定执行单位是石家庄绿流环保科技有限公司（以下简称

绿流科技)。绿流科技成立于 2015 年 11 月,是一家致力于废旧纺织品回收的企业。其以“绿色生活,同源共流”为经营理念,前期投入 300 万,并受到石家庄市政府一定力度的扶持。截至 2016 年 11 月,绿流科技累计投放回收箱超过 1500 个,覆盖了石家庄 80%以上的社区,并建立了 700 平米的分拣中心,设备齐全。从效果上看,绿流科技投放的旧衣物回收箱受到居民的欢迎。

据石家庄市慈善总会公布的数据显示,自旧衣物循环利用环保公益项目启动以来到 2016 年 5 月 31 日,绿流科技共收集物品 126 吨,其中分拣 74 吨,待分拣 52 吨。分拣部分中,17 吨符合捐赠要求,51 吨用于环保再生处理,其他杂物 6 吨。2016 年 4 月,慈善总会向石家庄市灵寿县发放 3 吨。剩余 14 吨,现存于分拣中心及洗涤中心。环保再生处理部分,约 47 吨绿流科技已交给下游处理企业,分拣中心储存 4 吨,绿流科技置换了市场价值约 40 万的将近 8000 件全新毛衣,计划用于换季时发放到贫困地区。同时注入 3000 元现金到“衣旧连心”冠名慈善基金。

二、石家庄市旧衣物环保公益项目体系

石家庄市旧衣物环保公益项目指定执行单位是绿流科技,绿流科技负责全市旧衣物回收再利用体系的运行。绿流科技旧衣物回收体系比较完整(见图 8-2),涵盖了回收、分拣、捐赠、开松纺纱处理等环节,并辅以爱心慈善超市及冠名基金共同运营,保证了项目的持续性发展,为其他旧衣物回收机构提供了可借鉴的成功经验。

(一)回收环节

绿流科技以在各社区投放旧衣回收箱为主要方式,这也是绝大多数旧衣物回收机构主要回收方式。但绿流科技把社区户数作为参考标准,通过实地调研确定了合理的回收箱投放数量。即 300—800 户提供一个,800—1500 户提供两个,1500 户以上提供 3 个,提高了

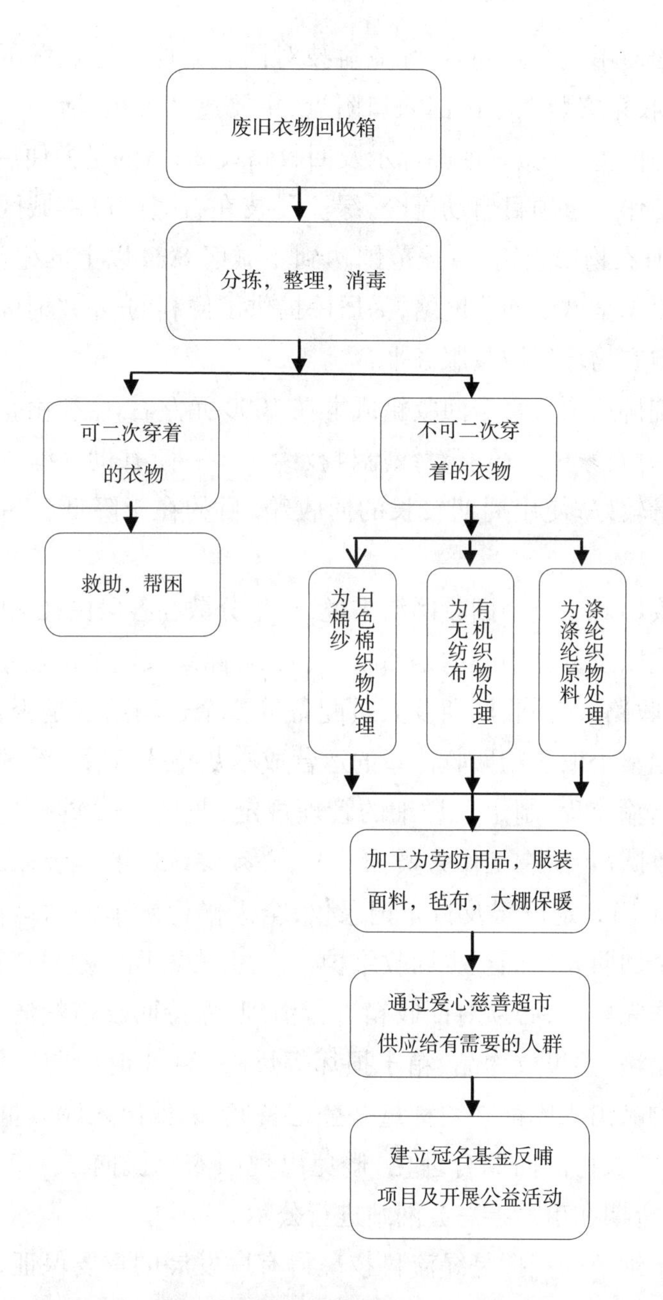

图 8-2　绿流科技旧衣物回收体系

回收箱的使用效率。同时，绿流科技对回收箱摆放地点做了明确规定，将回收箱安装在小区出入口附近、主要过道旁边、活动广场附近等明显的位置，并做好地图标示及回收路线图，目的是方便后续回收及维护工作。自项目启动至今，绿流科技在石家庄市主城区共投放1500个旧衣物回收箱，覆盖范围达到主城区80%以上的生活社区，形成了覆盖全城的回收网络，为居民提供了便利的、不受时间限制的一站式旧衣物环保回收服务平台。

绿流科技项目每个回收箱成本在1000元左右，主要由企业自行承担，同时石家庄市政府对绿流科技给予了一定补助。绿流科技选择了质量较好，使用周期较长的回收箱，目的在于降低日后的维护成本。

回收箱对于整个回收网络来说，只是分散在各居民社区的点，连接点与点以及分拣中心的是回收车、人员、路线及整个运输系统。可以说，回收路线、回收周期及人员配备等整个运输系统是否合理，直接关系到整个旧衣物回收体系的运营成本及持续运营。绿流科技明确回收运输流程，制定了详细的管理规定（见图8-3）：一是组建专业的回收队伍，所有工作人员作业时，必须穿统一的工装；二是所有车辆都有GPS定位器及行车记录仪，全天候记录车辆的运行轨迹；三是每个回收箱每周至少回收维护一次，并做好回收数量统计，每次回收工作完毕后，必须对回收箱进行清理，保持回收箱整洁干净；四是接到箱满、误投放物品、箱子损坏等反映，24小时内前往处理；五是所有物品出入库都必须称量并登记备案，确保出入库数量对比一致，保证旧衣物流向的合理化，避免出现旧衣物流向二手市场等问题；六是定期在市慈善总会网站进行公示。

对于细节的把握是绿流科技赢得有序发展的重要保证，营造了机构良好形象，这也是部分旧衣物回收机构欠缺的地方。在笔者走访调研的其他地方，尤其是旧衣物回收体系刚刚兴起的中小城市，在

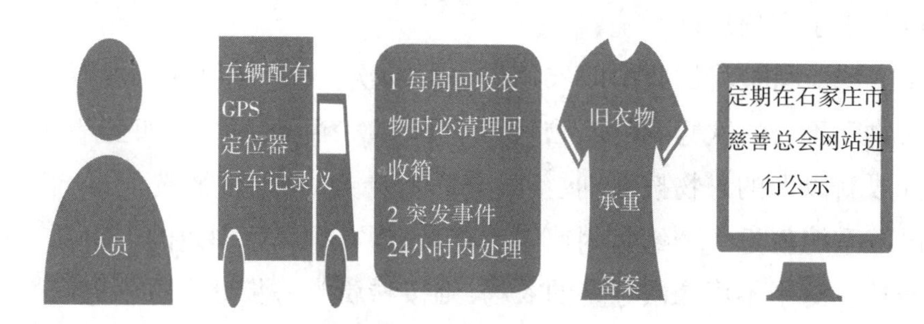

图 8-3　绿流科技回收运输管理规定

与社区居民直接接触的旧衣物回收箱，常常因缺乏管理出现脏乱场景，从而影响了居民捐赠旧衣物的积极性，形成恶性循环。只有旧衣物回收机构在成立初期把管理流程细化并落实到位，才能在社区居民心中建立起良好的第一印象，才能与居民保持长期的互动。

回收车方面，绿流科技现有 4 台回收车，每台车配有司机与搬运工各一名，每辆车每天配有 20—30 个袋子，以保证旧衣物不漏地，平均 5 至 7 天清空一次回收箱，运输费成本每台车每天成本约 100 元左右。

（二）分拣环节

回收环节之后即为旧衣物分拣环节，如何将回收上来的旧衣物快速分拣并做好相应处理是决定整个旧衣物回收再利用体系运行是否顺畅的关键所在。在现发展阶段，分拣环节主要还是靠人工，分拣环节成本也主要集中在人工费上。绿流科技的分拣清洗工作全部由志愿者完成，其按季节调动志愿者人数，日常每月安排两次分拣，换季时每月安排三次分拣。除志愿者外，市民政相关部门还负责配备社工，以完成相关日常工作。石家庄市慈善总会建立了旧衣物循环利用项目分拣中心，总面积约 700 平方米，设备齐全，功能基本划分为公益展示区、分拣区、堆放区。同时，在石家庄市慈善总会办公楼下，政府投资了一套大型干洗消毒设备，用于旧衣物的干洗消毒，在废料送予开松厂前干洗。

绿流科技将回收的旧衣物先进行初次分拣，分为可二次穿着的衣物和不可二次穿着的衣物。对于可二次穿着的衣物，如全新或者九成新以上的衣物按性别、年龄进一步分类，并严格清洗消毒，通过民政系统就近转赠给贫困地区的群众，如石家庄市周边的平山县、灵寿县。对于不可二次穿着的衣物，则按材质进一步分为白色棉织物、有机织物及涤纶织物，分别用于后续处理为棉纱、无纺布及涤纶原料。

（三）再利用环节

再利用环节对于绝大多数旧衣物回收体系来说，都是相对薄弱的环节，绿流科技也不例外。旧衣物的再利用处理需要较大的资金投入，对技术的要求也比较高，回收机构一般在分拣阶段对回收来的物品做简单处理后，对于不可二次穿着的衣物会继续送往后端处理的专业公司做进一步处理。所以说，再利用环节有一部分是在整个体系之外的。

从实际经验来看，受多方面因素影响，回收箱所回收的衣服符合捐赠及义卖的衣物比例并不高。绿流科技现在爱心捐赠占回收旧衣物总量的15%—20%，也就是说，80%—85%的旧衣物要送到下游企业处理。绿流科技通常将不符合捐赠条件的旧衣物交给下游企业按照材质进行分类环保处理，分为棉质、化纤、羊毛、羽绒、牛仔等类别，通过开松、纺纱等做成再生原料，主要用于如擦机布、劳保用品、蔬菜大棚保温毯、公路养护保湿毯、隔音棉、工业研磨剂、工业纸板等产品的生产，或置换一些全新的物品进行捐赠及建立爱心基金。绿流科技再利用环节面临的难题是白棉纱处理方向不明显。北方地区与南方地区不同，北方地区旧衣物利用率低，且没有再纤维化、再纺织环节。

为了使回收体系更为完整，真正实现旧衣物无害化处理的闭环，绿流科技负责人表示计划近期在城区建立集分拣、清洗消毒、环保再生于一体的废旧衣物处理基地，逐渐补上再利用环节的短板，以保证项目可持续运行。笔者认为，尽管再利用环节对资金和技术的要求比较高，但却是决定项目能否可持续运营的关键所在。但就石家庄而言，笔者认为可以先做好回收及分拣环节。因为北京废旧纺织品综合处理基地已于 2016 年 3 月在河北邯郸市魏县正式挂牌成立，年处理废旧纺织品的能力将达到 5 万吨，其服务于京津冀一体化，将从根本上解决废旧纺织品固废出路难题。绿流科技也可以选择与其寻求合作。

三、石家庄市旧衣物环保公益项目效益分析

（一）环境效益明显

旧衣物循环利用最大的效益就是其环境效益。如果假设一件衣服的寿命是 3—4 年，每人每年平均购置 5—10 件新衣物，遗弃 3—5 件旧衣物，那么我国 13 亿人口年产旧衣物将达到 39 亿—65 亿件，年产废旧纺织品达 2600 万吨。按综合利用率 60%来计算，则可节约化学纤维 940 万吨、天然纤维 470 万吨，相当于每年节约原油 1880 万吨，节约耕地 1600 万亩。国际回收局 2008 年在瑞典哥本哈根大学进行研究得出结论：处理 1 千克废旧纺织品等于节约 0. 2 千克农药、0. 3 千克化肥、3. 6 千克二氧化碳排放量及 6000 升水。

绿流科技处于发展初期，自项目启动以来到 2016 年 1—6 月，共收集物品 126 吨，其中 51 吨用于环保再生处理，相当于节约 10. 2 吨农药、15. 3 吨化肥、183. 6 吨二氧化碳排放量及 306000 吨水。随着项目的进一步发展，旧衣物循环利用的环境效益将越来越凸显。

（二）提高居民资源循环利用意识，并改善居住环境

在项目成立之初，项目负责人通过调研了解到，大部分石家庄居民都有储存旧衣物的习惯，有的居民家中甚至还放有 20 年前的衣

物，这不仅浪费居住空间，破坏居住环境，而且对居民健康也构成了隐患。随着社区出现了旧衣物回收箱，居民逐渐清理了家里的旧衣物，认为将衣物回收，是一举多得的事，献了爱心，衣物也没有造成浪费，又改善了居住环境。长此以往，当居民养成捐献旧衣物的习惯，这将成为回收体系持续发展的原动力。

同时，绿流科技还将该项目作为了中小学生品德教育、环保教育的基地、青年志愿者实践基地，让民众参与旧衣物回收处理的每一个环节，使其深刻了解旧衣物处理的方式以及社会意义，推动和谐社会及生态文明建设的发展。

（三）慈善效益明显

石家庄市旧衣物循环利用环保公益项目是由石家庄市慈善总会发起，本身主要以爱心公益为主，整个项目不以营利为目的。从项目发起至今，除直接捐献可二次穿着的旧衣物外，绿流科技还置换了市场价值约 40 万的将近 8000 件全新毛衣，计划用于换季时发放到贫困地区。同时注入现金到“衣旧连心”冠名慈善基金。可以说，这次项目是将环保和公益相结合，有利于解决石家庄市周边县区贫困群众的实际困难，慈善效益明显，有利于提高市民的慈善理念。

第二节　邯郸市旧衣物回收现状

一、邯郸市生活垃圾处理及旧衣物回收现状

（一）邯郸市生活垃圾处理现状

邯郸市位于河北省南部，与山东、山西、河南三省接壤。据《邯郸市 2016 年国民经济和社会发展统计公报显示》，全市 2016 年年末总人口达到 1054.7 万人，比 2015 年年末增加 5 万人，增长 0.4%。全市生产总值 3337.1 亿元，比上年增长 6.8%。邯郸市经济与人口增长平稳，并未对旧衣物回收再利用能力带来过多压力。

邯郸市的生活垃圾主要以填埋为主，较为传统。据《2012 年邯郸市城市固体废物污染防治公报》数据显示，邯郸市 2012 年全年产生 34.52 万吨城市生活垃圾，基本实现了卫生安全填埋。

（二）邯郸市旧衣物回收现状

1. 各旧衣物回收均刚刚起步

据调研，邯郸市及周边县区现共有三家旧衣物回收机构，分别是：环保爱心帮扶衣橱、邯郸市永年屯庄残疾孤儿院及“互联网+垃圾分类”校园绿岛（见表 8-2）。这三家旧衣物回收再利用机构均成立不久，规模较小，启动时间主要集中在 2015 年年底至 2016 年上半年。

表 8-2　邯郸市旧衣物回收机构

回收机构	爱心衣橱	永年屯庄孤儿院	校园绿岛
回收机构企业性质	社会团体	社会爱心人士	企业
回收机构启动时间	2016 年 5 月	2015 年年底	2016 年 3 月
回收方式	回收箱	回收箱	回收箱
回收机构特点	以爱心捐赠为主	以爱心捐赠为主	将旧衣物回收再利用纳入 日常垃圾分类回收当中

由于成立时间较短，邯郸市这三家旧衣物回收再利用体系均刚刚起步，处于探索阶段，规模较小，在回收、初拣及再利用各个环节经验尚显不足。整个旧衣物回收再利用的体系还需进一步完善，但各机构发展潜力巨大，在邯郸市区及周边县区已产生较大影响，提高了居民垃圾分类、资源循环利用的意识，也为广大居民开辟了旧衣物捐赠的渠道，一改以往居民将大量闲置旧衣物堆放在家中的现状，同时为周边贫困人员解决了实际困难。

2. 旧衣物回收主体多元

邯郸市及周边县区这四家旧衣物回收再利用机构主体呈现出多

样化特点。环保爱心帮扶衣橱属于社会团体——橄榄绿青年志愿服务团，由邯郸市团委组织；邯郸市永年屯庄残疾孤儿院由社会爱心人士发起；“互联网+垃圾分类”校园绿岛属于政府和社会资本合作项目。这表明，邯郸各方已对旧衣物回收再利用给予重视。环保爱心帮扶衣橱、永年屯庄残疾孤儿院及“互联网+垃圾分类”校园绿岛均重在回收，本身不具备废旧纺织品再处理能力。但京环纺织品再利用邯郸有限公司在邯郸魏县已成立，兼具回收与废旧纺织再处理两大功能，但更侧重废旧纺织品再处理。一旦京环纺织品再利用邯郸有限公司的大型废旧纺织处理设备正常投入生产，旧衣物后端处理链条延长，这三家机构可将旧衣物送往废旧纺织品综合处理基地，形成废旧纺织品的再生利用链条闭环，实现可持续发展。

3. 旧衣物方式多样

目前，正在运行的环保爱心帮扶衣橱、永年屯庄残疾孤儿院主要将回收来的衣物用于爱心捐赠；“互联网+垃圾分类”校园绿岛重在回收，回收的旧衣物作为垃圾分类处理。和其他地区相比，邯郸地区旧衣物再利用的方式较为多样。

二、邯郸市旧衣物回收机构介绍

（一）环保爱心帮扶衣橱

环保爱心帮扶衣橱（以下简称爱心衣橱）是以共青团邯郸市委、邯郸市环境保护局为指导单位，以邯郸市环境文化交流促进会、邯郸市橄榄绿青年公益服务联盟、邯郸广播电视台影视中心志愿服务队及邯郸市第一电影总公司志愿服务队为主办单位。

其中，邯郸市橄榄绿青年公益服务联盟成立至今已有 25 年，志愿服务涉及助医、扶老、助残、助学、环保等多个项目。爱心衣橱是青年志愿服务团于 2016 年 5 月新开展的爱心帮扶环保项目。项目的发起始于偶然，志愿服务团团长在邯郸县上壁村看到村里的贫困户连像样的衣服都没有，便萌生了投放爱心衣橱的想法，并很快付诸实践。

爱心衣橱回收箱以金黄色为主，并配以红色标识。目的在于宣传爱心衣橱是以爱心捐赠为主要目的，希望向居民传递温暖。回收箱均由邯郸全有生态建材有限公司爱心提供。

现爱心衣橱在邯郸市共投放不到 30 个旧衣回收箱，覆盖十几个社区，整个流程均由以大学生为主的志愿者完成。志愿者定期清空回收箱，进行初拣。其中，有 2 家从事干洗服务的爱心企业义务对衣物进行清洗、消毒。剩余不可二次使用的衣物由环境促进会集中处理，制作成拖把、地垫等物品。

（二）邯郸市永年屯庄残疾孤儿院

邯郸市永年屯庄残疾孤儿院（以下简称屯庄孤儿院）是由社会爱心人士发起的收容被遗弃残障儿童的孤儿院。自 2015 年年底投放旧衣物回收箱至今，屯庄孤儿院在邯郸市区已大约投放了 114 个旧衣物回收箱。屯庄孤儿院之所以萌发投放旧衣物回收箱的想法，是因为屯庄孤儿院的一位志愿者在上海、武汉等地工作时，看到当地的旧衣物回收箱，便想着在家乡邯郸还没有发现旧衣物回收箱。等这位志愿者回乡创业时，就开始投放旧衣物回收箱。回收箱以绿色为主。

屯庄孤儿院在邯郸市部分社区投放了约 114 个旧衣物回收箱。其中，旧衣物回收箱均由屯庄孤儿院自行购买。每 10 天左右，2 名志愿者驾车收集回收箱里的衣服，并送往分拣处。分拣处位于邯郸高铁站附近。分拣处的工作也是由志愿者完成的，志愿者先将收集的衣服按儿童、成人、老人划分。对于八九成新可回收再利用的旧衣物，志愿者会单独分拣出来，送往屯庄孤儿院及周边福利机构。其余的旧衣物则被送往相关企业，做成简易墩布等家居用品的原料。屯庄孤儿院旧衣物回收体系较简单，这也是旧衣物回收体系初级发展阶段的一般特征（见图 8-4）。

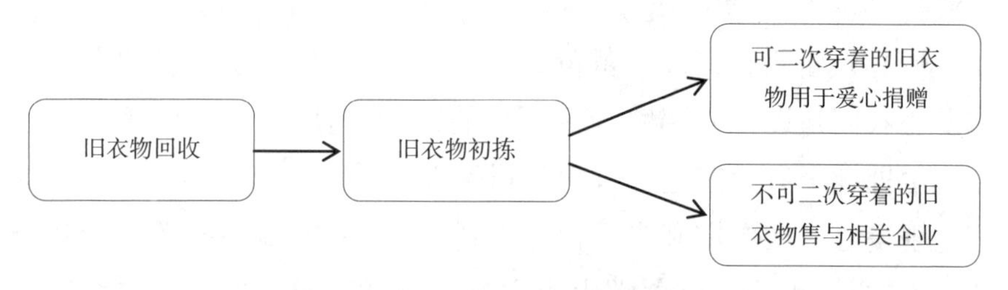

图 8-4　屯庄孤儿院旧衣物回收体系

屯庄孤儿院存在的问题主要有：一方面，旧衣物回收的日常工作，均由少量志愿者自行完成，可持续性低。屯庄孤儿院的志愿者现不超过 10 名，大多数由返乡创业的村民组成。他们均有自己的工作，对于旧衣物回收的日常工作只能在业余时间完成。此外，他们也不同于“爱心衣橱”的大学生志愿者，“爱心衣橱”的大学生志愿者是由邯郸市团委组织负责日常旧衣物回收分拣工作，而屯庄孤儿院的志愿者属于自己组织，资金自筹，回收时间也不固定。现在，志愿者是使用自家车运输回收来的旧衣物，并发动自己家人在分拣处做旧衣物的初拣工作。这种旧衣物回收形式可持续性低，志愿者因个人原因就会对整个旧衣物的回收再利用环节产生较大影响。另一方面，旧衣物丢失时有发生，旧衣物回收箱被恶意破坏的情况时有发生。据屯庄孤儿院负责人介绍，投放在居民社区的回收箱会被恶意破坏，究其原因是个别拾荒者为索取旧衣物故意为之。这种旧衣物回收箱被恶意破坏的情况，全国各地的旧衣物回收机构负责人都有所反映。目前，除将回收箱放置在门卫处，并委托热心居民义务照看、及时反映外，并没有找到其他有效解决方法。

（三）“互联网+垃圾分类”校园绿岛

2016 年 4 月，“互联网+垃圾分类”文明生态智慧校园绿岛在邯郸学院正式启动，这在华北地区尚属首家。该系统主要由垃圾分类智能投放站、社区绿岛、大数据监管平台和标准化处理站构成。其中,社区绿岛是居民(师生)参与垃圾分类后用所获得的积分兑换相关商品或服务的主要场所。邯郸学院校园绿岛设在学生公寓区,现建有一个社区绿岛和3个垃圾分类智能投放站,旨在把校园建设为社工多、人互助、环境美、爱低碳的温暖校园。

校园绿岛由绿社区资源回收站、绿社区积分兑换站和绿社区便民服务站三部分组成(见图8-5)。其中,绿社区资源回收站是可回收物回收,旧货交易、快递收发等场所。回收站将居民(师生)的可回收物分为高值和低值。高值可回收物可在绿社区资源回收站按重量计价直接出售,采取智能磅秤在线计重付费。低值可回收物则按纸类、塑料类、金属类、玻璃类和织物类五种回收,需居民(师生)直接将其投入相应的智能箱中,相应款项将直接划入居民账户。居民(师生)的垃圾分类积分可在此冲抵部分快递费、电话费、水电费、物业费等。绿社区积分兑换站是垃圾分类宣传和指导的窗口,同时可为居民(师生)提供积分兑换生活必需品的服务。绿社区便民服务站是政府、学校、公益捐助机构等提供兑换产品和服务、投放卡绑定、用户注册及设备维护等场所。国家绿色食品办公室推荐的绿色食品、有机食品等也可以在此兑换。

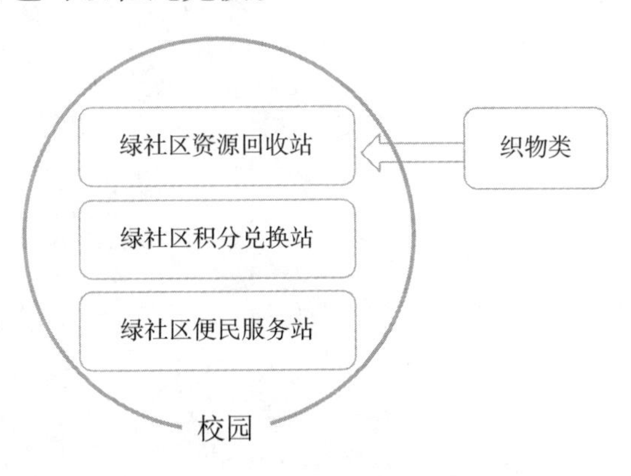

图8-5 校园绿岛组成

校园绿岛与其他旧衣物回收再利用的项目相比,最大的特色在于校园绿岛将旧衣物回收再利用纳入了日常垃圾分类回收当中,改变了传统单独回收的回收方式。这无疑为旧衣物回收再利用提供了新的思路。此外,校园绿岛运用“互联网+垃圾分类”思维,顺应趋势,有利于校园绿岛的持续发展。

第九章　青岛市旧衣物回收现状调查

如今城市垃圾已对城市及城市周围的生态环境构成日趋严重的威胁，城市垃圾问题已经成为当今世界最严重的公害之一，数以万吨计的垃圾堆放在城市周围，带来了非常严重的污染危害，在部分城市，已经阻碍了城市建设的进程，制约了当地的经济发展。

人口接近1000万人的青岛市面临"垃圾围城"的危险，青岛市七区日产生活垃圾大约3600吨，其中几乎全部直接被填埋，小涧西垃圾填埋场一期投入使用8年就填了80%。因此，青岛市城市生活垃圾问题已经成为阻碍城市发展的重大障碍，必须引起政府重视，并加以妥善解决。青岛市城市生活垃圾的产生率为每人每天1.1kg。2014年，青岛市市容环卫专用车辆总数为2198辆，生活垃圾无害化处理厂为5座，生活垃圾清运量为156万吨，生活垃圾无害化处理能力为4190吨/日，生活垃圾无害化处理量为156万吨/天①。

青岛市的垃圾产生量随着城市化进程的加快有大幅增加的趋势。可以预见，在未来一段时期内，青岛市城市生活垃圾的产生量将随着城市人口的增加继续迅速增长。城市生活垃圾的产生量逐年增加，已经成为青岛市发展的瓶颈，特别是焚烧技术的污染物排放近年来受到公众的广泛关注。据统计，青岛市中心城区"十二五"期间生活垃圾产生量已经达到4900吨/天，日益增加的生活垃圾，在不断加

---

① 青岛市统计局：《2016青岛市统计年鉴》，2016年9月，见http://www.stats-qd.gov.cn。

重着城市的负担。

青岛市重视循环经济和节能减排。在2000年，青岛市开始进行垃圾分类回收试点工作，但是效果都不太明显，试行情况不佳。在2015年，青岛市决心构建废旧衣物回收体系，并经过一年的试点和经验积累，已经形成了由青岛衣再生环保科技有限公司为主导的废旧衣物回收体系雏形，但是其进一步的发展和完善仍需青岛市社会各阶层的共同努力。

第一节　青岛市生活垃圾分类

一、青岛市生活垃圾处理现状

青岛市2015年年末全市常住总人口为909.70万人，增长0.56%；其中，市区常住人口490.22万人，增长0.54%，其庞大的人口基础和持续的人口增长也意味着青岛市将面临着越来越重的城市生活垃圾负担。

考虑到青岛市生活垃圾的资源特性和政府政策导向，青岛市形成了卫生填埋、焚烧、堆肥三种技术的生活垃圾综合处理体系。而青岛市城市垃圾主要采用填埋的处理方式，卫生填埋方式占70%[①]。粪便的清运及处理都由城市肥管理处负责，目前年均粪便清运处理量为10万吨。对于建筑垃圾的处理，由于城市建设规划和填海造地的需要，有时还需回填使用，多余部分则倾倒到指定地点。对于废旧纺织品的处理，在青岛市城管局大力推动下，废旧衣物回收工作于2015年11月在市南区率先开展试点工作，主要通过旧衣回收箱进行废旧纺织品的回收和再利用。市南区开展废旧衣物回收试点，全

① 曲旭朝：《青岛市生活垃圾处理系统生命周期评价研究》，青岛理工大学硕士学位论文，2011年。

区10个街道办事处的社区驻地和封闭小区设立23个废旧衣物回收箱,崂山区也随后增设3个回收箱。废旧纺织品作为城市生活垃圾中的重要一部分,其有效的回收与利用,将有利于提高青岛市循环经济的良好发展,同时有利于青岛市生活垃圾减量。

(一)青岛市生活垃圾处理的现状

自2002年5月青岛市固体废弃物处置公司运行后,青岛市主城区生活垃圾基本上全部进入小涧西固体废弃物综合处置场进行卫生填埋。小涧西卫生填埋场库区总面积为26.88万平方米,总库容为710万立方米,设计日处理量为1350吨,设计使用年限为27年。随着青岛市人口的增多、城市生活水平的提高以及生活方式的改变,青岛市主城区日产生垃圾量大量增多,2011年,青岛市卫生填埋场日处理垃圾量约为3500吨,垃圾产生高峰期达到4000吨。

为了减轻垃圾卫生填埋量,节约土地资源,实现生活垃圾的资源化综合处理,在市委、市政府以及市建委、市政公用局等各级部门的共同努力下,2008年7月份小涧西生化处理厂建成,设计日处理原生垃圾300吨;2011年夏小涧西生活垃圾焚烧发电一期工程建成并投入运行,设计日处理垃圾1500吨。

青岛市市南、市北、四方、李沧四区垃圾运至太原路中转站,经压实后运至小涧西填埋场,城阳区和崂山区生活垃圾采取区内小型垃圾中转站压实后运至小涧西垃圾填埋场。

(二)青岛市生活垃圾收运现状

青岛市现行的垃圾收集方式基本上是传统的混合收集,收集方式主要是人工清扫、机械清扫以及利用居民区垃圾收集点集中收集,各种垃圾混在一起,没有做到分类收集,大量有害及可利用的物质直接进入到垃圾填埋场,不仅增大了垃圾运输量和填埋量,而且增大了垃圾无害化处理的难度,给城市环境带来危害,大量生活垃圾混合收集不仅不利于资源化水平的提高,也对后续的焚烧处理和填埋处置产生影响。

目前青岛市垃圾的收集、运输和处理由青岛市市政公用局进行统一的规划与管理,各区环卫部门负责组织收集垃圾并将垃圾运到垃圾处理场,市垃圾管理处对运来的垃圾进行统一调配及终端管理。青岛市的垃圾收运方式因区域间的差异,采取的收运方式也不同。

二、青岛市生活垃圾分类

生活垃圾分类收集是实现垃圾减量化、无害化、资源化的一种有效途径,有利于生活垃圾的后续处理与处置,并且有助于提高生活垃圾管理的整体水平。目前很多发达国家通过制定详细的垃圾分类标准和法律法规,不断地宣传教育,垃圾分类观念已深入人心,垃圾分类已达到较高的水平。青岛市早在 2000 年就进行了垃圾分类试点,但试点效果不理想。

(一)青岛市垃圾分类试行状况

1. 前期准备

垃圾分类试行前期通过一系列的广播、电视、报纸、社区宣传栏等媒介进行垃圾分类政策及知识的宣传工作。在试点小区宣传栏内,设置了相应的垃圾分类宣传专栏,定期更新垃圾分类相关政策及知识。

为使垃圾分类工作顺利展开,在试点区域内置换了分类垃圾桶,向市民免费发放环保分类垃圾收集袋,设置专门分类垃圾收集车。为指导居民正确进行垃圾分类,每个试点区域内还专门招募了大学生志愿者以及垃圾分类督导员、指导员,定期在小区内举行宣传活动。据统计,青岛市在试点区域内招募了 533 名指导员以及 15 名分类督导员。

2. 分类投放

为使居民将分类的垃圾正确投放,相关部门在各个试点小区内设置了不同颜色的垃圾桶，其中绿色表示厨余垃圾桶、灰色表示其他垃圾、红色表示有害垃圾（见表 9-1）。在分类垃圾桶侧面还生动形象地绘制了这类垃圾的主要组成。在居民投放垃圾的同时，分类垃圾指导员还专门在旁边将居民垃圾破袋，找出居民不正确的分类垃圾。

表 9-1　青岛生活垃圾桶分类

垃圾分类	垃圾桶颜色
厨余垃圾桶	绿色
其他垃圾	灰色
有害垃圾	红色

3. 分类转运

分类垃圾正确入桶后，不同垃圾收运时间不同，上午收集厨余垃圾，下午收集其他垃圾。小区内收集的有害垃圾投放到专门的有害垃圾桶后由环保部门负责定期统一收集处置。

4. 末端处理

试点小区厨余垃圾运送到娄山垃圾中转站后，经过压缩打包处理后运送到青岛市小涧西垃圾填埋场做堆肥以及焚烧发电。其他垃圾运送到小涧西填埋场进行填埋处置。有害垃圾经统一收集后由有资质的企业和单位进行处理①。

但是由于宣传教育力度不够，导致正确投放率较低；分类意识较高，但分类习惯有待养成，青岛市垃圾分类回收试点工作效果一般。而且青岛市垃圾分类无相应规章制度，相关政府尚未颁布关于垃圾分类的强制性约束条款，垃圾分类工作基本靠居民的自觉行为及政

① 卞荣星：《青岛市生活垃圾分类试点问题及对策》，《环境卫生工程》2014 年第 22 卷第 4 期。

府的大力推动。对不遵守垃圾分类的个人没有相应的处罚措施,对垃圾分类的先进个人及集体也没有相应的奖励措施等,都影响居民对垃圾分类的积极性。

(二)青岛市生活垃圾分类、收运、处置存在的问题

1. 管理体系不健全

管理体制存在问题,政企不分,仅仅依靠政府财政投入,运行机制过于死板,不够灵活;政府资金投入不足,城市垃圾收运机械陈旧,过于依赖人力,机械化作业水平低;工人作业环境艰苦,劳动强度大,工资低,工作效率低。

2. 处理技术方面

分类收集的效果较差,还无法将厨余垃圾分开,到目前为止,青岛市采用的垃圾收运方式仍是混合收集;由于生活垃圾缺乏有效的分类收集,用于堆肥的垃圾原料含有玻璃、塑料甚至电池等有毒有害垃圾,从而导致堆肥产品质量不高、肥效低、销路不畅,严重制约着垃圾堆肥处理的发展;焚烧厂的建设一次性投资较大,其建成后的运行成本也很高,这都将制约生活垃圾焚烧技术的发展。

三、青岛市生活垃圾处理规划

根据青岛市“十二五”规划,“十二五”末,青岛市生活垃圾处理能力为5400吨/日,这期间将新建小涧西生活垃圾填埋场二期工程,设计使用年限10年,平均日填埋垃圾应达到1500吨;新建小涧西生活垃圾焚烧发电二期工程,日焚烧生活垃圾计划为3000吨,“十二五”期间建成规模日焚烧生活垃圾1500吨;新建黄岛区生活垃圾焚烧发电工程,日焚烧生活垃圾600吨,2015年投入运行;新建小涧西生活垃圾焚烧残渣再生利用工程,建设规模300吨/日,2013年投入运行。

第二节　青岛衣再生环保科技有限公司

2011 年 12 月，国家发改委"十二五"资源综合利用指导意见中明确指出："建立废旧纺织品回收体系，开展废旧纺织品综合利用共性关键技术研发，拓展再生纺织品市场，初步形成回收、分类、加工、利用的产业链。"

2012 年 11 月由中国循环经济协会、中国资源综合利用协会发起，联合 28 家企业、高校和科研院所等单位共同组建成立"废旧纺织品综合利用产业技术创新战略联盟"，志在促进废旧衣物回收再利用行业健康、快速发展。

2013 年 1 月，住建部出台新的行业标准，明确将废旧服装、床上用品等纺织品列入"可回收物"类别中，规范引导"织物"纳入循环利用的渠道。

2014 年年初，民政部针对旧衣服回收问题，草拟相关方案拟对旧衣物回收行业出台规范标准，规范行业发展。

随着旧衣回收工作在全国不断推进，一直强调发展循环经济的青岛市也对旧衣回收工作予以高度重视。为了解决不断增多的生活垃圾对青岛市环境的压力，2015 年 11 月 9 日，青岛市城管局经过与青岛市垃圾管理处、市南城管局等部门多次沟通，下发《青岛市城市管理局关于在全市建设废旧衣物回收体系的通知》，正式决定在全市开展废旧衣物回收体系建设工作。

经过一年左右的试点和经验积累，青岛市逐步形成了以青岛衣再生环保科技有限公司为主导，各企业、高校和社区各个层面共同参与，主要通过旧衣回收箱回收废旧纺织品并进行分拣、捐赠、再纤维化利用的回收体系，其试点和回收工作初见成效。

一、青岛市旧衣物回收体系建设规划

青岛市在构建旧衣物回收体系的过程中，着重建设废旧衣物投放点，计划通过旧衣物回收箱的形式进行有效的旧衣物回收，并提出了建设旧衣物产业链的长远目标和明确的时间规划。

（一）旧衣物回收体系工作内容

1. 建立旧衣物投放点

在各区范围，以公益旧衣物回收箱的形式，定点设置旧衣物投放点，供周边居民分类投放废旧衣物。

2. 建立旧衣物收集体系

由回收公司安排特种车辆，定期对各个回收箱内的衣物进行回收，并送至有资质的企业进行回收或处置。

3. 建立旧衣物处理体系

由专业公司对收集到的废旧衣物进行统一回收、分类分拣、按类别进行处理。较新的经过清洗、消毒、打包后与公益组织对接进行无偿捐赠；不能利用的进行分类、加工后提供给生产厂家再利用。

4. 建立项目备案制度

设立废旧衣物投放点、建设废旧衣物收集体系的单位，需至各区城市管理局（建管局、市政公用局）申请，获准后到市城市管理局备案。

（二）旧衣物回收体系建设规划

1. 第一阶段（2015 年 11 月至 2016 年 12 月）

由青岛衣再生环保科技有限公司采取捐赠公益旧衣物回收箱的形式，在市南区选择街道办事处、社区驻地以及封闭式物业小区，开展废旧衣物回收试点，总结有关经验。

2. 第二阶段（2017 年 1 月至 2020 年）

在全市开展旧衣物回收体系建设工作，采取政府补贴或招标选择的形式，引导社会资本在居住区及商场、学校、车站等人流量大的地区设置公益旧衣物回收箱；将旧衣服回收体系纳入再生资源回收体系中，形成完善的回收网络体系；规范旧衣物慈善捐赠行为，提高旧衣物的再利用水平，使旧衣服的回收再利用逐渐形成产业链。

二、青岛衣再生环保科技有限公司

在青岛市城管的推动下，青岛衣再生环保科技有限公司废旧衣服回收试点工作在市南区开展，通过放置旧衣回收箱来收集废旧衣物，并进行无害化资源再利用，总结经验后推广到全市。

青岛衣再生环保科技有限公司的废旧衣物回收工作，其管理人员为 4 人，其回收团队在不断完善，在 2016 年年底，完成了分拣工人 50 人、回收人员 15 人、司机 15 人的团队建设。该公司设备配置完善，具有分拣线两条（各 10 米）、消毒间 1 间、打包机 1 台、叉车 2 台、回收车辆 10 辆、开松机 1 台等若干废旧服装分拣处理设备。在科研技术方面，青岛衣再生环保科技有限公司已经与青岛大学纺织学院签订科技合作协议，成立"青大衣再生废旧纺织品再利用研究中心"，利用青岛大学"纤维新材料与现代纺织"国家重点实验室培育基地现有的仪器、设备、研究人员对废旧服装分拣产物进行研究再利用，用以指导公司的旧衣回收工作。

2016 年，青岛衣再生环保科技有限公司完成了 2000 吨的废旧衣物回收量，并计划于 2017 年在青岛设置废旧衣服回收箱 1500 个、在济南设置旧衣回收箱 1700 个，完成 4000 吨的废旧衣物回收。其旧衣回收工作的经费构成为：年旧衣物回收捐赠箱制作费为 200 万元，年旧衣物回收捐赠箱维护费用为 1 万元，随着旧衣回收规模的扩大和回收点增加，企业年旧衣回收捐赠箱制作预算会扩大到 300 万元，其年维护费用也将提升到 4 万元左右；另一方面，年旧衣物运输的费用大概在 5 万元左右，年回收活动宣传费用为 2 万元，年捐赠活动费为 2 万元，年管理运营成本在 100 万元左右。

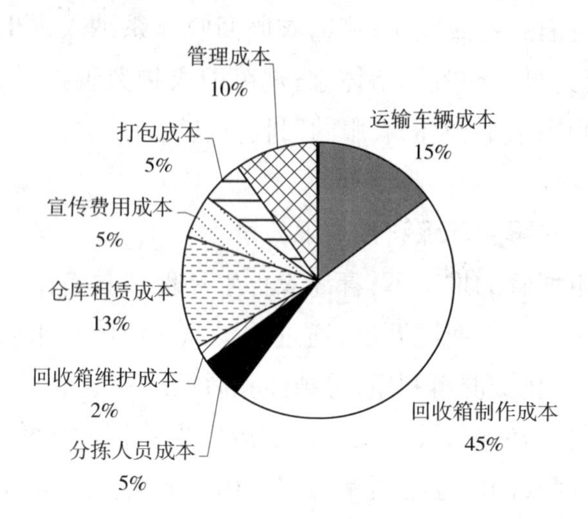

图 9-1　青岛衣再生环保科技有限公司旧衣回收项目资金投入占比

青岛衣再生环保科技有限公司从事旧衣回收的方式有三种:定期举办回收活动、常年设置回收箱和走进企业高校回收。青岛衣再生环保科技有限公司在暂时没有政府资金资助的情况下,通过自有资金开展旧衣回收,其主要形式是设置旧衣回收箱。

(一)回收箱投放

2015 年 11 月份,青岛衣再生环保科技有限公司在每个街道放置两个旧衣回收箱进行试点,11 月底首批 22 个全部放置到位,试点期间受到了广大市民的欢迎及媒体的关注宣传。到 2015 年年底,青岛衣再生环保科技有限公司累计向青岛各个社区投放旧衣回收箱 200 个。2016 年 1 月份,市南区统计下发 123 个试点,2016 年 2 月份之前全部放置到位,截至 2016 年 7 月份,青岛市南区累计投放回收箱 260 个,全市累计投放 650 个。2016 年在城阳、西海岸新区、市南、市北等继续推广回收箱的放置。

回收箱由白、绿两色构成,箱体上明确标注投放物品包括四季服装、箱包、鞋帽及家纺用品四大类,箱体左下角还设有一处废旧电池投放口。每个旧衣回收箱高 1.6 米、长 1.2 米、宽 0.8 米,由铁皮镀锌板材制作而成，造价成本在1500元左右。箱体上标识明确，在箱体侧面，还有详细的旧衣回收及处理流程图，打消了居民在旧衣投放时的疑虑。旧衣回收箱在投放使用期间，不需要水、电，外观简洁漂亮，良好地融入了周围环境，并有专门的工作人员负责旧衣回收箱地点的信息收集与反馈，及时更新当地旧衣回收信息，并根据具体需要，进行移动更换位置。

在旧衣回收项目推进初期，企业将旧衣回收箱先投放到街道办事处、社区并进行宣传，随后逐渐推广到各个小区、小区广场、小区停车场入口等人员流动量大的位置，目前该类旧衣回收箱已经遍及湛山街道、珠海路街道、八大湖街道等各个街区，为居民的旧衣回收提供了便利。

青岛衣再生环保科技有限公司的旧衣回收箱进驻小区的同时，还与青岛市各大高校积极开展合作，目前已经进驻中国海洋大学、青岛理工大学、青岛农业大学等各大青岛高校，这些旧衣回收箱的投放不仅提高了青岛高校学生的环保意识，并有效减轻了毕业季各高校垃圾处理负担。

（二）旧衣回收运输体系

旧衣回收运输体系的构建是青岛衣再生环保科技有限公司旧衣回收项目的重要一环，为此，公司为了完善旧衣回收的运输工作，专门配备了10辆旧衣回收转运车，负责各个旧衣回收点的运输工作。

每300—500个衣服回收箱配备一台专业回收车，所有回收箱统一编号，并配备两名专业回收人员，负责回收箱的管理维护、维修，并保证每个回收箱每5天检查回收一次（或根据需要3个小时内赶到回收地点），每个月会将回收量及回收衣服去向报城管局相关部门，进行备案。

（三）回收后的处置

收集来的旧衣物先由专业工人进行流水线分类分拣。符合捐赠条件的进行清洗、消毒，打包后与公益组织对接进行无偿捐赠；其他的则进行化工提取或由机器破碎，制成工业纺织或工业无纺织品；废电池送往危废处置工厂进行无害化处理。

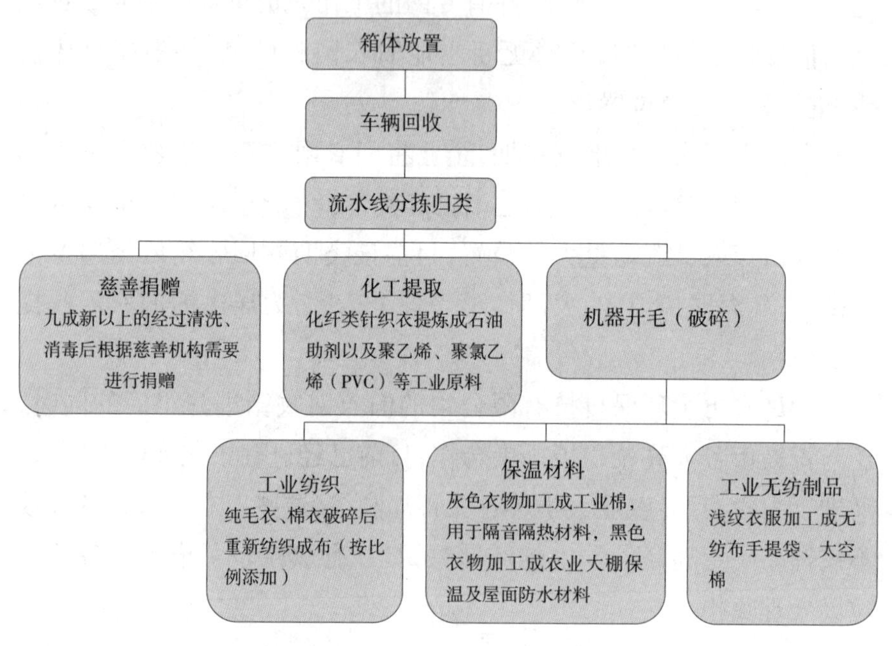

图 9-2 旧衣物回收处理流程图

（四）旧衣物回收分类及用途

青岛衣再生环保科技有限公司对旧衣回收的去向及用途做了明确的分类，其回收的废旧衣物中，大约 30%的衣物状况良好，经消毒处理后，向非洲及贫困国家出口，出口衣物分为夏装、冬装、鞋子三类，其中夏装下游分类为 70 种，冬装下游分类为 16 种，鞋子分类为 6 个品种；剩余需要二次加工的废旧衣物，青岛衣再生环保科技有限公司已经对接了下游企业，保证了每个类别的废旧衣物都能被合理地利用，其具体分类和用途见表 9-2。

表 9-2 青岛衣再生环保科技有限公司废旧衣物分类及用途

废旧衣物分类	所占比重	处理方式
大白(纯白色)	6%	开花厂处理后出售给织布厂,制成织布厂面纱
二白	15%	开花厂处理,做成无纺布
擦机布	5%	擦机布厂处理后裁剪后做成擦机布,主要出口
毛衣	15%	由下游企业破碎,制成毛线
羽绒服	5%	一级绒出口,二级以下在国内利用
牛仔	5%	开花厂进行脱色、开花,纯棉利用
被子	3%	开花厂开花
化纤衣物	15%—20%	开花厂开花,做成保温被(蔬菜大棚等使用)

三、旧衣物回收工作的困境

通过对企业采访了解到,青岛衣再生环保科技有限公司旧衣回收的困难有以下三点:

(一)政府重视程度不够

旧衣回收项目的启动和投资完全由企业承担,目前政府是零资金支持,不利于企业的资金周转和废旧衣物回收规模的扩大。

(二)缺乏行业内监督和行业准入标准

目前国内缺乏旧衣回收工作准入规范,对废旧衣物回收的进行没有严格的监督手段,在废旧衣物回收中不时有不法小商贩介入,扰乱行业秩序,不利于旧衣回收工作的良性发展。

(三)国家未出台有效明确的扶持政策,企业项目执行信心不足

综上来看,青岛衣再生环保科技有限公司所面临的困难正是青岛市废旧衣物体系刚刚从无到有,从基础到成熟的过程中存在的问题。只有有效及时地处理好这些问题,才能构建出成熟完备,能够为青岛市循环经济贡献力量的废旧衣物回收体系。这个时候,笔者希望青岛市政府加强对废旧衣物回收工作的重视,给予更多的政策和

资金支持，明确行业标准，规范行业秩序，同时希望国家能够尽快出台扶持政策，增强企业信心。在政府、企业和高校三者的良好配合下，青岛旧衣回收体系会日渐完善，为青岛乃至整个山东的循环经济体系作出应有的贡献。

第十章　天津市旧衣物回收现状调查

第一节　天津市生活垃圾分类及旧衣物回收企业概况

一、天津市生活垃圾分类

环保部发布的《2016年全国大、中城市固体废物污染环境防治年报》显示:2015年246个城市生活垃圾量为1.8亿吨[①],《中国城市生活垃圾管理状况评估研究报告》显示:近年来中国人均生活垃圾日清运量平均为1.12千克[②]。据最新数据统计,天津市2015年常住人口为1546.95万人[③],2015年天津市生活垃圾清运量为247.8万吨,无害化处置量为230.32万吨,无害化处理率为92.9%[④],2014年天津市生活垃圾清运量为232.58万吨[⑤],2013年天津市生活垃圾清

---

① 中华人民共和国环境保护部:《2016年全国大、中城市固体废物污染环境防治年报》,2016年11月,见 http://www.zhb.gov.cn。

② 中国人民大学国家发展与战略研究院:《中国城市生活垃圾管理状况评估研究报告》,2015年5月,见 http://huanbao.bjx.com.cn。

③ 天津市统计局:《2015年天津市人口主要数据公报》,2016年4月,见 http://www.stats-tj.gov.cn。

④ 固体废物及物理污染管理处:《2015年天津市固体废物污染防治公告》,2016年6月,见 http://www.tjhb.gov.cn。

⑤ 固体废物及物理污染管理处:《2014年天津市固体废物污染防治公告》,2015年7月,见 http://www.tjhb.gov.cn。

运量为 217.35 万吨[1],2014 年比 2013 年生活垃圾清运量增长 7.01%,2015 年比 2014 年生活垃圾清运量增长 6.54%,由此可以看出:天津市近三年生活垃圾清运量不断攀升,随着城市化水平、人口聚集度、消费水平的不断提高,城市生活垃圾产生量的较快增长仍将延续。

我国每年可利用而未得到利用的废弃物价值高达 5000 亿元以上,如果这些废弃物能够得到合理的回收利用,不仅可以减少环境污染,同时也可以产生可观的经济效益。目前再生资源回收率较低,很大程度上是由于垃圾分类推广收效甚微,回收渠道不完善所致。

(一)天津市垃圾分类及收集处理方式

目前主要分为“可回收”和“不可回收”两种。

可回收垃圾主要包括:废纸、塑料、玻璃、金属和布料五大类。

不可回收垃圾主要包括:餐厨垃圾、其他垃圾(砖瓦陶瓷、渣土、卫生间废纸、纸巾等难以回收的废弃物及果壳、尘土)、有毒有害垃圾(包括电池、荧光灯管、灯泡、水银温度计、油漆桶、部分家电、过期药品、过期化妆品等)。

天津市目前采用的垃圾收集处理方式是中国大部分城市所采用的混合收集处理方式,即各种生活垃圾不经过任何处理,混杂在一起收集,极大阻碍了城市垃圾的回收利用。

(二)天津市生活废弃物管理规定

2008 年天津市就出台了《天津市生活废弃物管理规定》,对生活废弃物的治理,实行无害化、资源化、减量化和谁产生谁负责的原则,逐步实行分类收集,推行生活废弃物的综合处置,促

---

① 固体废物及物理污染管理处:《2013 年天津市固体废物污染防治公告》,2014 年 6 月,见 http://www.tjhb.gov.cn。

进生活废弃物的循环再利用；采取有利于生活废弃物综合利用的经济、技术政策和措施，提高生活废弃物治理的科学技术水平，鼓励对生活废弃物实行充分回收和循环利用；鼓励国内外单位和个人对生活废弃物的收集、运输和处理进行投资经营，鼓励国内外单位和个人采用高科技手段对生活废弃物进行处置和再利用。

近年来，天津市在推行垃圾分类回收方面有很多创新探索，取得了显著成效。

二、天津市旧衣物回收机构概况

随着市民生活水平的提高，家中的旧衣服成为人们生活中难以解决的问题。为了让旧衣服得到妥善处理并且可以发挥更大作用，近两年，在天津市一些城区都可见到垃圾分类回收箱、旧衣回收箱及垃圾智能回收平台，也可以采用O2O垃圾分类回收平台。目前，天津市与慈善机构或公益组织或政府部门合作的旧衣物回收的企业有：天津岩善科技环保有限公司、天津爱尚衣环保科技有限公司、天津市山清再生资源回收有限公司、格林美股份有限公司等。天津市旧衣物回收的公益组织和社会组织有：天津纯公益、中国儿童少年基金会、中国聚爱公益联盟、常州市义工联合总会等。在天津滨海新区以社区为单位启动了垃圾分类、回收平台的旧衣物回收的社区有：天津中新生态城、天津开发区。天津市企业或组织旧衣物回收项目及方式见表10-1。

表 10-1　天津市旧衣物回收机构

类别	启动时间	企业或公益组织和社会组织	旧衣物回收再利用项目	回收方式
与慈善机构或公益组织或政府部门合作的环保回收企业	2016 年	天津岩善科技环保有限公司（与天津市慈善协会及各区县环保局合作）	“公益环保”旧衣物回收利用项目 岩善环保慈善基金	投放回收箱 开展环保旧衣物再利用捐赠活动 开展环保讲座、环保知识宣传活动
	2016 年	天津爱尚衣环保科技有限公司（与天津市救灾物资储备站和部分区民政局合作）	“唤醒沉睡的爱心”旧衣物回收再利用公益项目	投放回收箱
	2016 年	天津市山清再生资源回收有限公司（与昆明市青少年基金会合作）	“衣旧循环情系万家”旧衣物回收利用项目	投放回收箱 接受邮寄
	2015 年	格林美股份有限公司（与天津市政府合作）	“互联网+分类回收”项目	O2O 垃圾分类回收平台“回收哥”
公益组织和社会组织	2012 年	天津纯公益	“衣旧暖心”衣物捐赠公益项目	衣物捐赠活动
	2016 年	中国儿童少年基金会	“一家衣善”公益项目	回收箱 旧衣物捐赠活动
	2015 年	中国聚爱公益联盟（天津社工服务站）	“衣暖人心”旧衣捐赠再利用环保公益项目	投放回收箱 开展旧衣物捐赠活动
	2016 年	常州市义工联合总会	“衣衣不舍”公益项目	回收箱
社区	2014 年	天津中新生态城	新城区生活垃圾分类试点项目	垃圾智能回收平台
	2014 年	天津开发区	垃圾绿色智能收运科技惠民示范项目	垃圾绿色智能收运体系

（一）旧衣物回收企业

环保回收企业与慈善机构或公益组织合作，由慈善机构或公益组织负责捐助对象调研等相关工作，提供精准扶贫对象物资的种类信息，并开具接受物资票据，再由企业向有需求的人发放市民捐赠的衣物。

1. 天津岩善环保科技有限公司

天津岩善环保科技有限公司和天津市慈善协会及各区县环保局共同合作，于2016年1月正式启动了废旧衣物回收活动，截至2016年9月，已在天津市部分区县设立了1100余个公益环保旧衣回收箱，回收的衣物总量超过500吨。平均每天的回收量在1000斤左右，最多的时候日回收量超过了2000斤。此外，开展环保讲座、环保知识宣传等推广活动。

居民将废旧衣物放到回收箱，由天津岩善环保科技有限公司负责回收，由专用车运送，运回基地后，经过专人进行集中分拣、消毒处理等规范程序，其中八九成新的符合捐赠标准的衣物，通过市慈善协会捐赠给有需求的困难群体；对于无法再利用的废旧衣物，集中加工处理转化为原材料，制成环保手套、地毯、棉纱等。

岩善环保科技发展有限公司抽出企业利润的55%从事公益慈善事业，回报社会，已经给养老院捐赠衣物34000多件，平日里还不定期给全市养老院送去衣物。

2016年9月1日，天津市民政局支持，天津市慈善协会、河东区民政局等举办以“关爱困难群体”为主题的环保旧衣物再利用捐赠活动，岩善环保科技发展有限公司决定在市慈善协会设立总额度为30万元的“岩善环保慈善基金”，达到方便社区居民、帮扶困难群体的目的。

2. 天津市爱尚衣环保科技有限公司

2016年5月，由天津市爱尚衣科技环保有限公司和天津市救灾物资储备站和部分区民政局等共同举办的“唤醒沉睡的爱心”旧衣物回收再利用公益活动启动，为绿色环保和公益爱心事业做贡献。天津爱尚衣环保科技有限公司捐出500件衣物给甘肃扶贫公益项目。

3. 天津市山清再生资源回收有限公司

天津市山清再生资源回收有限公司主要从事旧衣服、旧鞋、旧包等纺织品的回收、再使用和循环再利用活动。2016 年天津市山清再生资源回收有限公司,开始在天津、兰州、重庆、万州、邢台等城市的居民社区投放旧衣物回收箱及接受邮寄回收旧衣物,开展"衣旧循环情系万家"旧衣物回收项目。

2016 年度在天津、兰州、重庆、万州、邢台等城市共投放旧衣物回收箱 2333 个,其中在天津市投放 200 个回收箱子,回收旧衣物及鞋及包等 500 吨,出口旧衣物 75 吨,作为再生资源销售旧衣物 425 吨,直接捐款 32 万元,捐赠额占回收再利用比重 40%。

4. 格林美股份有限公司

自 2000 年起,我国北京、上海、广州等 8 个城市试点垃圾分类 14 年效果不明显,尤其是近 3 年来,北京、广州、深圳等政府推动垃圾分类,进展缓慢,收效与目标相差甚远,因此,基于中国国民的环境意识,采用传统回收箱式的城市垃圾分类回收模式行不通,必须思考采用新的商业模式来推动中国城市垃圾分类回收。格林美股份有限公司 2015 年启动了全国首个全方位分类回收互联网平台"回收哥",打造以"回收哥"为形象主体的"互联网+分类回收"的城市垃圾分类回收体系。

国内首个全方位 O2O(online to offline)分类回收平台"回收哥"于 2015 年 7 月在武汉和天津同步启动,天津市该平台首先在静海县启动后向全市推广,未来将以天津为中心,构建覆盖京津冀的"互联网+分类回收"新业态。"互联网+分类回收"平台有助于推动天津"四清一绿"工程建设,打造垃圾分类全产业链回收处理模式,提高再生资源回收率和利用水平,形成"资源—产品—废品—再生资源"的循环发展模式,实现资源的循环利用,达到缓解资源紧张局面、减少污染、保护生态环境的目的。

开展的“互联网+分类回收”属于全种类的回收，覆盖了全再生资源领域。“回收一切可回收的废品”的“回收哥”平台，既便于民众处理废弃物，又保障了资源再生渠道，使城市废物汇入正规回收体系，向正规环保企业聚集，从源头保障了回收产业链后端处理工厂的废料来源，部分类别进入格林美自己的回收再生系统，旧衣物等其他类别交由当地的专业处理企业环保处理，将使静海县子牙循环经济产业园区的原料来源更丰富，产业链也更为完善。分类回收的废物按照相关标准进行处理、循环利用变成再生资源，实现了居民、回收哥、政府、企业共享共用的循环生活方式，实现社会、企业、政府三方共赢的模式。

“回收哥”建立了同名 APP、微信、网站等 O2O 平台，直接回收居民生活中的全部可回收垃圾，居民将享受“回收哥”免费配送的专用垃圾分类袋，在家里进行分类后通过该平台下单，选择好垃圾种类、重量、预约时间和地址等基本信息后，可在平台上发布投单信息。用户所在地 5 公里范围内的回收哥接单后，按照用户预约的时间上门承揽回收或者预约回收上门帮助分类装袋，以电子支付的形式向用户支付相应费用，平台还会奖励用户一定的碳积分，增加用户积极性且还能兑换生活用品，实现居民线上交投废品与回收哥线下回收的深度融合。

加盟平台的回收哥可得到回收废品价值 20%—50% 的服务费。对于低值、有害垃圾的回收，平台会给予上门的回收哥一定的补贴。

“回收哥”将按每个城市规模大小设置一到三个仓库。回收哥收完废品后，可联系“回收哥”自建的流动车辆交投。“回收哥”将固定网点转为移动网点，用车队运输废品，计划建设三级网络，小面包车入居民小区回收废品，厢式货车接跑，运往仓库，最后大型货车将废品从仓库运入处理工厂。回收哥单日废品回收量已突破 300 吨，加盟的回收人员有3000多个。

（二）旧衣物回收公益机构

1. 天津纯公益

“天津纯公益”是2012年年底成立的民间公益组织，长期致力于助贫、助困公益活动，四年来，共组织公益活动200余场，志愿者已经由最初的十几个人发展到6000人，为了帮助河北省贫困地区的人们能够过一个温暖的冬天，便发起了“衣旧暖心”衣物捐赠活动。

从2013年开始，“天津纯公益”已经连续三年组织了“衣旧暖心”衣物捐赠公益活动，与当地的爱心联盟携手，主要救助对象为当地五保户、孤寡老人、留守孩子等。“衣旧暖心”公益活动在津冀两地搭建起了一个传递爱心的平台，让当地群众感受到了天津人送来的温暖。

收集的衣服要求七成新以上，干净无破损，拉链纽扣完整无缺失，近期进行过清洗消毒，确保无染色无异味。志愿者对捐赠的衣物进行挑选、检查、整理、分类、打包、封口，然后逐一登记。2013年天津市民捐赠爱心冬衣达5万件；2014年天津市民捐赠的爱心冬衣达11.6万件；2015年天津市民捐赠的爱心冬衣达12.4万件。

2016年9月，全国妇联、国家发改委、中国儿基会发起“一家衣善”捐衣回收箱项目，天津作为启动城市，市妇联、市文明办、市妇女儿童发展基金会作为承办方，天津纯公益作为协办方，将“衣旧暖心”与“一家衣善”结合起来，兼顾爱心捐赠与环保回收。“衣旧暖心”四年，为河北省贫困山区募集输送衣物近35万件，也成为天津著名的公益品牌。

2. 中国儿童少年基金会

2016年6月由中国儿童少年基金会发起、国家发改委资源节约和环境保护司、全国妇联妇女发展部支持下的“一家衣善”全国性公益项目在京启动。选择北京、天津、黑龙江、江苏四省市作为试点。

天津成立了“一家衣善”工作办公室，2016年9月，由天津市妇联、文明办主办，天津妇女儿童发展基金会承办的“一家衣善”公益项目在津正式启动，并举办现场捐衣活动。

“一家衣善”公益项目是聚合政府组织、慈善组织和爱心企业、爱心人士的优势力量，更是全民、各界共同努力贯彻落实党中央新发展理念，践行“坚持节约资源和保护环境的基本国策”的具体举措和实际行动，是实现倡导绿色低碳生活、传播公益环保理念，弘扬乐善好施慈善文化、推进妇女创业就业、增进儿童民生福祉等的重要举措。

“一家衣善”公益项目通过在单位、社区设置旧衣物环保回收箱，市民直接捐投家庭闲置废旧衣物，截至2016年11月“一家衣善”已经在天津市内六区、环城四区共10个城区的多个居民小区设置了350多个公益旧衣物环保回收箱，今后按照每500户设立一个箱体的原则，安排箱体设立点。每区聘请一名专职人员负责本区内项目运营，对接市级办公室的各个部门，为每个箱体招募一个志愿者负责，志愿者专门负责箱体的整洁及储量。居民可就近将家庭闲置衣物投入回收箱，每个箱体有独立编码，市民捐献时可扫码加微信随时获取动态信息，相关情况还将全部在网上公示，做到公开透明。

回收后的旧衣物由专职回收员定期统一收取，送到位于北辰的周转仓库，定期运回北京仓储中心，定期进行统一分拣处理。仅有20%利用价值高的旧衣物，会进一步分拣为老人、成人、儿童3类，统一进行清洗、消毒、整理，打包后捐赠给贫困地区或受灾地区需要者或城市困难农民工群体；其他80%利用价值不高的旧衣物，全部由发改委指定转到下游相关生产企业处理，制成地毯、鞋垫、再生纤维、无纺布、填充物料、建筑材料等，实现资源循环再利用，从而建立起一套科学有效的废旧衣物回收再利用体系。“一家衣善”公益项目实现了全社会共同参与、流程自循环的良性运行目标。

自项目启动以来，经过现场捐赠、小区旧衣回收箱的方式，首批收集到八成新以上的适合捐赠的衣物达到6万多件，送到了河北承德平泉县、隆化县部分困难群众手中。

“一家衣善”公益项目的所有旧衣物再加工使用所筹得的资金将全部捐赠至中国儿童少年基金会，由中国儿童少年基金会进行管理和拨付。款项将支持“一家衣善”的运营成本，保证项目的自我发展，良性循环；富余收益用于对儿童公益项目帮扶。

“一家衣善”公益项目致力于节约资源、保护环境，还与精准扶贫相结合，做到了纯公益、长期性、覆盖全市，并与妇女再就业相结合，聘请未就业贫困单身母亲担任旧衣回收员。

3. 中国聚爱公益联盟

中国聚爱公益联盟是2015年成立的民间公益组织，在天津、深圳、石家庄等城市设有社工服务站，在本地区开展“衣暖人心”旧衣捐赠再利用环保公益项目。自2015年7月起，中国聚爱公益联盟天津社工服务站公益组织与部分社区合作，陆续投放了18个爱心衣物捐赠箱，社区居民可以就近把鞋子、衣服、包、家纺、床上用品等旧衣物，清洗干净后投放进爱心衣物捐赠箱，公益组织会定期来到社区接收居民捐赠的衣物。聚爱公益联盟天津社工站还与部分社区共同组织开展了“衣暖人心”旧衣物捐赠活动，关注边远山区贫困家庭，捐献闲置衣物奉献温暖爱心，帮助他们度过一个温暖的冬天。收集和捐赠的衣物经过分类整理后将集中捐赠到西部贫困地区，既能实现闲置衣物等资源的再利用，同时又给那些贫困家庭带去温暖。据统计，自第一个衣物捐赠箱投入使用到2015年年底，共收到居民捐赠的旧衣物有20余吨。

4. 常州市义工联合总会

常州市义工联合总会联合江苏思益环保科技有限公司和当地政府从2014年年底发起“衣衣不舍”旧衣回收计划，本项目基于健康、环保、时尚的“低碳生活”模式，致力于将废旧衣物进行回收、改造、再利用。“衣衣不舍”项目于2015年荣获由中宣部等多家部门主办的“四个100”先进典型最佳志愿服务项目。

“衣衣不舍”旧衣回收公益项目于2015年7月在常州市正式启动，截至2016年年底已在北京、天津等40多个城市启动了“衣衣不舍”二手衣服回收计划行动，共投放25000个左右的二手衣回收箱，收到旧衣物近2万吨，计划5年内将在全国投放5万只旧物回收箱。

对回收的旧衣物进行分拣，其中10%左右为八成新以上的衣物，将在消毒后捐赠给有需要的市民或贫困地区。不可捐赠的衣物将经由专业处理厂处理，其中，17%左右可裁剪成擦机布、拖把、抹布、手套等，73%左右可转化生产为制成隔音棉、衣钵板等再生纺织产品，实现环保再利用。

2014年年底以来，“衣衣不舍—旧衣回收”项目通过举行冬日感恩回馈活动，已向西藏、青海、甘肃、云南、贵州等贫困地区拨付100多吨冬衣、棉衣，以及向各地区慈善机构发放数万吨拖把、数十万副手套。

（三）垃圾分类和回收平台

在天津滨海新区已有多个区域以社区为单位启动了垃圾分类、回收平台，从而实现居民源头分类、物业公司二次分类、专业公司运输处理的三级体系。

1. 天津中新生态城

中新生态城2013年起开展垃圾分类工作，2014年8月天津生态城环保有限公司自主研发出垃圾智能回收系统，2014年年底新天津生态城的垃圾智能分类回收平台正式投用。2015年中新生态城被住建部、环境保护部等五部委确定为国家第一批新城区生活垃圾分类试点。中新生态城利用新技术加奖励措施的模式，引导居民养成垃圾分类的生活习惯。

中新生态城在规划建设之初就充分考虑到了生活垃圾的收运与处置。垃圾分类遵循大分流、小分类工作原则，做到分类收集、分类运输、分类处置。

大分流：按照建筑垃圾、居民垃圾、餐厨垃圾、园林垃圾等种类实行大分流。

小分类：将生活垃圾按照可回收垃圾、厨余垃圾、有毒有害垃圾、其他垃圾进行小分类。

（1）生活垃圾分类收集环节

通过垃圾分类智能回收平台，将日常生活类、材料类、服装类、电器类、家具类和电子类六大类的 50 种垃圾纳入回收范围，而且对每一件垃圾都做了兑换相应积分的规定。智能垃圾回收终端机的液晶显示屏可以人机互动，居民选择要投放的垃圾种类，然后进入项目回收页面，提示投放者刷卡，在感应区刷卡后，设备立即打印出一张二维码，将其贴在已经打包好的垃圾上，投入终端口，居民分类投放垃圾结束。通过科技手段来管理生活垃圾中的可回收垃圾及电子废弃物垃圾，并运回垃圾资源化中心对垃圾进行分类、打包、扫描与积分录入，居民就可以凭积分卡在专门的兑换店内购物消费。居民积 1000 分，可以兑换价值 10 元的商品。

（2）生活垃圾收集运输环节

居民投放后的生活垃圾，将继续细分，由专业回收公司进行处理加工再利用，需要通过地下庞大的生活垃圾收集运输气力输送系统进行处理。生活垃圾从终端口投放后将进入空气输送管道，储存满后会被抽吸到收集站实现固气分离。固体垃圾经过垃圾压实机压实后运送至垃圾处理厂，其中，不可回收垃圾将被运送到终端的垃圾焚烧厂进行焚烧发电，厨余垃圾进行资源化处理。而分离后产生出的气体经除尘、除臭设施处理达标后排放，从而减少了垃圾在道路上的运输环节，起到了改善环境的作用。

截至 2016 年 5 月底，中新生态城内已设置智能终端机 23 台，中新生态城的 5000 余户居民采取这种垃圾处理方式，办卡率逾 60%，居民累计产生 3100 万积分，价值 31 万元。在中新生态城南部片区地下有 4 套垃圾气力输送系统，每天上下午各开启一次，可日处理垃圾 87.2 吨，覆盖 15 万人口。

目前中新天津生态城的垃圾处理已经走在全国前列，形成了“分类垃圾袋+垃圾分类积分卡+智能回收终端+垃圾气力输送系统+积分兑换商店”的垃圾智能分类回收系统，垃圾分类逐渐形成了一个大循环，2017 年在天津市新建城区推广。生活垃圾分类投放不仅实现生活垃圾的减量化、资源化、无害化管理，还养成了居民保护环境的良好习惯。

2. 天津开发区

2014 年天津开发区启动城市垃圾绿色智能收运体系，从带着二维码的分类垃圾袋进入到含有物联网芯片的垃圾桶，再通过具有自动称重设备的分类垃圾收集车运到小区的处理中心，根据种类不同就地集中处理，实现垃圾的减量化、无害化、资源化处理的目标。

居民将家庭垃圾按照分类投放至由不同颜色标识着的分类垃圾袋中，垃圾袋上包含家庭信息以及分类垃圾信息的二维码以使垃圾可以溯源并控制数量。然后将家庭垃圾分门别类投放至分类垃圾桶，分类垃圾桶将通过分类垃圾收集车运送至小区处理中心进行筛选和处理，大部分垃圾未出小区门就可以实现资源化处理，餐余垃圾转变成肥料，其他的可回收垃圾、不可回收垃圾、有害垃圾则将进入到分类垃圾转运车运出，其中，不可回收垃圾将进入垃圾处理中心进行填埋、焚烧，可回收垃圾以及有害垃圾则将交由不同的环保公司进行专业化处理。

由于垃圾收集车含有自动称重设备以及 3G 回传设备，因此通过对垃圾袋上二维码的扫描，通过对每袋垃圾的自动称重，每个试点家庭产生垃圾数量和种类信息将被传送至数据库中，成为对家庭进行奖励的重要依据。每个垃圾桶、分类垃圾收集车、分类垃圾转运车等都安装物联网芯片，垃圾的位置移动信息都将自动录入到数据库中，实现对垃圾流向、数量的全程监控。通过对这些数据的统计分析，可实现对垃圾清运时效与路径、单个家庭废弃物产生量和种类、区域特定垃圾产生量等重要情况的分析和掌握。

第二节　天津市山清再生资源回收有限公司

一、天津市山清再生资源回收有限公司概况

天津市山清再生资源回收有限公司成立于2008年，是一家独立投资的民营环保企业，位于天津市武清区崔黄口镇北辛庄村，公司厂房面积占地2000平方米。公司起步资金投入额为1000万元，旧衣物回收项目资金来源为自有资金。主要从事旧衣服、旧鞋、旧包等纺织品的回收、贮存、再使用和循环再利用活动。该公司常年投放回收箱及接受邮寄回收旧衣物。

随着经济的迅速发展，各种垃圾的产生量越来越大。由于垃圾种类繁多、性质复杂，在环保要求日益严格和资源日益紧缺的压力下，各种垃圾的处理和资源回收愈显迫切。2016年天津市山清再生资源回收有限公司与昆明市青少年资金会合作，在天津、昆明和重庆等城市启动了“衣旧循环情系万家”旧衣物回收再利用项目，在居民社区投放旧衣物回收箱，回收旧衣物、鞋及包等旧衣物，一直倡导“衣物分类投放，小举动大能量”的回收理念。

公司以旧衣服、旧鞋、旧包等各种再生资源的回收处理为基础，采用先进的现代企业管理模式，将建成为具有发展潜力的再生资源综合回收和再生利用的生产基地，以促进各种再生资源的综合回收和实现再生资源的再使用和循环再利用目标，必将带来良好的环境

效益和社会效益的回收。

二、对天津市山清再生资源回收有限公司调研结果分析

(一)目前公司从事旧衣物回收项目人员构成

目前公司从事旧衣物回收项目各地人员构成及天津市人员构成,见图 10-1 和图 10-2。

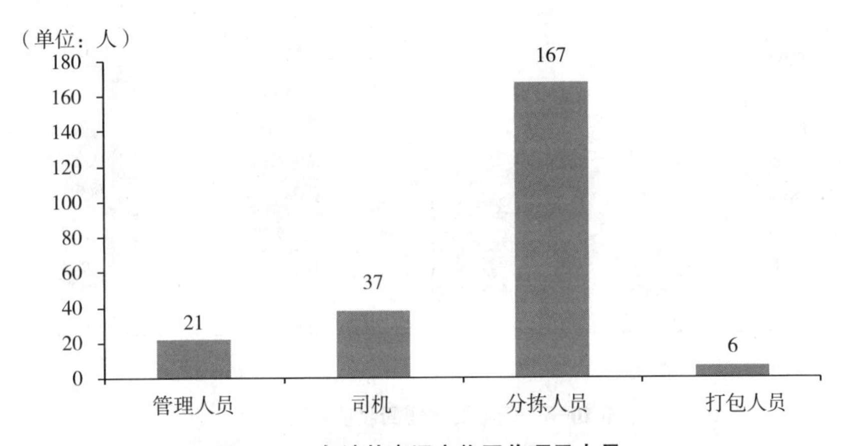

图 10-1 各地从事旧衣物回收项目人员

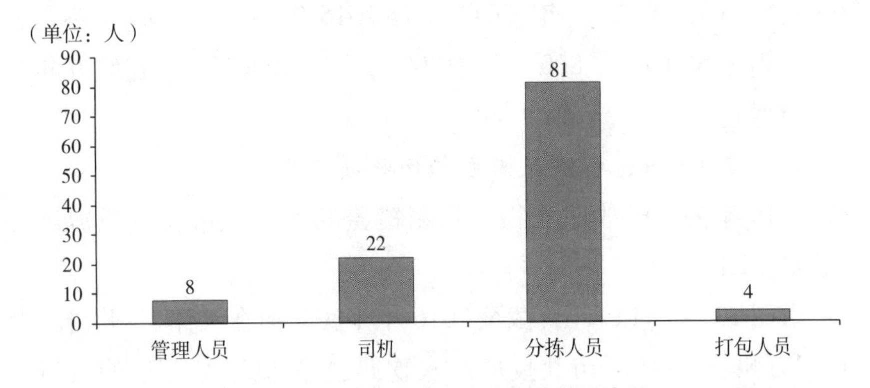

图 10-2 天津市从事旧衣物回收项目人员

由图 10-1、图 10-2 可以看出:目前公司在天津、兰州、昆明、重

庆、万州、邢台等城市员工共 231 人，管理、运输、分拣及打包人员分别为 21 人、37 人、167 人及 6 人。其中，天津市员工共 115 人，管理、运输、分拣及打包人员分别为 8 人、22 人、81 人及 4 人。

（二）近年公司旧衣物回收项目资金投入

近年在天津、兰州、昆明、重庆、万州、邢台等城市旧衣物回收项目资金投入情况，见图 10-3。

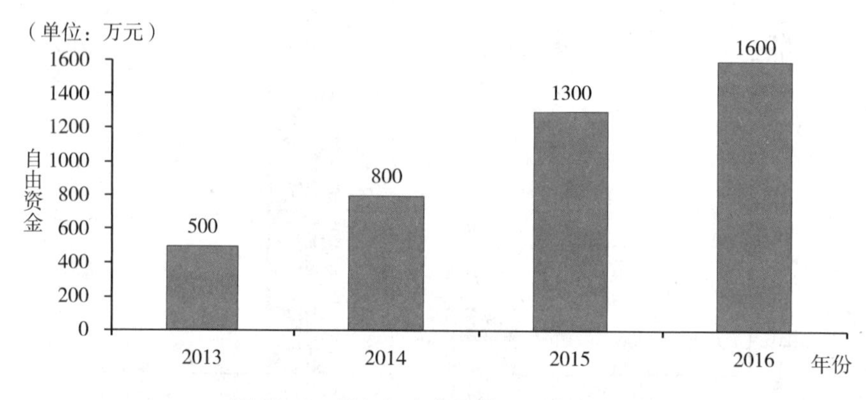

图 10-3　近年旧衣物回收项目资金投入

由图 10-3 可以看出：公司在天津、兰州、昆明、重庆、万州、邢台等城市在 2013 年、2014 年、2015 年及 2016 年旧衣物回收项目资金投入分别为 500 万元、800 万元、1300 万元及 1600 万元，连续几年呈不断递增趋势。

（三）2016 年公司投放旧衣物回收箱情况

2016 年公司投放旧衣物回收箱覆盖的主要城市及其投放回收箱数量见图 10-4。

由图 10-4 可以看出：截至 2016 年年底公司在天津、兰州、昆明、重庆、万州、邢台等城市共投放旧衣物回收箱 2333 个，其中在昆明、重庆投放回收箱均为 500 个，在兰州、万州投放回收箱均为 400 个，在邢台投放回收箱为 333 个，在天津投放回收箱为 200 个。

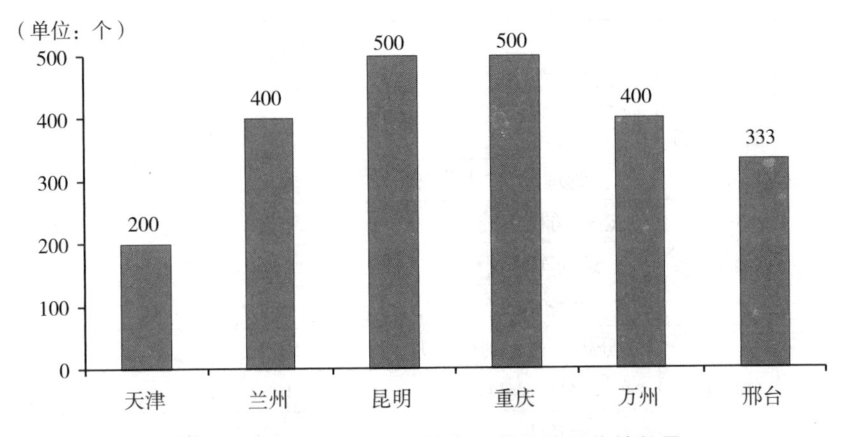

图 10-4　回收覆盖的主要城市及其投放回收箱数量

（四）2016 年公司开展旧衣物回收工作各部分资金投入情况

2016 年公司开展旧衣物回收工作各部分资金投入情况，见表 10-2，各部分资金投入比例，见表 10-3。

表 10-2　开展旧衣物回收工作各部分的资金投入

类别	项目	单价或数量	各部分资金投入
回收箱投放	回收箱制作成本（元/个）	900	—
	回收箱投放运输成本（元/个）	70	—
	回收箱投放（个）	2333	—
	回收箱制作（万元）	—	210
	回收箱投放运输（万元）	—	16.33
租赁	租赁仓库、厂房成本（万元）	—	30
运输	运输成本（万元）	—	40
维修	回收箱维修（万元）	—	15
打包	分拣后打包袋/纸箱成本（元/个）	4	—
	分拣后打包袋/纸箱年使用数量（个）	10000	—
	打包总成本（万元）	—	4

续表

类别	项目		单价或数量	各部分资金投入
员工工资	管理人员	管理人员工资(元/月)	3200	—
		管理人员(人)	21	—
		管理运营(万元)	—	80. 6
	运输人员	运输司机工资(元/月)	5000	—
		运输车辆司机(人)	37	—
		运输人工(万元)	—	222
	分拣人员	分拣人员工资(元/月)	2800	—
		分拣人员(人)	167	—
		分拣人工(万元)	—	561. 1
	打包人员	打包人员工资(元/月)	2800	—
		打包人员(人)	6	—
		打包人工(万元)	—	20. 2
宣传	开展回收宣传活动(元/次)		7000	—
	开展回收宣传活动(次)		10	—
	开展回收宣传活动(万元)		—	7
捐赠	参与捐赠人员成本(元/人)		80	—
	参与捐赠人员数量(人)		10	—
	参与捐赠人员费用(万元)		—	0. 08
	捐赠活动宣传费用额(万元)		—	8
	捐赠额(万元)		—	32
其他	其他(万元)		—	353. 7

由表 10-2、表 10-3 可以看出:2016 年公司开展旧衣物回收工作的资金投入为 1600 万元。回收箱投放成本占 14. 1%,其中回收箱制作成本占 13. 1%,回收箱投放运输成本占 1. 0%;仓库租赁成本占 1. 9%,旧衣物运输成本占 2. 5%,回收箱维修成本占 0. 9%,旧衣物打包成本占 0. 3%;人工成本占 55. 2%,其中,分拣人工占 35. 1%,运输人工成本占 13. 9%,管理运营人工成本占 5%,打包人工成本占

1.3%；开展回收宣传活动、参与捐赠人员费用、捐赠活动宣传费用仅占0.91%；捐赠费用占总投入2%，其他成本占22.1%。

表10-3　各部分资金投入比例

项目	投入比例/%
回收箱制作	13.1
回收箱投放运输	1.0
仓库租赁	1.9
旧衣物运输	2.5
回收箱维修	0.9
打包	0.3
管理运营	5.0
运输人工	13.9
分拣人工	35.1
打包人工	1.3
开展回收宣传活动	0.4
参与捐赠人员费用	0.01
捐赠活动宣传费用	0.5
捐赠费用	2.0
其他	22.1

（五）2016年公司旧衣物回收再利用情况

2016年公司旧衣物回收再利用及捐赠情况，见表10-4。2016年公司通过投放回收箱回收旧衣物500吨，其中，旧衣出口非洲75吨，销售用于开松再生利用的旧衣物125吨，销售用于循环再生利用的旧衣物300吨。捐赠32万元，捐赠占回收比重40%。

表 10-4 2016 年旧衣物回收再利用及捐赠情况

项目		数量
捐赠(万元)		32
旧衣销售(出口)(吨)		75
销售再生资源	用于开松再生利用(吨)	125
	用于循环再生利用(吨)	300

(六)公司在旧衣物回收再利用中投入产出环节

公司在旧衣物回收再利用中投入产出环节,见表 10-5。在旧衣物回收再利用过程中,回收箱制作及投放、旧衣物运输及分拣、旧衣物销售及再生资源销售等过程的再次运输等主要环节均为投入环节;旧衣物出口及旧衣物作为再生资源销售环节,有投入也有产出,也是公司赢利环节,尤其是出口环节。

表 10-5 旧衣物回收再利用的投入产出环节

旧衣物回收再利用主要环节	投入	产出
回收箱制作	√	×
回收箱投放	√	×
旧衣物运输	√	×
旧衣物分拣	√	×
旧衣物再次运输	√	×
旧衣物出口	√	√
再生资源销售	√	√

三、存在的问题

2016 年天津市山清再生资源回收有限公司在天津、兰州、昆明、重庆、万州、邢台等城市投放旧衣物回收箱回收旧衣物,历时一年已经积累了一定的经验，并将在此基础上，2017 年计划在全国其他城市继续推广“衣旧循环情系万家”旧衣物回收再利用项目，再投放 1 万个旧衣物回收箱，加大旧衣物回收再利用项目的资金投入。但在旧衣物回收再利用项目的实施过程中，也遇到了一些问题，建议如下：

(1)加大对旧衣物回收再利用知识的宣传，以提高人们对旧衣物回收再利用重要性的认识，从源头做好垃圾分类，养成垃圾分类回收的生活习惯。

(2)废旧衣物由于回收成本高、利润薄，再生资源回收再利用企业发展面临较大困难，应加大政策支持和制度创新，以及提供相应的沟通渠道，调动再生资源回收再利用企业的积极性。

(3)提高人们对再生产品的认可度，积极主动地使用再生产品。

第二篇

其他旧衣物回收机构调研

第十一章　外资企业在华开展旧衣回收活动

第一节　H&M集团在华“旧衣回收”活动

H&M集团[①]（The H&M group）是全球第二大的快时尚品牌，也是世界上第一家发起全球性旧衣回收倡议的时装公司。H&M不仅关注时尚，同时也关注地球环境。2013年启动了“旧衣回收计划”，通过全球门店主动开展旧衣自主回收活动，旨在减少纺织品填埋量、减少浪费和污染。

H&M集团通过已有店铺，开展旧衣回收活动，消费者可以在店铺营业时间内，将旧衣服投放在店内设置的回收箱中，在购物的同时，消费者便于捐赠旧衣服，回收活动不仅提升了企业社会形象，还带动了品牌服装的销售。

根据《H&M集团2016年报》[②]显示，H&M集团在全球64个国家和地区，开设4351家门店，在35个国家和地区开设电子商务业务，2016年H&M集团年销售额为1922.67亿瑞典克朗。其中，在中国有444家店，年销售额达93.27亿瑞典克朗。

---

① H&M集团旗下拥有多个时尚品牌，各个时尚品牌有其独特的定位，包括：H&M、COS、Monki、Weekday、Other Stories、Cheap Monday、H&M Home。

② 《H&M集团2016年报》（THE H&M GROUP SUSTAINABILITY REPORT 2016），http://about.hm.com/en/media/news/general-2017/hm-sustainability-report-2016.html。

一、H&M集团开展"旧衣回收"活动历程

H&M集团自2002年开始发布《企业社会责任年报》,2010年H&M集团提出"环保自觉行动"(H&M Conscious Actions),并将年报改为《H&M环保自觉行动可持续发展年报》(H&M Conscious Actions Sustainability Report)。

图11-1显示,2011年,H&M集团率先在瑞典总部实施"旧衣回收"活动(Clothing Collecting Initiative),2011—2012年度,H&M集团在瑞典17家店中开展了旧衣回收。

2012年,H&M集团提出"不要让时尚被白白浪费"的主张(donot let fashion go to waste),在旧衣回收箱上打出"经久不衰的时尚"(long live fashion!)字样。

2013年2月开始,H&M集团在全球48个地区的门店推出"旧衣回收计划",开展"全球旧衣回收"活动,为方便前来购物的消费者,将家中闲着的衣物带到门店投放,H&M在全球的每个门店内都设有一个"旧衣回收箱",接受闲置衣物的捐赠。此举不仅宣传低碳理念,唤起公众增加环保意识,还减少纺织品浪费,提高闲着衣物的再利用和再生利用,更方便顾客捐出多余的、闲着的衣物。

2016年4月18日至24日,H&M集团举办"世界旧衣回收周"(World Recycle Week)活动,活动期间,H&M集团通过全球3600多家门店,从世界各地顾客手中共回收1100吨闲置衣物。该举措是H&M集团为实现闭环式时装模式(close the loop for fashion),通过提取废弃衣物中的纺织纤维制作新产品的重要一部分。

二、H&M集团以"优惠券方式"激励消费者参与活动

H&M集团旧衣回收模式属于企业主导型,以优惠券方式激励消费者参与旧衣回收活动。H&M集团旧衣回收对象不限于H&M品牌的服装,而是回收任意品牌、数量、各种品质以及各种成色的所有

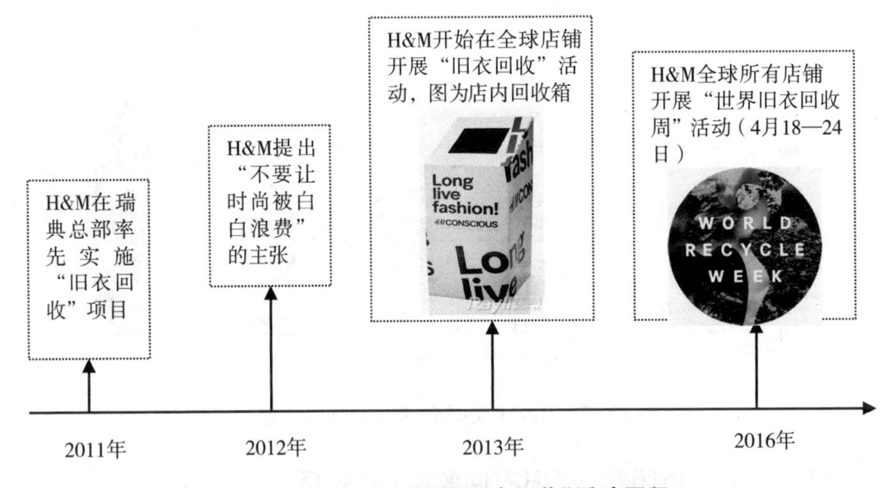

图 11-1　H&M 集团“旧衣回收”活动历程

衣物，从而减少被填埋处理的纺织品数量。

顾客将不再喜欢的或是破旧的衣服和家用纺织品送到任意一家 H&M 的门店，可以换取一张八五折打折卡，凭借此卡在 H&M 购买新衣服时，能获得 15%的优惠，以激励更多的消费者参与 H&M 集团的环保自觉行动。

三、H&M 集团“旧衣回收”活动开展效果

自 2013 年 2 月 28 日 H&M 集团的“全球旧衣回收”活动启动以来，覆盖的地域从 35 个国家和地区，到 2016 年达到 64 个国家和地区。旧衣回收量，从 2013 年的 3047 吨，到 2016 年达到 15888 吨，四年来，全球累计回收衣物达 38960 吨，相当于 1.96 亿件 T 恤，并向消费者宣传“每回收一件 T 恤相当于节约 2100 升水”（见图 11-2）。

H&M 集团的目标是：到 2020 年，H&M 集团在全球每年至少回收 25000 吨闲置服装，用于再利用和再生利用。

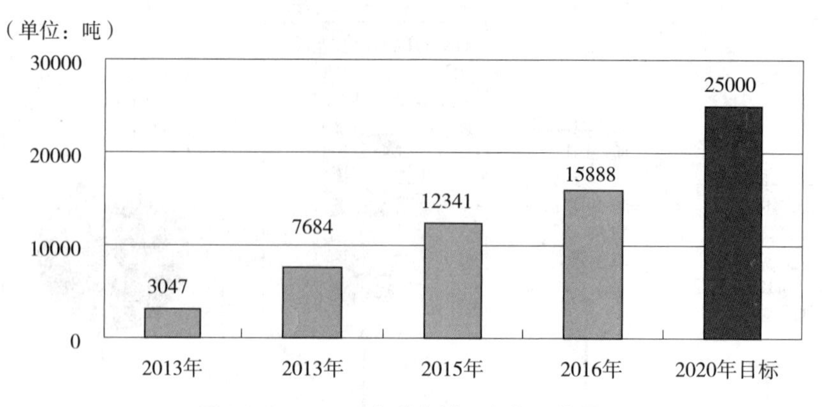

图 11-2　H&M 全球店铺旧衣物回收量

四、H&M 集团在华“旧衣回收”活动效果

2016 年年底，H&M 集团在华门店达 444 家，销售额达 93.27 亿瑞典克朗。H&M 集团自 2013 年 2 月率先在上海淮海路和正大广场两家店铺设立旧衣回收箱，之后在华所有门店均设旧衣回收箱，截止到 2017 年 8 月 3 日，在中国大陆地区回收衣物的数量已达 1986.25 吨，相当于 99.31 万件 T 恤。

表 11-1　H&M 集团在华门店及销售

年份	全球门店数量	中国门店数量	在华销售额(SEK)
2015 年	3924(家)	353(家)	9084
2016 年	4351(家)	444(家)	9327

五、旧衣回收与慈善并重

H&M 集团自 2004 年开始参与服装慈善捐赠活动。2010 年 H&M 集团采取新的捐赠措施，要求：每年将所有没被销售的库存，且安全的服装，捐赠给当地的慈善机构。

2011 年起，H&M 集团的慈善捐赠范围拓展到门店回收的衣物。2011 年 H&M 集团捐赠的 250.9 万件服装中，有 233.3 万件是库存服装,有 17.6 万件是回收的旧衣物。H&M 服装捐赠合作机构是瑞典 Helping Hands,为独立的第三方志愿援助团体。

H&M 集团将企业每年的慈善捐赠工作与旧衣回收活动相结合,将不要的、可以再次穿着的旧衣捐赠给需要帮助的人。到 2015 年 H&M 集团全球捐赠服装数量达到 480 万件(见图 11-3)。

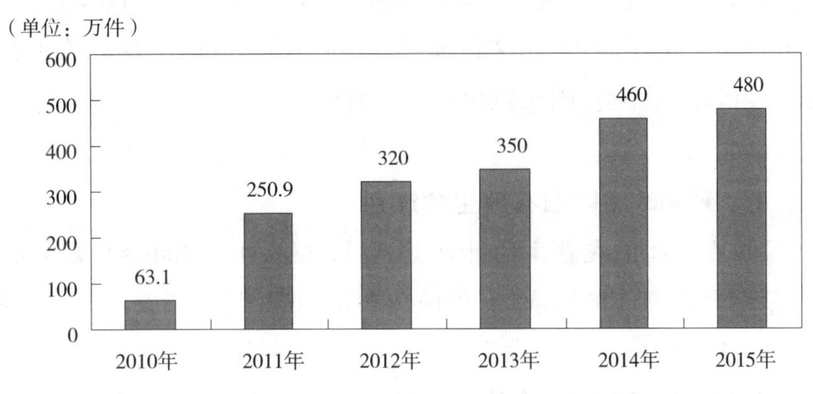

图 11-3　2010—2015 年 H&M 服装慈善捐赠数量

在全球,H&M 集团每回收 1 千克消费者捐赠的衣物,H&M 集团将向当地的慈善组织捐赠 0.02 欧元。在中国,H&M 集团旧衣回收计划的全部善款都捐赠给中国联合国儿童基金会,用来帮助国内贫困地区儿童。截至 2017 年 8 月 4 日,H&M 集团在中国慈善捐款达到 3.97 万欧元。

六、H&M 集团回收旧衣的处置方式

I:CO(全称 I:Collect,是一家欧洲旧衣回收企业,中文为"艾蔻")公司是德国 SOEX Group 旗下的子公司,是世界上规模最大的、专门从事纺织品和鞋类回收及再利用的企业。I:CO 公司负责将数百吨的旧衣物的分拣、消毒、再利用。I:CO 公司拥有目前世界上最先进的纺织品循环处理工厂和示范性的工艺控制体系,这个体系每

天可处理400吨经过分类的弃置纺织品。

H&M通过合作伙伴I:CO将回收衣物归为以下几种类型:重新穿着、再利用、再生利用,并将依旧适合穿着的旧衣捐赠给各地的慈善组织。

I:CO将回收衣物分三类,其中,重新穿着(Rewear),是将可以被再次穿着的作为二手服装卖掉;再利用(Reuse),是将旧衣物制作成其他产品后再次使用,如抹布等;再生利用(Recycle),剩余的所有旧衣物变成纺织纤维,用作隔热材料等被利用。

七、H&M集团旧衣新生命计划

H&M集团旧衣新生命计划(New Life for Old Clothes),即时尚新生,是将重新回收的旧衣物,再使用和再利用,赋予旧衣物新的生命。

H&M集团认为:全球所有废弃纺织品中,95%能重新获新生。把闲着的衣物送至H&M集团全球门店中的任意一家后,它们将被回收再利用,成为新的纺织面料。实现了闭环式时装模式(见图11-4),让旧衣回收成为衣物生命周期的一部分。闭环是为避免垃圾产生,利用废弃衣物作为新服装的部分替代原料,可以减少天然纤维原料的使用及对环境的影响。

2014年年初,H&M集团推出含有牛仔再生纤维面料的服装。这类再生纤维是以回收的旧牛仔裤、牛仔上衣和夹克加工后的再生棉纤维,使旧牛仔服装又被加工成再生纤维,实现闭环循环,最终实现自然资源可持续被利用。H&M集团每年将逐渐提高服装加工中再生纤维所占比重。

2014年秋季,H&M集团推出第一款含有20%再生纤维的秋季牛仔服装。加入再生纤维后,服装的质量和耐久性不变。2016年H&M集团部分服装中再生纤维含量已提高到26%。

从长期来看,H&M集团致力于新技术创新,提高服装中再生纤

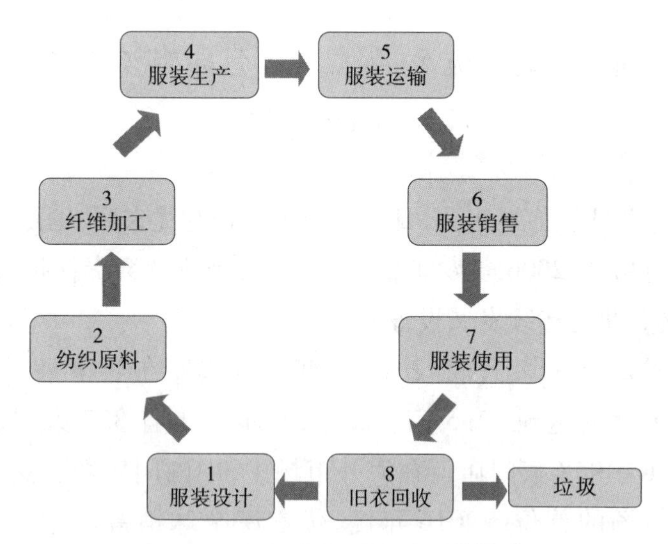

图 11-4　H&M 集团"闭环式时装模式"

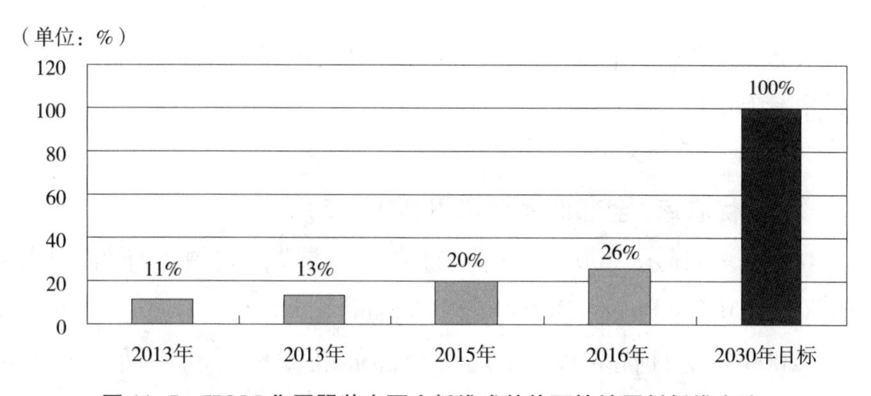

图 11-5　H&M 集团服装中再生纤维或其他可持续原料纤维占比

维或其他可持续原料纤维占比，最终实现服装可以完全被再利用和再生利用。同时，H&M 集团的目标是，到 2030 年所有的时装是用 100%再生纤维制作或者是可持续循环纤维加工，再生纤维包括：棉、化纤、羊毛、开司米和塑料等。

第二节　优衣库在华“全部商品循环再利用活动”

作为全球服饰零售商，日本大型服装企业优衣库，也是全球第三大快时尚品牌，2006年发布企业第一份《企业社会责任报告》，2017年改为《企业可持续发展报告》。

截至2016年8月底（2016年度），优衣库在全球18个国家和地区门店数量达到1795家。其中，日本本土有837家门店，海外优衣库共有958家门店。在海外市场中，中国门店数量达472家，居海外市场的首位。2016年度，优衣库全球销售额达173.12亿美元。

截至2017年5月底（2017年度中期），优衣库全球门店数量达到1905家。其中，日本本土有834家门店，海外优衣库共有1079家门店，中国门店540家。

一、优衣库“全部商品循环再利用活动”

图11-6显示，2001年9月，优衣库开展“摇粒绒循环再利用活动”（UNIDRO’s Fleece Recycling Program）。

2006年9月优衣库启动了“全部商品循环再利用活动”（All-Product Recycling Initiative），回收再利用对象扩大到优衣库已售出的自有品牌所有服装。2010年优衣库旗下的GU门店也开始加入回收活动中。

自2011年开始，优衣库将“全部商品循环再利用活动”覆盖其海外所有门店，并在海外市场与当地国际组织携手，向发展中国家捐赠旧衣服。

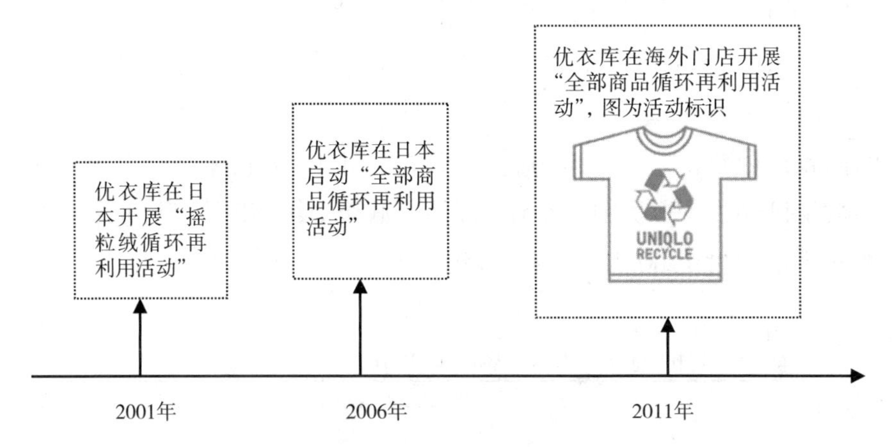

图 11-6 优衣库“全部商品循环再利用活动”历程

二、优衣库“无偿回收”模式

优衣库的旧衣物回收模式属于企业主导型，采取的是无偿回收消费者捐赠旧衣物。回收对象是优衣库自有品牌的服装，不接受非优衣库品牌的服装。要求消费者捐赠前应先将服装清洗干净。优衣库全球任何一家门店都接受其自有品牌服装的捐赠。

回收后，以服装二次穿着为主，将从顾客手上回收到的服装循环再利用。“全部商品循环再利用活动”的目的在于将服装最充分地循环利用，消除浪费，将服装的价值最大化，毫无浪费使用到最后。

三、优衣库服装回收效果显著

自 2001 年优衣库启动“全部商品循环再利用活动”以来，截至 2016 财年，优衣库在全球 16 个国家和地区累计回收约 5433 万件服装，回收总量达 1457 吨。并将其中约 2033 万件衣服捐赠给了 62 个国家和地区。

图 11-7 显示，2002 年至 2006 年 8 月期间，优衣库开展“摇粒绒循环再利用活动”，共回收了约 35 万件（为 349810 件）优衣库所销

售的、消费者不再使用的废弃的摇粒绒服装。

优衣库于2006年9月启动“全部商品循环再利用活动”后，服装回收数量迅速增长，到2009年3月“全部商品循环再利用活动”的回收件数首次超过100万件。2012年财年，优衣库在全球回收服装数量已超过500万件，达516万件。截至2016年财年[①]，优衣库服装回收量超过1000万件，达到1490万件。

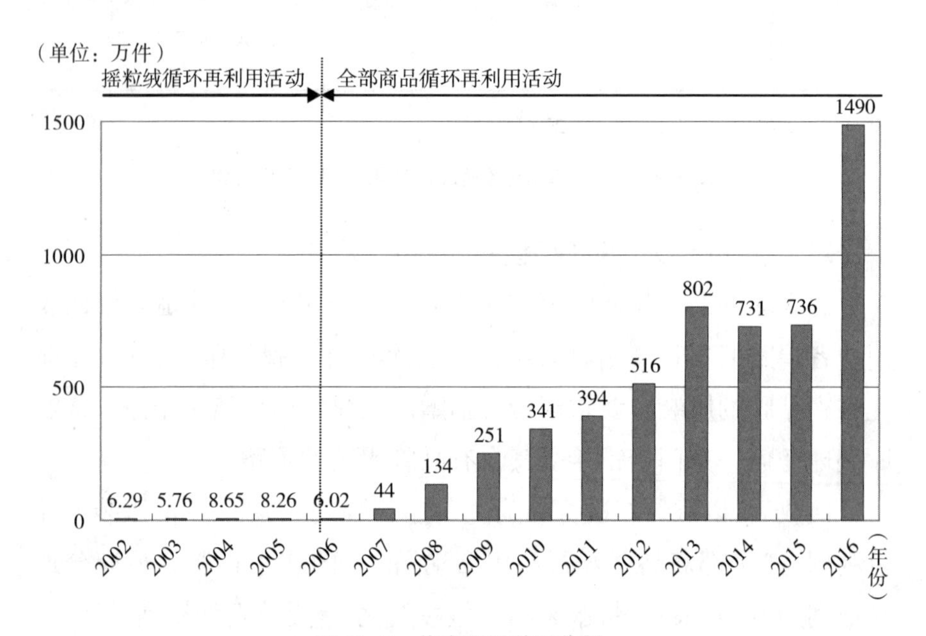

图11-7　优衣库服装回收量

四、与国际组织合作向难民赠送服装

图11-8显示，优衣库“全部商品循环再利用活动”是将消费者捐赠的服装，分成“可继续穿用”和“无法再穿用”两大类，再根据用途按季节、性别、服装种类进行细分，决定捐赠对象和捐赠类别，将服

① 优衣库《2017可持续发展报告》，见 http://www.fastretailing.com/eng/sustainability/report/pdf/sustainability2017_en.pdf#page=1&pagemode=thumbs&zoom=80。

装送到真正急需的人们手中。

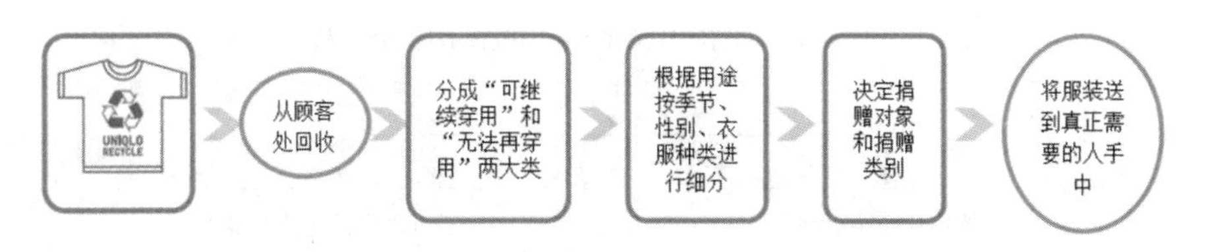

图 11-8　全部商品循环再利用活动流程

2015 年，优衣库启动了“服适人生，让爱远传——千万爱心，温暖世界”（10 Million Ways to HELP）全球项目。优衣库“全部商品循环再利用活动”的目标是募集 3000 万件，为全球难民（4250 万人）每人送去一件衣服。

优衣库与联合国难民署及国际 NGO 组织合作，将顾客手上不再需要的服装回收后，捐赠给世界各地的难民营、灾民、无家可归的人、孕妇和单亲母亲。

截至 2016 年 8 月底，优衣库通过 UNHCR 及国际 NGO 捐赠给了尼泊尔、赞比亚、博茨瓦纳等 62 个国家和地区，约 2033 万件衣服。

五、回收后采取再使用、材料再利用和能源化利用三种方式

优衣库所有回收的服装中，对于可以继续穿用服装，与国际机构合作，捐赠给发展中国家需要的人们，不能再穿用的服装，进行纤维材料再利用，或能源化（化学）利用，以减少对环境的影响（见图 11-9）。

优衣库回收的服装，有 90%经过分拣、消毒处理后，通过联合国难民署和非营利组织捐赠给难民，服装以二次穿用为主。有 10%将加工成绝热材料再利用，或化学法利用。通过服装的再穿用、循环利用，将服装的价值利用到最终。

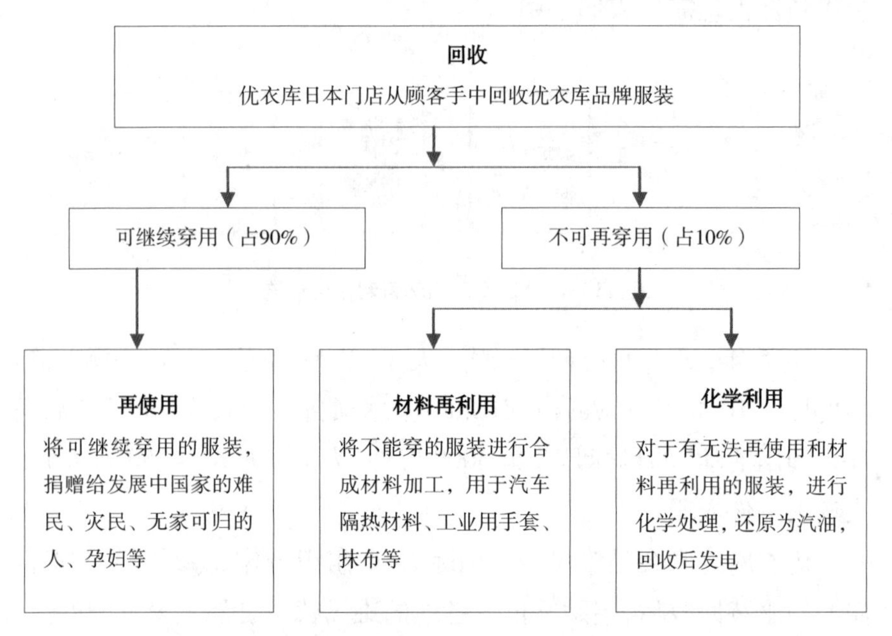

图 11-9　优衣库服装回收及再利用方式图

六、优衣库在华旧衣回收活动

2006 年 12 月底，优衣库进入中国市场，大中华地区总部设在上海。截止到 2017 年 5 月底，优衣库在中国有 540 家门店。

在中国，优衣库最早仅在上海启动了旧衣回收活动，2012 年 3 月优衣库在上海所有门店开展“全部商品循环再利用活动”，2013 年扩大到在华所有门店。消费者可以在店铺营业时间内，将旧衣服投放在店内设置的回收箱中，在购物的同时，消费者便于捐赠旧衣服，回收活动不仅提升了企业社会形象，还带动了品牌服装的销售。

第十二章　两网融合旧衣物回收机构

第一节　北京盈创再生资源回收有限公司

北京盈创再生资源回收有限公司（以下简称“盈创回收”）成立于2008年，其母公司盈创再生资源有限公司是目前亚洲单线产能最大的再生瓶级聚酯切片生产企业，也是中国唯一一家可以生产食品级再生聚酯切片的企业。北京盈创再生资源回收有限公司是国家和北京市“城市矿产示范基地”的首批龙头企业，专注于整体回收体系、智能化一级和二级回收网络的建设，拥有丰富的回收体系规划和管理经验。盈创回收借助互联网优化，提升效率，“互联网+回收”建设取得了显著成效。盈创回收的产品与服务主要应用于城市配套设施建设领域、环保回收领域，智能回收机远销海外市场，已成为中国最大的固废垃圾回收自助机具的生产商与出口商。

一、盈创回收“互联网+”全产业循环模式

作为中国领先的“智能固废回收机具及物联网回收系统整体解决方案”运营商和提供商，盈创通过互联网技术，革新了传统城市废物回收系统，一直致力于再生资源的智能化安全回收，并建立了一个以饮料瓶回收为主、涵盖多品类废品回收、再利用、再生产品开发及销售，具备安全、高效、和谐、绿色节能、智慧的新型城市固废回收体系。

盈创回收模式强化了网络运营监控和管理功能，全循环模式覆盖了从源头到末端“分类投放、分类收集、分类运输、分类处理”的全程，并确保了全流程可查可控可管，信息流、物资流、资金流全程闭环流转。盈创回收的全产业循环模式实现了物资的全程分类管理，推动了再生资源回收与垃圾回收分类相结合的“互联网+”模式的发展。盈创全产业循环模式见图 12-1，盈创回收“互联网+回收”流程见图 12-2。

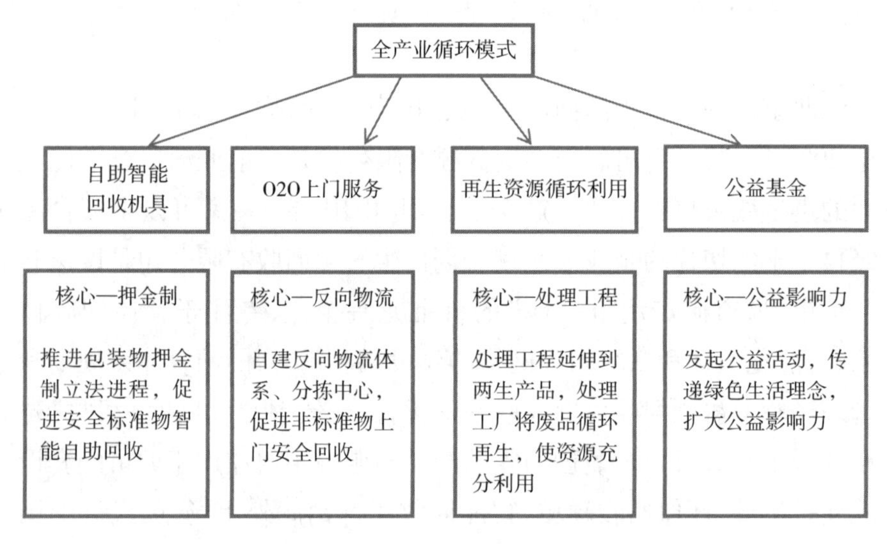

图 12-1　盈创全产业循环模式及核心

二、盈创资源回收渠道

（一）智能回收机回收

2012 年 12 月盈创回收的饮料瓶智能回收机研制成功，并在北京免费投放。首批饮料瓶智能回收机业务自 2012 年 12 月开始在北京部分地铁站上线运营，截至 2016 年 5 月底，累计在北京市的公交、地铁、机场、学校、社区、商场等人流较为集中场所铺设饮料瓶智能回收机 3000 余台，回收饮料瓶 2600 余万个，并在深圳、上海、西宁等多

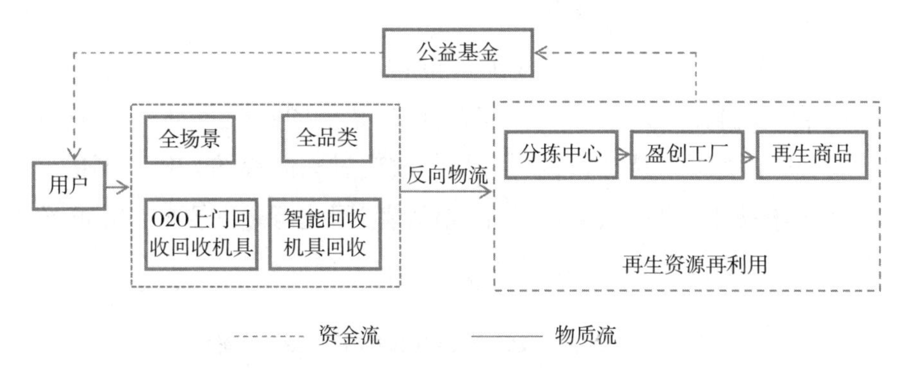

图 12-2　盈创回收"互联网+"回收流程

个城市推进，取得了一定的社会和环境效益。2012 年投放第一台饮料瓶智能回收机至今，机器的投放总量超过 1900 台，收瓶数量超过 1640 万个。

智能回收机实际上是一个新型绿色互动平台，设备将对投入物进行现场智能化识别，若符合回收要求，设备将其回收，并对回收行为予以奖励，为手机充值、一卡通充值、微信返利等多种返利，并可通过平台获取"绿纽扣积分"，参与平台多元化、有趣的环保活动。"绿纽扣积分"是盈创回收用户参与环保活动后得到的奖励。用户使用智能回收机或预约帮到家上门收服务，可获得积分，积分累计可助力公益活动。使用盈创回收的智能回收机或者"帮到家"上门收，便可获得积分：饮料瓶回收 1 分/个、衣物回收 10 分/件、帮到家上门服务 50 分/次、智能手机回收 100 分/部。

智能回收机是一种人性化、智能化的回收渠道，能确保再生资源的流向可控和城市固废资源得到最大限度的循环利用。饮料瓶回收机及功能见表 12-1，盈创回收设有全国统一的客户服务热线 4006501968，由专人负责处理客户使用回收机、帮到家回收平台时的各项问题，全年无休提供电话技术支持与协助。如回收机出现问题，4 小时内作出响应；非重大故障，24 小时内，通过现场服务、远程支持、电话支持等方式，解决故障。

2015 年起，盈创回收自主研发的旧衣物回收机，手机回收机等多品类回收机在北京市分批次铺设，通过智能回收机，用户可以便捷地将可再生资源废品交投，获得返利，改变过去简单的人机之间的互动，实现消费者与政府、生产企业、销售者、回收者之间真实的信息分享和互动体验，搭建公众方便践行环保的平台。

表 12-1　盈创回收饮料瓶智能回收机外型及功能

条码扫描	重量检测	机械碾压	电子充值
凭证打印	海量数据	门禁监测	仓满预警
无线通信	宣传平台	触屏操控	视频监控

（二）“帮到家”O2O 上门回收

“帮到家”是盈创旗下国内首批 O2O 上门回收服务企业，是利用移动互联网探索再生资源全品类回收的新模式。2015 年 5 月“帮到家”试运营。帮到家是全国首个再生资源 O2O 上门回收平台，足不出户卖二手商品。目前在北京市朝阳区亚运村 10 个社区运行效果良好。2015 年 7 月获得富兰克林邓普顿基金集团 1500 万美元首轮融资。

“帮到家”整合了社会松散的回收人员，对其进行统一培训管理，从社会用户有回收需求开始，通过标准化、流程化、可监控的服务，对回收物打包运输全程进行监控跟踪，杜绝在运输过程中出现回收物遗撒或丢失，同时保障回收物最终全部流入正规处理工厂，从源头杜绝回收物流向不正规处理作坊给百姓造成危害，对环境造成二次污染，逐步实现控制可再生资源流向。帮到家 O2O 业务流程如图 12-3 所示。

“帮到家”电子平台已经将注册 A/B/C 用户间货物信息和电

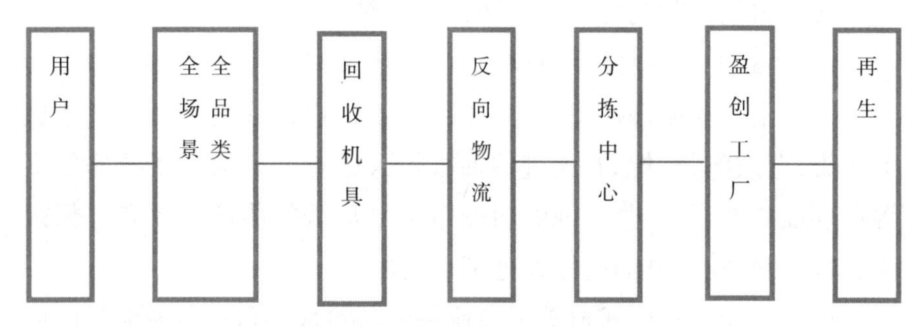

图 12-3　“帮到家”O2O 业务流程

子支付渠道打通，监管再生物品交易及物流信息，为后期整合物流、交易和运输奠定基础，“帮到家”O2O 电子交易平台如图 12-4 所示。截至 2016 年 5 月，帮到家平台已经覆盖北京市 353 个社区，其中大部分集中在北京城区，总计覆盖服务 30 万家庭，100 万人口。预计在 2016 年年底，实现全市 1000 个社区加 100 个商超的回收服务覆盖，年再生资源回收总量超过 30 万吨，服务 100 万户家庭，为 400 万市民提供服务，总回收量达到城区回收总量的 30%以上。

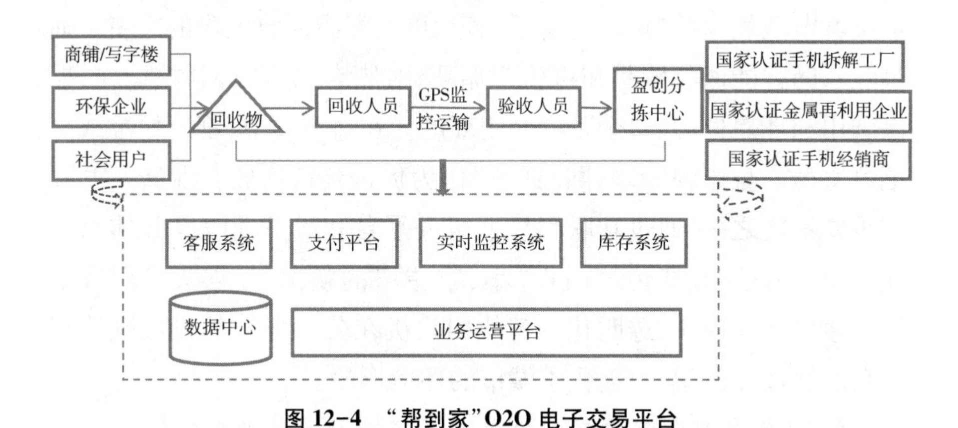

图 12-4　“帮到家”O2O 电子交易平台

三、盈创回收的经济效益和社会效益

（一）全产业循环模式规范了回收体系，资源和环境效益显著

盈创全产业循环模式，避免了传统不正规方式处理垃圾所造成的污染，有效的、正规的、先进的回收模式已经开始取得了很好的资源和环境效益，每回收 1 吨饮料瓶带来了显著的能源节约和环保效果，盈创回收在这方面已经取得了很大成果。

盈创智能回收模式覆盖了商业及生活垃圾中可回收资源物的回收市场，包括旧衣物、手机、电池等，采用了回收服务网站、客服中心、物流调度等管理系统，实现了回收过程可溯源，提高了回收规范性、公开性和服务便利性。同时，对回收的废旧物进行正规环保处理，避免了对环境的危害和污染。

（二）“互联网+”创新模式促进了产业升级和绿色城市建设

目前，我国的再生资源回收行业整体水平较低，规模化企业数量少，缺乏现代化制度及技术，行业技术水平低，城市则面临垃圾围城。盈创智能回收模式在培养环保意识、安全回收，绿色城市建设等方面发挥了积极作用，有利于城市构建智能化再循环回收体系，从根本上解决城市垃圾围城、垃圾流向不确定、再生资源回收困难的窘境。通过互联网智能回收体系和再生产循环，对废弃物进行回收、运输、二次利用和环保处理，整个系统是闭环的。在每一环节，都有标准或规范可遵循。盈创的“互联网+回收”作为促进传统回收行业转型升级的重要手段之一，通过互联网线上服务平台和线下回收服务体系两线建设，将逐步改变传统回收“小、散、差”的状况，使得买卖双方信息沟通更加便捷化、透明化。智能回收机在公共场合的投放既体现了政府的环保意识，也美化了城市的环境形象。

（三）全产业回收体系建设有利于促进社会就业

盈创回收可以为客户提供各种型号的自助回收机具及管理经验咨询服务，包括饮料瓶、易拉罐、废旧电池、节能灯等小型固废垃圾自

助回收机具，回收机后台管理系统、回收运营系统，及相关回收分拣中心建设方案等咨询服务。全产业循环体系的建设，每个环节都可以为社会劳动就业提供部分劳动技能岗位，有利于扩大社会就业，为地区经济的发展作出贡献。

（四）数据信息管理平台为政府进行城市智能管理提供了可靠依据

智能回收机通过机具的自动识别系统将所有的固废的品种、生产厂家进行识别等级并积累信息，这将为国家对有关方面的统计提供可靠的信息资料。这也对今后出台垃圾减排相关政策和引进发展“谁生产谁负责，谁使用谁交费”的世界先进国家的新的垃圾回收理念和垃圾回收产业提供统计数据。

盈创回收通过自主研发的饮料瓶智能回收机，开创了中国将物联网技术与再生资源回收体系结合的先例，在北京实现了智能化的循环回收体系，同时有强大的短信平台及门户网站平台予以支撑。物联网数据中心积累的大量数据可为政府制定相关环保政策提供有力的数据支持。

第二节　善淘网

善淘网是一家将“电子商务”与“慈善商店”相结合的在线慈善商店，于2011年3月正式上线。善淘网通过接收捐赠者寄送的闲置物品并将其通过网络进行在线义卖，募集公益基金，用于公益项目。善淘网接收的捐赠品类包括闲置衣物和物品两大类，其中衣物类占绝大部分。在国外，慈善商店在旧衣物回收利用体系中发挥重要作用，但在国内，善淘网是第一家引入此模式、探索在线慈善商店处理闲置衣物的机构。

善淘网的公益模式见图12-5，即捐赠者将闲置衣物打包寄给善淘网，由善淘残障运营基地的残障人士逐件处理衣物并拍照上传网店进行义卖销售，义卖筹集的公益资金随后发放给各公益项目。通过此模式，善淘网实现了其成立之初就确立的公益目标：通过促进闲置资源的循环利用，减少碳排放，保护环境；通过慈善商店义卖的模式，为公益项目提供资金；通过善淘的运营模式，为残障人士提供有尊严的工作机会；为每一个普通人提供简捷易行的公益参与模式。

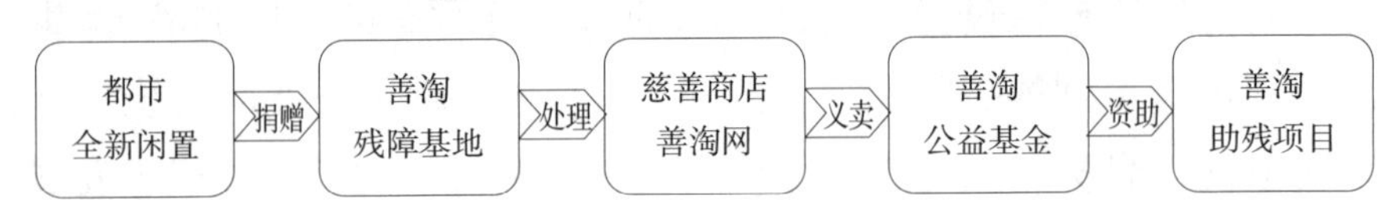

图 12-5　善淘网公益模式

资料来源：善淘网。

一、创新的在线义卖模式

（一）借助淘宝平台开设慈善网店

在线义卖模式的开展首先需要建立网上店铺，为提升消费者的购买体验，2013 年善淘关闭了最初的善淘商城，开始摸索在淘宝开设慈善商店，目前运营的淘宝慈善店铺包括善淘衣饰馆和善淘生活馆两家店铺。

根据善淘网统计，善淘衣饰馆最主要的消费群体是公司白领，占购买人群总数的 44%；其次为学生，占 28%；消费者的年人均购买量为 12.7 件，其中 79%为女性消费者；消费者年龄主要在 35 岁以下；购买者主要来自上海、江苏、广东、浙江、北京等经济发达地区。

（二）制定捐赠品接收标准和分拣定价规则

由于以实现闲置物品的二次利用为主要宗旨，善淘网在接收捐赠物品方面有明确的要求。从接收捐赠的类别上，善淘网接收衣服、饰品、包、鞋，以及办公、家居小用品和小礼品；从接收捐赠的物品新旧程度上，善淘网仅接收全新或九成新的闲置物品，且不接收非全新的儿童衣物和贴身内衣。这样的要求是为了保证捐赠物品确实适合上架销售,避免因无法上架而造成物流和人力成本的消耗。善淘网对捐赠物品制定了明确的分拣和定价规定,见表 12-2。

表 12-2　善淘捐赠物品分拣和定价系统说明

新旧程度	分拣标准	同类品原价	善淘慈善价
全新	企业库存;全新挂有吊牌;捐赠者特别标注	100 元/500 元	42 元/242 元
精选九成新	品相完好,只使用过两三次;全新,但有微小瑕疵,包括但不限于不明显小点和破损等	100 元/500 元	24.2 元/142 元
微瑕九成新	整体品相完好,有细微处的瑕疵品,微有磨损,斑点,起毛现象	100 元/500 元	4.2 元/42 元
不适合义卖物品	9 成新以下或因其他原因不适合上架服饰	—	创意改造或交付贫困山区

资料来源:善淘网。

(三)建立助残营运中心

在线慈善商店的运营需要有完整的工作流程,包括接受捐赠、捐赠品上架前准备、上架销售和发货四大环节和若干具体流程(见图 12-6)。为此,善淘在江苏南通建立了营运中心,负责善淘网的硬件支持和网店的日常运行维护。其中的很多工作,尤其是捐赠品的图片处理和后台上传等工作,主要由残障人士完成。此外,善淘还有 5 个外部残障基地,经过培训的残障人士在残障基地为善淘工作,创造价值。善淘网已经成为一家利用商业模式为残障人士提供就业、培训和融入社会机会的社会企业。

图 12-6　善淘在线慈善商店营运工作流程

二、多方面的社会效应

通过在线慈善商店模式，善淘在减碳环保、公益筹资和助残就业多个方面产生社会影响力，成为杰里米·里夫金《零边际成本社会》一书中阐述的以网络为平台，通过共享义卖服装创造经济价值和公益社会影响力的例子，也成为目前唯一写进哈佛案例的中国社会企业。

（一）减碳环保

2012—2015年，善淘网共回收闲置衣物132918件，合计116.51吨。除了用于慈善商店销售以外，还有15%—20%进行了直接捐赠，其余的则通过再生利用形成了新的再生产品。善淘网通过将闲置衣物再次销售或捐赠，使其进一步发挥价值，减碳环保。

（二）公益筹资

善淘网采取的模式是通过在线平台销售企业及个人捐赠的闲置物品，进而为慈善组织和公益机构进行在线筹资。扣除了必要的营运费用以后，在线产品销售的所有收益均根据捐赠者和购买者的意愿捐献到指定公益账户。善淘网通过义卖持续地募集善款，截至目前已筹得公益援助款项5678381元，全部用于帮助中国8000万残障伙伴获得就业、培训和融入社会的机会。

（三）助残就业

善淘网的官方域名为“buy42”，“42”意为“For Two”，即为了与我们相同的人，也为了与我们不同的人。“让残障伙伴通过工作发挥所长，从而实现自我价值”是善淘的理想。加强健全人士和残障人士的理解与融合，使他们在共同工作中都能发挥自己的最大价值是善淘的目标。善淘将全部义卖资金用于帮助残障人士的公益项目，通过为残障人士提供培训和工作机会、打造“全纳式”的工作环境，帮助他们走上可持续的、有尊严的工作岗位。

三、善淘模式的特点

（一）借鉴国外模式实现旧衣物再利用价值的最大化

国外的旧衣物大都由公益组织或慈善机构进行回收并用于二次销售。按照资源再利用的优先顺序，重复利用（reuse）要优于再生利用（recycle）。旧衣物能够通过一定途径实现二次穿着，是最优的资源再利用方式。在我国，旧衣物由公益机构回收后，往往捐赠给贫困地区或用于救灾，其中以防寒保暖性衣物为主，大量其他的旧衣物难以通过有效途径实现二次穿着。善淘网借鉴国外的模式，以慈善商店的方式延长衣物的使用寿命，使旧衣物以最为低碳环保的方式实现其最大化价值。

（二）成为人人均可参与的公益平台

在慈善商店，捐赠者是无负担的给予，购买者是物有所值的拥有，而每个人，只要捐赠或购买一件衣物，就参与了一次公益筹资。因此，无论是闲置衣物的捐赠者，还是捐赠衣物的购买者，都可以通过善淘网完成自己的公益善举，既为公益项目筹集了资金，也为更多的残障人士提供了工作的权利。目前，善淘的买家和捐赠者已遍布中国34个省级行政区，善淘网成为一个人人均可随时做公益的网络平台。

四、启示和建议

慈善商店是出售人们捐赠的闲置物品，并将所得资金用于慈善项目的一种公益模式。从资源再利用角度，慈善商店通过不以营利为目的的公益性经营活动，将社会的闲置资源收集起来，通过二次销售延长被淘汰的闲置物品的使用寿命，既节约资源、有利环境，又可以筹集善款，帮助需要帮助的人，是处理闲置物资的最佳方式。慈善商店在国外非常普遍，在旧衣物回收体系中具有重要作用。在我国，慈善商店尚属新兴事物，在旧衣回收利用中所发挥的作用还微乎其微。然而，当人们淘汰衣服的频率随着生活水平的提高而不断加快时，慈善商店以其捐赠品类不受限（夏装、童装、时装）、满足多样化需求、实现经济价值高等特点，可以和我国传统的公益捐赠模式形成一种有效的互补，成为公益与环保结合的又一种模式。

作为中国第一家在线慈善商店，善淘网使命清晰、运营高效、效应显著，成为我国发展慈善商店的先行者和样板。从资源再利用效率角度，善淘网还需进一步提高闲置衣物的上架率和销售率，并进一步探索无法上架和未售出捐赠衣物的再利用途径。目前，善淘网已筹划开设线下慈善商店，并已通过流动慈善商店的模式开展线下公益义卖活动。此外，善淘网还设计了 12 款 Design42 公益产品，包括拼布围巾、连衣裙、哈伦裤、手工折纸和包袱皮等，均属于 100%环境友好的闲置改造商品。由于接受的是全新或九成以上新的闲置衣物，因此善淘还需进一步拓展未实现销售或捐赠的衣物的再利用途径，通过合理设计，开发更多创意改造产品，最大化实现这些捐赠衣物的经济价值和公益价值。

第三节　一 JIAN 公益联盟

“一 JIAN 公益联盟”，是由壹基金、阿里巴巴公益、菜鸟网络在 2016 年联合发起的，并致力于为“闲置衣物再利用”问题的解决提供互联网平台、物流网络、联盟运营专业支持等关键资源而共同搭建的公益联盟。联盟将通过支持闲置衣物再利用领域的关键枢纽型公益机构，同时整合商业机构的专业能力，形成标准化的公益项目模式，并以此为基础进行联合的公益理念倡导及资源筹集。

“一 JIAN 公益联盟”闲置衣物回收再利用项目意在旧衣物回收环节普及公众回收理念，让公众了解闲置衣物如何发挥它们的最大作用，从而强化公众旧衣物再利用的意识；在旧衣物处理环节，“一 JIAN 公益联盟”联合有志于公益活动的商业机构，发挥商业机构特有的资源优势，分担整个公益行为过程中的成本以及实现企业社会责任。例如荣昌可以负责对回收来的旧衣物进行清洗，德邦可以承担旧衣物的运送任务；在最终的捐赠环节，"一 JIAN 公益联盟"将会通过互联网平台，采用就近原则的方式，在哪回收的旧衣物，就近地捐赠到其附近需要的地方，这样既能节省成本，也能提高效率。"一 JIAN 公益联盟"汇集专业能力，提升整体公益能效，为"闲置衣物再利用"提供更加综合、专业、高效的解决方案。

一、旧衣回收再利用模式——"从一件衣服"到"一 JIAN 公益联盟"

"一 JIAN 公益联盟"通过不断扩充旧衣回收和再利用渠道并整合相关资源，形成了自己独特的通过联盟合作、资源信息共享的旧衣回收再利用模式，如图 12-7 所示。

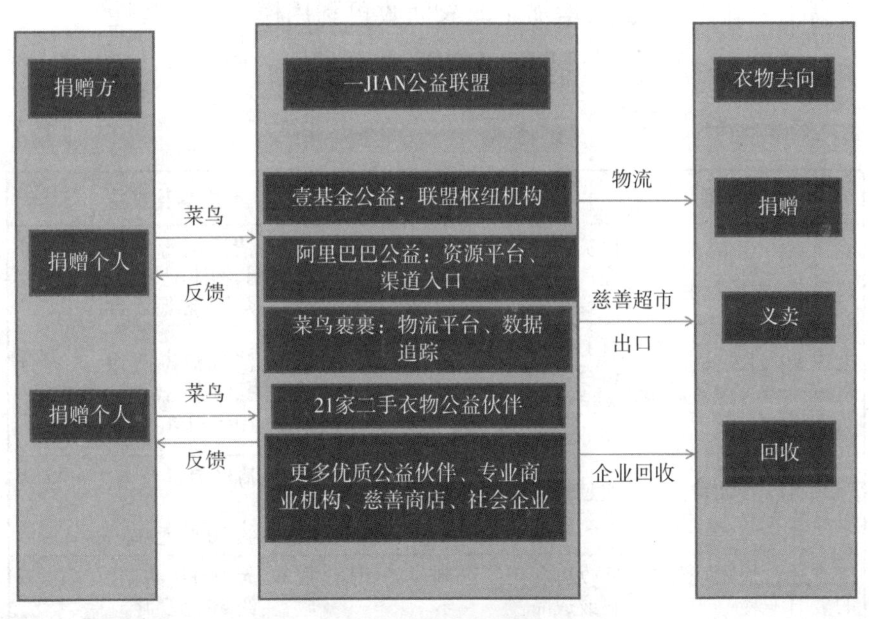

图 12-7　"一 JIAN 公益联盟"模式图

首先壹基金发挥自己公益联盟枢纽机构的作用通过运营费用、专职管理运营岗位的支持帮助联盟建设。阿里巴巴公益利用自身的影响和号召力提供更多的旧衣物回收再利用资源平台和渠道入口，并在联盟建设初期给予资金支持。菜鸟裹裹通过自身互联网物流平台优势，提供了捐赠旧衣物的物流和追踪服务。不仅如此，"一 JIAN 公益联盟"还会发起旧衣回收再利用的联合倡导和联合筹款，通过线上线下配合倡导旧衣物回收再利用社会价值大于商业价值的绿色环保节能理念。

二、"一 JIAN 公益联盟"旧衣回收再利用成本及收益分析

"一 JIAN 公益联盟"旧衣回收再利用模式将旧衣回收再利用链的每个阶段进行详细分工，发挥每个联盟成员各自所长，分担旧衣物回收再利用各阶段的成本并使旧衣物在再利用阶段发挥最大效益，提高了整体回收效率，增加了旧衣回收再利用模式的持久性。

如表 12-3 所示，联盟旧衣物回收再利用的成本及收益与旧衣

表 12-3　成本及收益分析

衣物类型	衣物用途	成本及收益
八成新以上服装 以冬装、童装为主	以贫困寒冻地区儿童村民为主 主要集中在西南和西北地区	成本：清洗消毒费用、人力分拣费用、物流配送成本 收益：众筹、志愿者自筹
九成新以上服装 以成人服装、名牌服装为主	直接或改造后在此尚超市/线上售卖 农民工/环卫工等低收入群体	成本：清洗消毒费用、人力分拣费用、门店运营成本 收益：20—40 元/件
八成新以上服装 以夏装为主	通过外贸商销售至 中东和非洲贫困地区	成本：清洗消毒及人力分拣费用 收益：约 2000 元/吨
所有进行捐赠或销售的破旧服装	回收再利用工厂制成纺织原料或成品	成本：人力分拣费用 收益：约 300 元/吨

物的新旧程度和类型有着密切的关系。部分八成新左右的冬装和童装再利用时多流向贫困山区进行义务公益捐赠，其回收再利用成本主要集中在清洗、消毒、分拣和物流阶段。因为这部分旧衣物主要用于公益捐赠，所以在整个回收再利用阶段主要产生的是社会帮扶效益，不直接产生经济效益，回收再利用成本靠各公益组织募集或一些企业在履行企业社会责任时分担部分成本。部分较新的成人服装和名品服装会直接或经过改造在慈善商店或一些线上平台进行销售，这类旧衣物的回收再利用成本主要包括清洗消毒费用、人力分拣费用和网站门店运营成本，收益主要来源于旧衣物销售所得，20—40元每件。还有一些夏装通过外贸出口销售到了中东和非洲，每吨约收益2000元左右。此外，绝大部分回收的废旧衣物已经不能进行二次穿着，它们会被送到再利用工厂，变成纺织原料和成品，这部分旧衣物的回收再利用成本主要是分拣费用和再造加工费用，再利用收益约为每吨300元。

在整个旧衣物回收再利用周期中人力分拣、运输成本过高，其费用反而高过了旧衣物本身，降低了某些组织的旧衣物回收再利用意愿，加大了旧衣回收再利用的难度。"一JIAN公益联盟"的最终目的就是联合更多旧衣回收机构，搭建一个资源信息共享平台，最大限度地减少旧衣物回收各阶段的成本，增加旧衣物回收的可行性。

三、"一JIAN公益联盟"的实施效果

（一）完善旧衣物回收再利用网络

在国内，许多社会机构及公益组织很早以前就开始了旧衣物的回收再利用，但因为缺少资源，有真正处理旧衣物能力的机构并不多，所以无法合理地处理回收利用旧衣物。这样不仅会造成旧衣物的回收及再利用效率低下，还会使资源得不到有效的利用。但"一JIAN公益联盟"通过对旧衣物回收机构的整合，完善了旧衣物回收

再利用网络。

自2016年7月13日联盟启动以来,“一JIAN公益联盟”共收到全国50余家机构申请,而“一JIAN公益联盟”经过仔细的考虑之后,最终选择了爱心衣橱、益优公益、善淘网等20余家社会组织或社会企业成为联盟的首批成员和合作伙伴。“一JIAN公益联盟”整合了这些机构的资源,使这些机构分工合作,利用各自的优势资源分担整个过程中的成本。从旧衣物回收开始,再到过程中对旧衣物的处理,最后对旧衣物的再利用。“一JIAN公益联盟”完善了整个旧衣物的回收网络,提高了旧衣物回收再利用的效率,并以最低的成本使得回收的旧衣物得到最合理的利用。

(二)社会公益

随着公众的收入不断提高,服装更新速度也越来越快,产生的废旧衣物仍然较新,可以被继续使用。但是,有些公众并不知道家里的废旧衣物可以被回收再利用,旧衣物回收再利用的意识不强;也有一些公众虽然有旧衣物回收再利用的意识,但由于没有合适的途径,或者旧衣物回收太过麻烦,便放弃了旧衣物回收的想法。“一JIAN公益联盟”的搭建,不仅让公众知道了家中旧衣物的作用,强化了他们旧衣物回收的意识,还能为公众提供合适的回收途径,通过菜鸟裹裹一键呼叫快递员上门揽件,让公众非常便捷地参与公益。

除此之外,“一JIAN公益联盟”为社会带来的实际帮助也很大。如图12-8所示,是“一JIAN公益联盟”2016年12月份回收到的旧衣物捐赠去向。2016年12月份共回收旧衣物总计40552件,其中7%的旧衣物被义卖,56%的旧衣物被回收再生,这两部分共计所得43864元,除去用于清洗、消毒、仓储、物流等,其余均被用于支持其他公益项目的开展。另外,有13704件在清洗处理之后,通过地球站、爱心衣橱、仁爱衣等公益组织被无偿地捐赠了出去。所有的儿童衣物都捐赠给了贫困地区的孩子,使他们能够更舒适地学习;大部分的成人旧衣物被捐赠给了工地和社区的低收入群体，而另一部分成人旧衣物则被用于关爱环卫工人专项活动。

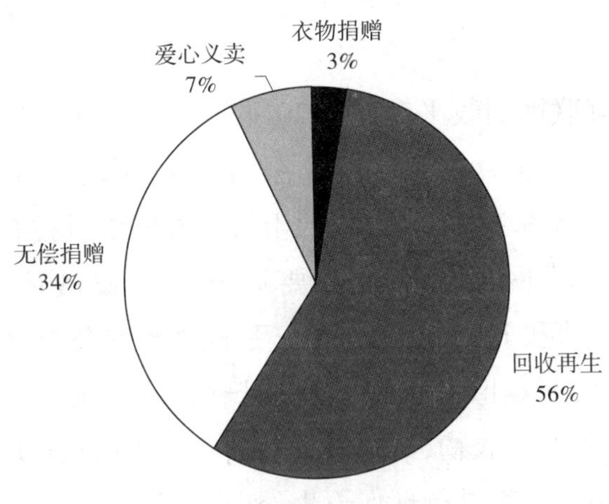

图 12-8　回收后衣物去向

（三）回收再利用标准化促进旧衣物处理良性发展

为保证公益效力，联盟成员通过自主讨论设定了一系列规范标准，使旧衣物回收再利用的模式更加标准化，各成员机构共同遵守。在接受公众捐赠的旧衣物时，为保证实现每件衣服可追踪，必须实现电子化管理，登记每件旧衣物的捐赠者信息和旧衣物的种类、新旧、材质等信息，这样也能方便后续的处理；在对旧衣物的处理环节中，联盟会建立旧衣物的分拣标准、清洗标准、包装标准等，再根据每件衣物的登记信息按照标准对它们进行后续的处理，这些标准的建立使“一 JIAN 公益联盟”在对旧衣物的处理上更加得心应手；在最终的旧衣物的再利用上，联盟必须每个月在平台上公示衣物的去向，保证二手衣物义卖所得收入公开披露。壹基金和恩派公益组织发展中心共同组成“联盟办公室”，对联盟所有机构的运营进行监管。

“一 JIAN 公益联盟”通过上述内部规范治理，使旧衣物处理更加规范化、标准化，这样的标准化也推动了社会组织自我规范，促进旧衣物捐赠市场的规范和可持续的良性发展。

第四节　飞蚂蚁互联网回收平台

飞蚂蚁互联网回收平台是于2014年由五位90后上海在校大学生创业团队创建，致力于“环保 & 公益”的家庭旧衣物回收。并于2015年1月在上海浦东新区注册“上海善衣网络科技有限公司”。

飞蚂蚁互联网回收平台主要运营飞蚂蚁微信公众号（ID: feimayi90）、微博和PC网页。其中，飞蚂蚁微信公众平台采用手机预约，免费上门回收旧衣物的“互联网+回收”模式。通过飞蚂蚁公益平台，将回收的旧衣物，清洗消毒后的衣物捐赠到贫困山区，另外，对不能捐赠的旧衣物进行环保再生处理。

图12-9　飞蚂蚁标识

仅两年时间的运营，飞蚂蚁微信公众平台现已成为全国规模最大的手机APP预约、免费上门回收旧衣物的线上平台。目前，平台用户超过80万，全国日均预约单量达500单以上，月均预约单量在1.5万单以上。飞蚂蚁目前经营业绩良好，平台具有显著的成长性，并为我国旧衣物回收开辟了新渠道，对飞蚂蚁运营模式、商业模式及其回收效果分析，可为其他欲开展相关业务的企业提供可借鉴的经验。

一、飞蚂蚁微信公众平台运营模式介绍

飞蚂蚁微信公众平台运营模式包括7个环节，见图12-10。飞蚂蚁通过微信平台，有效地将家庭用户→专业快递公司→旧衣物专业分拣和处理企业→旧衣物循环再生工厂及公益组织，有效地整合，开展分工协作，实现共赢互利。

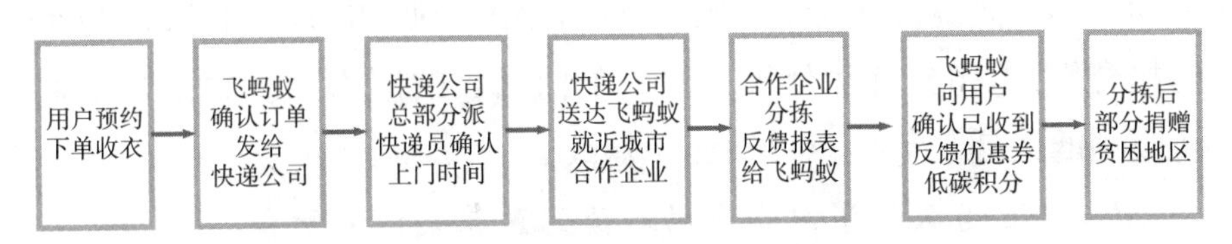

图12-10　飞蚂蚁微信公众平台运营模式图

（一）手机预约回收

飞蚂蚁微信公众平台用户，通过手机预约回收时，需填写相关信息，如：选择回收种类服装、包和鞋三类；估计旧衣物的重量；选择省份、城市、区域后，填写上门地址；选择期望上门收衣物的日期后，可以下订单。

（二）飞蚂蚁将订单发给合作的快递公司

飞蚂蚁后台，在收到上门回收订单并确认后，将订单信息发给合作的快递公司，目前，与飞蚂蚁合作的快递公司有：友和道通、德邦物流、宅急送、佳吉、优通、如风达等。至少达到5千克，飞蚂蚁才会安排人员免费上门回收，不足5千克时，建议与邻居或朋友拼单。

（三）快递公司总部分派快递员确认上门回收的时间

由于飞蚂蚁与不同城市的快递公司签订长期合作协议，飞蚂蚁选择快递公司时，主要考虑快递价格和服务质量，一般快递首重价格为7元/千克，续重为1元/千克，快递费全部由飞蚂蚁承担，与快递公司每月结算一次。

（四）快递公司将衣物送达到飞蚂蚁就近城市的合作企业

快递员上门收取衣物后，快递公司通过中转站，将衣物送到飞蚂蚁各城市就近的合作企业，飞蚂蚁在全国拥有12家合作企业，同城或省内，不仅便于送达，还节省物流成本。

（五）合作企业负责分拣和处理旧衣物，定期进行报表信息反馈

飞蚂蚁在全国的合作企业，收到快递后，负责进行分拣和处理旧衣物。这些企业除了分拣和处理自营渠道回收的旧衣物外，还与飞蚂蚁合作，承担分拣和处理飞蚂蚁上门回收的旧衣物。每个月定期将收到的快递量等信息反馈回飞蚂蚁。

（六）飞蚂蚁向用户赠送蚂蚁铺优惠券或低碳积分

在合作企业将快递信息反馈回飞蚂蚁后，飞蚂蚁向用户确认快递已收到，并通过平台向用户赠送蚂蚁铺的优惠券或低碳积分，用户在蚂蚁环保健康铺购买商品时，享受8.5折的优惠。

（七）部分衣物捐赠给贫困地区

在飞蚂蚁微信公众平台页面上，设有捐赠地址，用户可以直接进行捐赠，或者合作企业分拣后，由飞蚂蚁定期向贫困地区捐赠。

二、飞蚂蚁微信公众平台商业模式特征

飞蚂蚁微信公众平台良好的商业模式，使其在两年间迅速成长，2016年已实现赢利。飞蚂蚁“环保+公益”免费上门回收旧衣物，其商业模式具有以下特征。

（一）轻资产的商业模式

飞蚂蚁微信公众平台将旧衣物回收相关环节有效整合在一起，平台界面不仅有上门回收页面，还设有飞蚂蚁公益、捐赠地址、旧衣物分拣和处理企业、申领旧衣、回收箱等链接。

轻资产的商业模式，使飞蚂蚁只专注微信公众平台运营，通过开

展活动，增强用户黏性，吸引新用户进入。如换季时，在多个微信公众号上推出“免费上门收衣，换季旧衣不要扔，交给飞蚂蚁”的活动，活动期间，日预约上门回收单数量可以达到1000单以上。

（二）平台实现线上线下旧衣物回收关联利益方整合模式

预约后的上门收取、物流、分拣、处理、捐赠及蚂蚁环保店铺等相关环节，飞蚂蚁则是与线下企业和机构广泛合作，将各环节相关机构整合在其线上平台（见图12-11），有效地利用线下企业专业优势，实现资源整合。其轻资产商业模式的特点是投资少，见效快，发挥产业链各环节专业企业的优势，实现优势互补，资源共享，互惠互利，双赢甚至多赢。

图12-11　飞蚂蚁微信公众平台整合各环节合作机构

飞蚂蚁互联网回收平台线上线下资源高效整合结果显示（见表12-4），将上门回收的旧衣物直接快递到就近的合作企业，合作企业包括旧衣物分拣企业、再生利用企业。如：广州格瑞哲环保科技有限公司，是目前我国最大的旧衣物分拣企业；华南再生棉纱（梧州）公司是目前我国再生棉生产企业，将分拣后的棉织物打碎做成再生面料,制成工业用布,实现资源循环利用。

表 12-4　与飞蚂蚁微信公众平台的关联合作企业

年份	合作企业
2015 年	太仓工厂、常州工厂、广东番禺工厂、惠州工厂
2016 年	福州工厂、天津工厂
2017 年	石家庄工厂、昆明工厂、成都工厂、广西梧州工厂、武汉工厂、长沙工厂

(三)互联网赢利模式

2016 年,飞蚂蚁微信公众平台实现赢利,其总收入的 65%来自广告(见图 12-12)。互联网时代,利用平台上投放广告,广告投放更聚焦,效果更好。基于飞蚂蚁微信公众平台 80 万用户,吸引商家投放各类广告。2016 年,飞蚂蚁微信公众平台广告月收入在 10 万元以上,平台年投放广告数量约 3.8 万条。

回收旧衣物的收入占飞蚂蚁微信公众平台总收入的 35%,主要来源于回收后无法捐赠的衣物,通过义卖、出口、再生利用所得,以补偿免费上门回收的物流成本,使环保 & 公益项目持续运营。还有 5%的收入来自蚂蚁铺商品销售的提成。

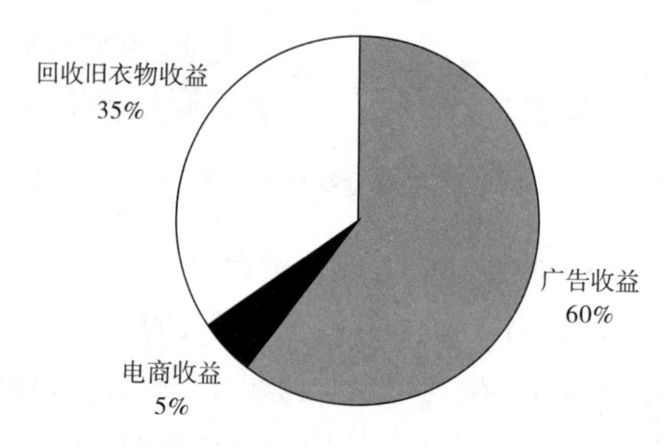

图 12-12　2016 年飞蚂蚁收益构成

三、飞蚂蚁微信公众平台实施效果分析

（一）上门回收迎合80后、90后新生活方式

随着人们生活水平的提高，年轻消费者群体服装消费购买力和购买量不断提高。闲置服装越来越多，堆放在家中，不仅占空间，也找不到旧衣物投放箱。

飞蚂蚁微信公众平台免费上门回收，手机预约，用户选择自己方便的时间收取，足不出户就能回收。飞蚂蚁微信公众平台，作为一个小微企业，撬动了80后、90后消费群体市场，备受90后青睐的移动端，一机在手，只要下单，无论是外卖，还是回收通通都上门服务。

短短的两年，飞蚂蚁微信公众平台用户自发形成口碑宣传，用户数量从2015年的10万，到2016年达到80万，2017年目标是用户数量达到200万。

表12-5　飞蚂蚁微信公众平台用户数量

年份	平台用户数量
2015年	10万
2016年	80万
2017年	200万

（二）飞蚂蚁微信公众平台上门回收覆盖了33个中心城市

2015年，飞蚂蚁微信公众平台，率先在上海和广州开通免费上门回收旧衣物的服务，2016年新增加21个城市，2017年年初已新增10个城市（见表12-6）。目前，飞蚂蚁微信公众平台免费上门回收旧衣物覆盖了31个中心城市，扩展速度之快，主要得益于飞蚂蚁微信公众平台用户的认同感，符合80后、90后群体重度依赖移动端的生活方式。

表 12-6 飞蚂蚁微信公众平台覆盖的城市

年份	开通的城市	新增城市数量
2015 年	上海、广州	2 个
2016 年	北京、苏州、无锡、常州、杭州、宁波、台州、温州、绍兴、合肥、天津、石家庄、广州、深圳、东莞、中山、江门、佛山、泉州、晋江、厦门	21 个
2017 年	南宁、昆明、海口、青岛、成都、重庆、武汉、长沙、西安、南昌	10 个
合计		33 个

（三）旧衣物回收环境效益显著

飞蚂蚁微信公众平台本着“环保 & 公益”的理念，传播旧衣物循环再利用。随着飞蚂蚁微信公众平台上门回收覆盖城市的数量增加，年旧衣物回收量也快速增长。2016 年旧衣物回收量达到 1300 吨，按照每件衣服平均重量 0.5 千克/件计算，相当于 260 万件服装。2017 年回收量将达到 2000—4000 吨（见表 12-7）。其中，服装回收量占比达 70%，鞋回收量占比为 15%，包回收量占比为 15%。

飞蚂蚁微信公众平台免费上门收取旧衣物，采用“互联网+回收”模式，回收的旧衣物数量不容小视，不仅解决了用户旧衣物处置难的问题，还有效地实现生活垃圾分类回收、垃圾减量的环境效益。

表 12-7 飞蚂蚁微信公众平台旧衣物回收数量

年份	回收数量
2015 年	100 吨
2016 年	1300 吨
2017 年	2000—4000 吨（预计）

（四）居民家中闲置衣物得到资源化利用

从飞蚂蚁微信公众平台免费上门收取旧衣物一单包裹重量看，至少达到5千克，飞蚂蚁才会安排人员免费上门回收。表12-8显示，一单包裹旧衣物重量在5—10千克，占包裹总量的20%；重量在11—20千克，占包裹总量的50%；重量在20千克以上，占包裹总量的30%（见表12-8）。因此，居民家中闲着的旧衣物数量惊人，相当于资源没有得到回收和再利用。

表12-8　飞蚂蚁微信公众平台一单包裹重量

一单包裹旧衣物重量	占比
5—10千克	20%
11—20千克	50%
20千克以上	30%

通过飞蚂蚁微信公众平台回收的旧衣物，直接快递到合作企业，进行分拣和再利用，使居民家中闲置衣物实现了资源化利用，有助于原生资源的节约。

（五）实现了公益捐赠的目的

回收的旧衣物中，八成新的服装占比在80%以上，通过对接贫困地区，将冬衣、棉衣捐赠给西藏、宁夏、甘肃等地，进行针对性的捐赠。2016年飞蚂蚁微信公众平台，先后捐赠旧衣物十余次，捐赠数量达500千克。

例如：喊叫水乡，原隶属于宁夏回族自治区中宁县的一个乡，十年九旱，喊叫水十分贫穷，飞蚂蚁团队来到这儿时，发现这里的孩子冬天穿的衣服破烂单薄，但仍保持一颗单纯善良的心，并且对未来的生活充满了希望，在学校里努力读书，飞蚂蚁团队给孩子带去棉衣，捐赠给当地的孩子及其家人。

表 12-9 回收旧衣物处置方式

旧衣物处置方式	占比
出口	15%
捐赠	10%
再生利用	75%

(六)兼顾社会效益

飞蚂蚁微信公众平台从创业初期的 5 人,现拥有两名管理人员和 6 名雇员,实现了大学生自主就业,带动就业的社会效益。随着平台业务的拓展和规模扩大,已开始招募新人员加入,未来企业员工数量还会增加。

四、未来发展遇到的困境

飞蚂蚁创业者,有决心将微信公众平台更好地运营下去,面对未来发展,其遇到的主要困境为:

(一)技术人才问题

飞蚂蚁互联网回收平台创建初期 5 名创业团队成员,现只剩 1 人。作为互联网平台,技术创新主要是应用软件的开发,也是企业核心竞争力。目前,飞蚂蚁微信平台 APP 开发采用外包方式,由于 APP 需定期更新,飞蚂蚁每年为此要投入 7 万—10 万元资金委托外包企业开发。随着企业规模的扩大,留住骨干人才,增强软件自主开发能力迫在眉睫。

(二)成本控制问题

图 12-13 显示了 2016 年飞蚂蚁运营成本构成。飞蚂蚁微信公众平台以免费上门回收方式,其旧衣物快递费全部由飞蚂蚁承担,占总成本的 70%。2016 年飞蚂蚁快递费支出大约为 130 万元,每个月快递费支出在 10 万元以上。如果没有广告收入的支撑,以目前的快递费支出,将使飞蚂蚁微信公众平台难以持续运营,因此,成本控制

的主要费用是快递物流成本。

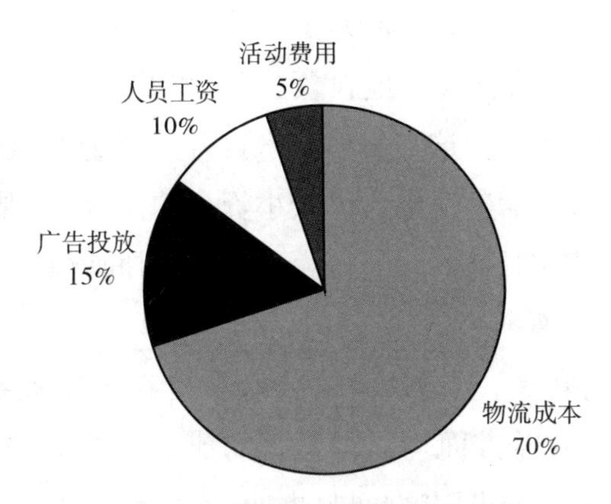

图 12-13　2016 年飞蚂蚁成本构成

(三)回收品类拓展问题

依托飞蚂蚁微信公众平台已有的用户资源,拓展回收品类。未来,如果国家放开二手服装销售市场,飞蚂蚁微信公众平台计划在平台上提供二手服装线上交易业务,二手服装可以延长其使用时间,更低碳和环保。

目前,基于上门回收旧衣物的模式,2017 年 3 月飞蚂蚁尝试在微信公众平台上开展二手手机回收和 Pad 平板回收,用户选择型号、填状态、寄手机后,如选择顺丰快递上门收取,飞蚂蚁将承担 22 元封顶的邮费补贴。近两个月以来,每个月二手手机和平板回收量达到 400—500 台。

五、蚂蚁微信公众平台模式可借鉴经验

(一)吸引了关联企业共同参与

一群 90 后在校大学生,创建了一个小微企业,通过微信公众平台手机预约,免费上门回收旧衣物,撬动起 80 后、90 后消费群体的积极参与,平台高效地将线上线下旧衣物回收关联利益方整合在一起,打通了旧衣物回收产业链,吸引了关联企业共同参与。

（二）短期内实现自我造血

在2014年创业初期，团队获得10万元的天使投资，并向朋友借了20万元，之后再无引入其他投资，飞蚂蚁微信公众平台以自有资金，不断地发展和壮大。这与目前获得百万元资金的风险投资互联网平台相比，飞蚂蚁微信公众平台以较小资金的投入，实现“环保+公益”旧衣物回收再利用的目标，并获得赢利，两年时间就能够自我造血。

（三）效益显著

经过两年的发展，飞蚂蚁微信公众平台在环境效益、资源效益、公益捐赠和社会效益方面均取得显著的成效。90后的大学生，怀抱着环保的梦想，致力于旧衣物回收事业，不仅精神可嘉，更值得尊重。

第五节　深圳恒锋资源股份有限公司

一、深圳恒锋资源股份有限公司

深圳恒锋资源股份有限公司（以下简称“恒锋股份”）成立于2016年12月，注册资本5000万元。企业以研制环保智能设备为主，在我国废旧纺织品回收及综合利用领域，恒锋股份是拥有多个自主知识产权的企业。

目前，深圳恒锋资源股份有限公司相关控股企业有：广东恒锋纺织股份有限公司、深圳市思洛米电子商务有限公司。其中，广东恒锋纺织股份有限公司成立于2010年，主要从事废弃天然纤维、废弃化学纤维、废棉、棉纱、混纺纱及其制品的收购、加工和销售；手套、布及劳保用品的生产及销售业务；深圳市思洛米电子商务有限公司于2016年注册，主要负责恒锋股份线上商城的运营活动，网店名称为“思洛米”。

（一）经营范围

恒锋股份主营业务为环保设备的研发及制造、废旧纺织品的回收再利用。环保设备的研发及制造包括：旧衣物智能回收机的研制、瓶罐智能回收机的研制。废旧纺织品经营范围包括:回收、运输、分拣,纺织服装边角料和旧衣物再生利用,再生面料、劳保手套、再生无纺布环保袋、再生棉纱拖把、再生面料书包等的生产及销售。

(二)自主知识产权

恒锋股份的投资方深圳市恒锋环境资源控股有限公司成立于2016年5月,在前期进行了"恒锋"商标的注册、"衣旧再生"商标注册、回收箱(卡通熊)的外观设计专利申请,及恒锋智能回收箱嵌入式控制软件著作权登记等。2016年以来,恒锋股份及相关控股公司对13项计算机软件进行了著作权登记;申请9项国家专利,其中有发明专利、实用新型专利和外观设计专利(见表12-10)。

表12-10　国家版权局计算机软件著作权登记

著作权人	计算机软件著作权	著作权登记号	著作权登记日期
深圳恒锋资源股份有限公司	恒锋资源回收智能设备控制软件 V1.0	2017SR153598	2017年5月8日
	恒锋分类数据采集系统 V1.0	2017SR348027	2017年7月6日
	恒锋e预约回收系统 V1.0	2017SR351234	2017年7月7日
	恒锋微信公众号管理系统 V1.0	2017SR351432	2017年7月7日
	恒锋设备管理系统 V1.0	2017SR351757	2017年7月7日
	恒锋设备控制系统 V1.0	2017SR351764	2017年7月7日
	恒锋统计系统 V1.0	2017SR351773	2017年7月7日
	恒锋商城系统 V1.0	2017SR351748	2017年7月7日
	恒锋进销存系统 V1.0	2017SR351753	2017年7月7日
深圳市恒锋环境资源控股有限公司	恒锋智能重量感应系统编程软件 V1.0	2016SR259501	2016年9月13日
	恒锋智能回收箱嵌入式控制软件 V1.0	2016SR259224	2016年9月13日
广东恒锋纺织股份有限公司	恒锋天丝黄麻混纺机全自动系统编程软件 V1.0	2016SR289883	2016年10月12日
	恒锋天丝黄麻混纺机嵌入式控制软件 V1.0	2016SR290025	2016年10月12日

恒锋股份自成立以来，投资近500万元用于研发，并及时进行知识产权保护，拥有多项自主知识产权，保护范围包括商标、专利、著作权和网站备案（见表12-11）。

其中，对“恒锋”商标及标识进行多类别注册；将自主研发的旧衣物智能回收机申请外观设计专利，发明专利和实用新型专利；在后端的再生纤维领域，恒锋股份自主开发的废旧纺织品再生纤维加工工艺申请发明专利和实用新型专利；对自主研发的计算机软件进行著作权登记；对“深圳恒锋资源股份有限公司”网站域名备案、对“恒锋依公益”网站域名备案。

表12-11　国家专利局申请专利

申请人	专利类型	专利名称	申请号	申请时间
深圳恒锋资源股份有限公司	发明专利	基于互联网及物联网资源回收箱及数据处理实现方法	201710073943.0	2017年2月
	实用新型	基于互联网及物联网的资源回收箱	201720123777.6	2017年2月
深圳市恒锋环境资源控股有限公司	外观设计	回收箱（卡通熊）	201630354334.9	2016年7月
	发明专利	一种黄麻与天丝的混纺纱线及其制备系统和方法	201611217470.9	2016年12月
	发明专利	废旧羊毛制品制备毛毡的设备及制备工艺	201611218189.7	2016年12月
	发明专利	一种废弃涤棉纺织品降解回收工艺及系统	201611218170.2	2016年12月
	实用新型	一种黄麻与天丝的混纺纱线的制备系统	201621442350.4	2016年12月
	实用新型	一种废弃涤棉纺织品降解回收系统	201621442349.1	2016年12月
	实用新型	废旧羊毛制品制备毛毡的设备	201621441316.5	2016年12月

（三）使命及远景

自创建初期，注重企业文化建设，提出：恒锋股份使命是打造废旧纺织品智能回收机及综合利用创新模式；恒锋股份远景是致力于成为全国最大的废旧纺织品综合利用基地；恒锋股份精神是专注、创新、团结和拼搏。

2017 年恒锋股份成功入选商务部再生资源“创新回收模式案例企业”，恒锋股份是本次入选的 15 家企业中唯一一家废旧纺织品回收及综合利用企业。

同时，恒锋股份获得 ISO9001 质量管理体系认证证书、ISO14001 环境管理体系认证证书、OHSMS18001 职业健康安全管理体系认证证书。

二、旧衣物智能回收机

恒锋股份自主研制的“旧衣物智能回收机”（见图 12-14），已于 2016 年年底，在深圳市部分社区投入使用。目前，已开发出第三代“旧衣物智能回收机”，主要型号和规格见表 12-12。

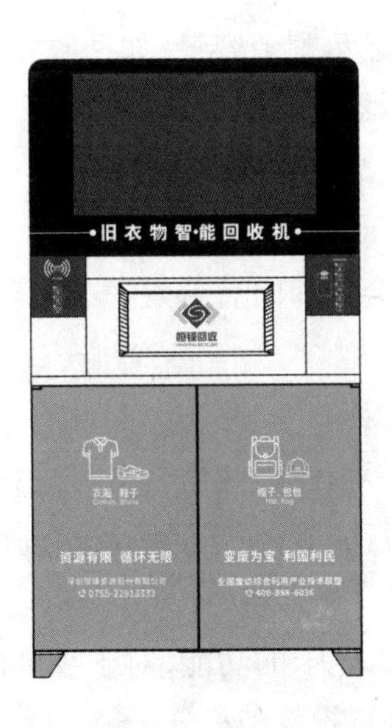

图 12-14　恒锋股份自主研制的“旧衣物智能回收机”（HF-03—1）

表 12-12　旧衣物智能回收机

型号	尺寸规格
HF-01	1130×900×2030mm
HF-02	1130×870×1955mm
HF-03—1	1120×830×2170mm

恒锋股份"旧衣物智能回收机"设备的主要功能包括：

（一）物品回收

设备回收箱体积大，可容纳回收物约 1 立方米，可以容纳投放 50—80 千克衣物。

（二）计量称重

对投放的废旧纺织品进行自动称重，并显示称重信息即时发送到投放者的手机上，同时将数据发送后台云端存储。

（三）容量显示

容量显示屏实时显示剩余容量，如回收箱内物品重量或体积达到收运标准，箱体显示器自动提示，方便居民合理安排投放时间及收运团队安排收运线路，减少物流成本。

（四）故障报修

设备出现故障后会自动向后台发送故障信息，便于维修人员及时前往回收点进行维护。

（五）注册积分兑换

安装智能芯片使得箱体跟微信公众号连接操作，也可以通过扫描箱体上的二维码进行注册，便于居民及时进行积分累计及兑换。

（六）绑定卡

新款设备增加了绑定卡的功能，对于小区的老年人或不使用微信者，可使用绑定卡进行投放和积分。

（七）广告功能

箱体可进行公益广告宣传并承接商业广告。

三、线下和线上旧衣物回收渠道

恒锋股份旧衣物回收渠道有线下和线上两种方式。其中，线下是在社区投放旧衣物智能回收机，定点回收；线上是在“恒锋回收”公众号上，手机预约上门回收。

（一）旧衣物智能回收机回收流程

居民在投放衣物前通过微信扫描二维码进行关注，废旧衣物投放成功后，智能回收机实时称量并显示结果，同时称重数据传回后台为居民账户自动计算积分。居民投放旧衣物流程见图 12-15。

图 12-15　旧衣物智能回收机回收流程

在“恒锋回收”公众号上，可以进行旧衣物智能回收机的定位查询。目前，旧衣物智能回收机覆盖深圳市罗湖区的 11 个街道、龙岗区的 9 个街道、盐田区的 4 个街道、龙华区的 6 个街道、福田区的 10 个街道、南山区的 8 个街道、宝安区的 6 个街道和坪山区的 6 个街道，还有商场、学校和城中村。

（二）手机预约上门回收

在深圳市，居民通过关注“恒锋回收”公众号，在公众号内选择“预约上门”，恒锋股份专业回收人员会就近安排上门回收（见图 12-16）。在个人账户填写物流信息进行积分补录申请，转运中心收到物流包裹后进行称量核实重量，为居民补录相应积分。回收品种类有衣服、包和鞋三大类。

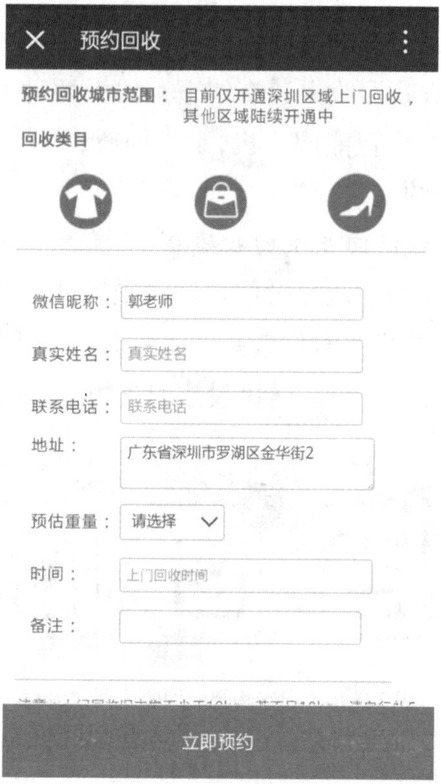

图 12-16 “恒锋回收”公众号界面

上门回收旧衣物起重不少于 10 千克，若不足 10 千克，请自行补 5 元运费。用户可以累计 10 千克后再进行预约上门回收，也可以与邻居朋友拼单预约，回收成功后可获得相应积分。

四、恒锋股份“互联网+物联网+回收”模式

恒锋股份运用“互联网+物联网+回收”理念，将回收设备与积分平台、网上商城及数据监控系统相结合，创建了居民有偿投放，

废旧纺织品去向实时监控回收数据手机分析，再生产品在线销售。

恒锋股份从前端智能回收体系，到末端再生处理体系，构建我国废旧纺织品智能回收及综合利用全产业链体系的新模式（见图12-17）。

图 12-17　废旧纺织品智能回收及综合利用全产业链体系构成

（一）前端智能回收体系

恒锋股份自主研制的旧衣物智能回收机，基于“互联网+物联网+回收”模式，平台强化了网络运营监控和管理功能，使回收衣物从源头到末端“分类投放、分类收集、分类运输、分类处理”，确保全流程可控管，信息流、物资流、资金流全程闭环流转，实现物资的全程分类管理，是推动再生资源回收与垃圾回收分类相结合的“互联网+物联网+回收”的重要载体。

1. 在线数据监控平台

为确保对废旧纺织品回收的科学化、规范华、精细化提供了技术支撑，配备在线监控数据平台，实现废旧纺织品回收的严格监管，在线平台数据监控平台的功能包括：

（1）监控各回收点的智能终端的运行情况，设备是否正常工作，及时获得设备故障信号，安排维修人员进行维修。

（2）实时获取智能终端设备回收量数据，根据各回收点的实时数据安排收运路线。

(3)对回收数据进行记录与分析，通过对满箱时间、人均投放量、回收量峰谷等数据的记录，结合用户注册及积分兑换的信息，实现对服务辖区内的废旧纺织品回收的大数据分析。

(4)可以向相关政府部门开放监控接口，在后台监控每台设备的实时运行情况及收集数量等数据，据此分析居民投放习惯，为政府实现对辖区内的废旧纺织品回收管理提供大数据监控及分析。

2. 收运中心

组建现代化收运队伍，配备专用收运车辆，在车身喷涂废旧纺织品回收宣传语，收集作业人员根据在数据监控平台的实时数据，合理安排收运线路，保证在24小时内对已满箱的回收设备进行收运。作业人员在回收过程中着统一工作服，严格按拟定的收运作业技术规程进行作业，并及时解答居民在投放过程中所遇到的问题，指导居民进行正确投放及积分兑换，所回收的废旧纺织品在转运中心进行二次称重后打包运往位于汕尾的处理基地。

3. 恒锋商城

居民通过扫码注册后，根据所投放的废旧纺织品重量，在积分交易平台获取相应的积分，该积分可以在恒锋商城进行礼品兑换或者商品购买。恒锋商城销售的商品包括：再生产品，打造再生资源产品的线上销售平台，及合作商家文具等产品。

4. 有偿回收

在箱体上安装智能芯片，使得箱体与微信公众号连接操作，通过扫描箱体上的二维码注册，居民在投放废旧纺织品后，每千克可获得1000个积分，100个积分可在商城中折抵相当于人民币1元使用，并按积分+现金的方式在商城中兑换商品。

(二)末端再生处理体系

1. 资源再生处理基地

广东恒锋纺织股份有限公司是恒锋股份的资源再生处理基地，

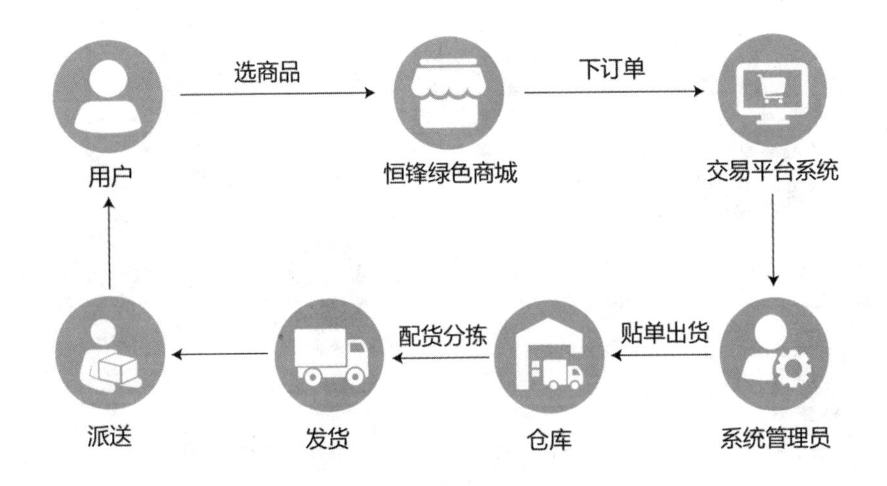

图 12-18 恒锋商城选购平台

2010 年至今,投资 8000 万元,占地面积 6.8 万平方米,并承担废旧纺织品资源化加工处理工作。年处理废旧纺织品可达 5 万吨,年产值已达 9000 万元,员工人数达 300 人,拥有 12 条再生纤维生产线,是国内最完整的废旧纺织品再生处理基地。

2. 末端再生处理生产流程

已回收的废旧纺织品进行打包后,运往恒锋股份的资源再生处理基地待生产,主要针对棉纺织品进行再加工,生产工艺流程(见图 12-19)包括:分拣、开松、清花、梳棉、并条、纺纱和再生成品。

3. 再生产品

恒锋股份的资源再生处理基地生产的废纺再生产品包括纱线、再生面料、再生成品。主要有:3—12 支棉纱、混纺纱(再生棉纱),可作为劳保手套、线毯、拖把、装饰布、窗帘布、沙发布、牛仔布、绳索等首选原材料;还有白棉纱,可用作加工劳保手套;色纱可用作加工书

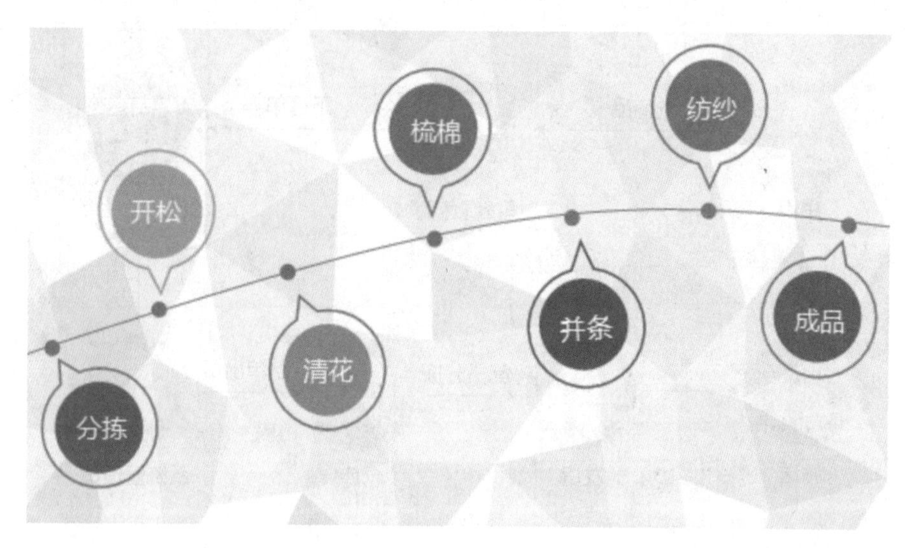

图 12-19　末端再生处理生产流程

包、鞋衬垫材料等。再生成品出口到中国台湾地区和香港地区、日本等市场。

五、恒锋股份废纺回收综合利用全产业链模式对行业的启示

（一）注重自主创新和知识产权保护

恒锋股份运用智能技术推动传统回收箱升级改造。恒锋股份自成立之初就十分重视自主创新和知识产权保护，及时进行企业商标注册、智能回收机专利申请、计算机软件著作权登记、企业网站备案等，在国内废旧纺织品回收及综合利用行业名列前茅，也为行业发展及升级树立了典范。

（二）利用“互联网+”打造回收平台

截至 2017 年 6 月底，恒锋股份在深圳市共投放旧衣物智能回收机 300 个，其中，社区有 215 个，在商场投放 5 个，学校投放 15 个，城中村投放 65 个，回收旧衣物量达 2563 吨（见表 12-13）。

表 12-13　恒锋股份投放旧衣物智能回收机数量
（截至 2017 年 6 月底）

投放回收机地点	旧衣物智能回收机（个）
深圳市社区	215
深圳市商场	5
深圳市学校	15
深圳市城中村	65
合计	300

"恒锋回收"公众号超过 1 万人在平台上下单回收、商城购物。同时，公众号还拓展上门回收品类，有：玻璃投放、药品投放、电池投放，是恒锋股份与深圳市龙岗区城管局、深圳市药品监督管理局共同开发的手机上门回收业务。

（三）从后端向前端延伸成功打造全产业链模式

2010 年成立的广东恒锋纺织股份有限公司，主要从事废旧棉纤维、化学纤维后端再生产品加工。恒锋股份依托成熟的后端再生产品加工能力，2016 年着手研制旧衣物智能回收机，2016 年年底旧衣物智能回收机投放以来，得到政府和社会的高度关注和认可，成功地实现了向前端回收环节的延伸，打造了全国废旧纺织品智能回收与综合利用全产业链模式。

目前，恒锋股份旧衣物智能回收机从研发阶段，进入投放和推广阶段。2017 年恒锋股份以"废旧纺织品智能回收与综合利用全产业链模式"成功入选商务部再生资源"创新回收模式案例企业"。

未来，恒锋股份将加快旧衣物智能回收机投放数量及城市，2017 年年底，旧衣物智能回收机投放量达 1000 台，2018—2021 年，旧衣物智能回收机投放量以每年 5000 台速度增长。

（四）恒锋模式推广价值

恒锋股份自主研发的"废旧纺织品智能有偿回收利用系统"（见

图 12-20),系统运用“互联网+”的理念,自主研发了智能化回收设备,建立了积分平台、网上商城及数据监控系统,实现了居民投放及积分返利、回收数据在线监控,构建了废旧纺织品回收及综合利用全产业链模式。

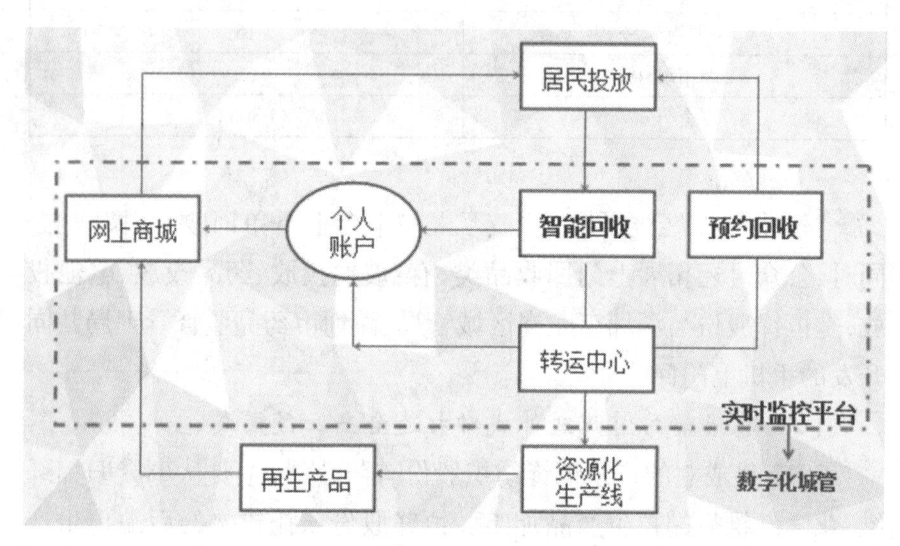

图 12-20　恒锋创新模式

恒锋股份“废旧纺织品智能有偿回收利用系统”实现了快速准确计量,智能化回收设备可通过实时监控平台与数字化城管的对接,实现回收途径全程监控(物联网),更契合我国废旧纺织品综合利用的发展趋势,对提高公众再生资源利用意识和废旧纺织品资源回收利用率具有重要的促进作用。因此,具有广泛的推广价值。

第三篇

我国旧衣物再生利用企业调研

第十三章　我国知名旧衣物再生利用企业调查

第一节　广德天运新技术股份有限公司

对旧衣物的再利用可以分为物理再利用、化学再利用、机械再利用和热能再利用。[①] 物理再利用是用机械辅助分解或粉碎纺织品，在不改变纺织纤维原有材质的前提下，通过将其收集、分类、净化、干燥、添加必要的助剂进行加工处理，然后重新用于织物的生产。由于物理法破碎旧衣的过程中，会使得纤维长度变短，因此，经物理法再利用的纤维很难多次循环利用。物理法往往先生产出无纺毡，再用于生产各类隔热隔音垫，以及建筑材料。

化学再利用是将天然纤维或化学纤维类的旧衣物中的高分子聚合物经解聚分解、重新聚合抽丝，得到单体，再利用这些单体制造新的纤维。化学法主要用于合成纤维，对纺织原料可以实现多次循环利用，但成本高、工艺技术要求高、流程复杂、对所回收的旧衣物要求严格，往往要求旧衣物是单一成分。

机械再利用是将旧衣物不经分离直接加工成可纺出纱线的再生纤维，然后制成具有穿着性和一定使用功能的面料，或直接将废旧布

① 陈遊芳:《物理法再利用废旧纺织品典型企业研究——以广德天运新技术股份有限公司为例》,《再生资源与循环经济》2016 年第 4 期。

片经简单加工后直接使用。例如,废旧的纺织服装经过裁剪可做成拖把、抹布或者工艺品,旧毛衣拆解后,重新织成毛衣等均属于机械法。机械法因成本较低应用广泛,但易造成原料浪费。

热能法是将旧衣物通过焚烧转化为热量,用于火力发电或其他热能利用,对于那些不能再循环利用的旧衣物适合采用此方法。热能法操作简单,成本低,回收彻底,可以减少对填埋场地的需求,但是在焚烧过程中可能排放有害物质,造成环境污染。广德天运新技术股份有限公司是我国旧衣物物理利用的典型企业。

一、广德天运公司简介

安徽广德天运新技术股份有限公司(以下简称天运公司)成立于2003年,公司总部位于安徽省广德经济开发区。成立之初,仅有一条生产线,20多名员工,年利用旧衣物300多吨,年产值不到1000万元。经过十多年在旧衣物再利用行业的深耕,2016年年初,公司已经拥有8条生产线,员工600多名,年利用旧衣物近4万吨,年生产产值近2亿元人民币。

天运公司研发生产出各类再利用旧衣物的产品,降低碳排放,减少固体废弃物。目前公司在物理法再利用旧衣物技术方面位列国内领先地位,有关项目填补了世界空白,是国内物理法利用旧衣物规模最大的公司。

学术界认为旧衣物95%都可以再利用[1],天运公司正在努力达到95%,甚至是100%再利用旧衣物。

公司建有一个省级工程中心"安徽旧衣物再利用工程技术研究中心",与安徽农业大学、中科院安徽循环经济技术工程院长期合作,投入大量资金,共同开发旧衣物再利用产品。2015年,公司研发

---

① 陈遊芳:《美国废旧纺织品回收体系及对中国的启示》,《毛纺科技》2015年第2期。

资金近700万元人民币，占年产值的3.5%。目前已经开发成功的产品包括白色家电用隔音、隔热材料，汽车用消音、防震材料及汽车内饰材料两大系列。另外，在工业企业、物流等行业用的托盘已经开发成功，处于测试阶段的有：农业大棚用保温材料，建筑行业用板材等。其中，据天运公司估计，托盘全国每年最少需要10亿—20亿个，市场前景非常可观。按每个托盘使用15千克旧衣物，在得到市场的认可并有百分之十以上的使用的情况下，每年可以消耗约300万吨旧衣物，如经过培育，客户群体环保意识增强的情况下，用量扩大到百分之三十或五十是完全可能的，这就大大提高我国旧衣物的利用率，大量减少木材或塑料制品的使用（现在市场上的托盘基本上以材料和塑料为基材），从而保护森林资源，减少石油能源的消耗，为资源的循环利用作出巨大贡献。

由于旧衣物具有重量轻，体积大、物流成本高的特征，为了就近利用旧衣物，靠近客户，便于为客户服务，天运公司在全国各地设有6家全资子公司和1家分公司，分布在安徽合肥、河南原阳、湖北仙桃（2家子公司）、广东中山和重庆永川；分公司1家，位于山东青岛。

二、天运公司旧衣物理再利用工艺流程

与天运公司有关联的旧衣收购商把旧衣收购来之后，分拣出品质较好的旧衣物，作出口或其他用途，剩余的销售给天运公司。天运公司把旧衣物物理开松后，再制成无纺毡及托盘等产品，具体工艺流程见图13-1。

（一）开松分为粗开松和精开松

废旧衣物上大多有拉链、纽扣等金属、塑料材质，如果直接进行精开松，这些硬度较大的物质可能会损坏开松机，因此，前几年，天运公司安排多名员工专门去除旧衣物上的拉链、纽扣等配件。人工去除旧衣物配件，效率低、成本高。

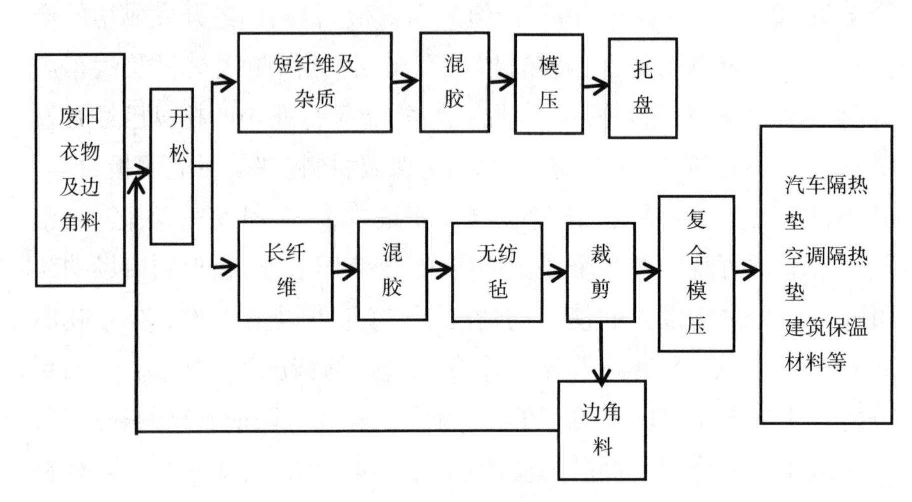

图 13-1　天运公司工艺流程图

近两年,天运公司改进工艺,在原来的开松机前面安装了粗开松机。旧衣物先经过粗开松机,把旧衣物破解成大块,其中含有拉链、纽扣的部分被分离出来,之后,再进行精开松,旧衣物被开松成纤维状。

开松后的纤维被进一步筛选,长纤维被用于生产无纺毡,短纤维和杂质则被用于生产物流托盘。

（二）利用较长的纤维生产无纺毡

旧衣物经精开松后,分离出长纤维,经混胶后,高温生产出各种规格的再生纤维毡(无纺毡)。再生纤维毡经裁剪后,经复合模压,可以生产出空调用隔音、隔热材料,汽车用消音、防震材料及汽车内饰材料。

目前,天运公司与长安汽车、吉利汽车、东风汽车、格力空调、海信空调等都有合作关系,为这些公司提供隔音隔热配件,与这些公司建立了良好的合作关系,取得了良好的经营业绩。

（三）利用短纤维和杂质生产托盘

经过公司研发人员与中科院循环经济技术工程院研究人员的共

同努力,天运公司成功研发出利用旧衣物生产物流用托盘的技术。公司把原来要抛弃的短纤维和杂质,混入胶后,经模压工艺,直接压成托盘。这是利用旧衣物生产的较新的产品,且可把生产隔音、隔热垫的边角料也加以利用,实现了旧衣物进入企业后,得到彻底的利用。

使用短纤维生产的托盘相较于传统的木屑生产的托盘,重量较轻,承重能力更强、更耐用。由于必须使用特定的胶,虽然成本较高,但可以利用原本废弃的短纤维以及各种杂质,甚至可以把边角料开松后加以再利用,真正做到零废弃,是对环境保护起到极大作用的产品。目前,天运公司还需要开发性价比更高的胶,降低成本,使得旧衣物生产的托盘具有价格优势。

三、不断研发,争做旧衣利用领先企业

目前,国内还有一些物理法旧衣物再利用的企业,但相对规模较小,都是跟随企业,一般没有研发能力。

天运公司目前每年投入约700万元,并逐年提高资金用于研发,每年的研发经费占年产值的3.5%。并且作为旧衣物综合利用多项行业标准的主要起草单位的天运董事长潘总说过,不怕其他企业模仿,因为企业很难一家独大,市场那么大,跟随企业的存在可以让更多的客户认识到再生纤维材料的优点,才能做大市场,而天运需要做的是不断研发新产品,走在行业的前头,做行业领导者,为旧衣物再利用事业作出更大贡献。

第二节　温州天成纺织有限公司

一、温州天成纺织有限公司介绍

温州天成纺织有限公司位于浙江省最南端的温州市苍南县龙港

镇世纪大道88号,成立于1995年10月,是一家专业的纺纱工厂。

20多年来,公司已经发展成拥有固定资产3亿多元、员工1000余人、3家分公司的大型纺织企业,是国内知名再生纱生产企业。公司引进了德国特吕茨斯勒尔、瑞士立达、德国赐来福Autocoro气流纺纱机30余条流水线、环锭纺7万多锭等国际先进水平的生产设备,公司年产各类纱线3万余吨,产值超过5亿元人民币。

天成公司一向注重科技进步与产品开发,与国内著名的纺织院校、有关科研单位进行广泛的紧密合作,不断提高产品品质并致力于新产品研发。公司一贯坚持“纱线超市,量身定做,差异化生存;创意无限,创新不断,为客户创造价值”的经营理念,追求完美品质,以质量与服务求发展。产品涉及棉、麻、毛、丝、化纤及其他新型纤维的纯纺与混纺五大系列,一百多个品种;除普通纱线外,还生产特种纤维纱线、竹节纱、包芯纱等各种花式纱线。

公司拥有一整套牛仔用纱的解决方案,提供OE纱、环锭纺纱、竹节纱、麻棉纱、弹力包芯纱、股线等牛仔用纱,在纱布、手套、帆布、化纤布、装饰布、弹力布、麻棉、革基布等服装及工业用布方面卓有经验。

二、天成公司推动绿丝可莱项目

(一)温州苍南形成了再生纱生产集群

苍南地区是我国重要的再生纺织企业聚集地,当地已有五十多年利用纺织服装边角料生产再生纱的历史。在龙港镇附近的宜山镇、望里镇,几乎家家户户都从事边角料分拣、开松、纺纱、纱线销售等相关的工作,形成了一个纱线(再生纱)生产产业集群。在苍南再生棉纺织业最高潮时,大大小小的纺织作坊和企业不下上千家,近年来,在当地政府引导和企业自发并购重组下,目前再生棉纺织企业仍有上百家。据介绍,苍南县是世界最大的纺织服装边角料集散地,这里的边角料来自世界各地,纺出的再生纱销往全球。

边角料开松后生产再生棉纱,在纤维长度等性能上有所下降,因此为了提高性能,在生产过程中必须加入一定比例的原棉以及粘纤、聚酯纤维等,而这些粘纤、聚酯纤维往往也是由再生料或聚酯瓶片生产。在苍南县,有一些生产再生化纤的企业,提供再生棉纱生产的重要原料。至此,生产再生棉纱所需要的原料,除了原棉,在苍南都可以轻易地获取。

(二)国际服装品牌大力开发和销售可持续产品

近年来,一些国际服装品牌致力于可持续发展,如巴塔哥尼亚、H&M、Gap 等等,越来越重视环保,纷纷加大对可持续产品的开发与销售。

比如,H&M 计划到 2020 年,100%使用有机棉、再生棉和良好棉,而现在这个比例为 31%。其他企业,如著名快时尚品牌 ZARA 也开始在可持续发展方面发力,这些企业加大对可持续产品的开发与销售,必然要求供应链上游的种植、纺纱、纺织等企业也要可持续,像温州天成这些具备再生棉纱生产技术的企业就成为这些国际知名服装品牌的供应商。目前,天成已经与 H&M、ZARA、Esprit、Yagi 等企业建立战略合作关系。

(三)绿丝可莱更环保

绿丝可莱,来自英文 recycolor,直译是再生颜色。

采用传统方式生产再生棉纱能耗高、污染大。首先把边角料采用化学方法脱色,纺成原色纱线,然后再由纺织企业生产出本色布匹,接着由印染企业染色,再由服装加工企业生产出服装,最后来到消费者手中。在传统方式下,脱色和染色都是污染非常严重的环节。

绿丝可莱是指边角料按颜色、材质分拣后,保留颜色,直接开松后纺纱,织成有色布,再加工成服装。由于没有经过脱色、染色工序,可以减少大量染料、污水排放,降低碳排放,是一种可持续的生产方式。天成公司这种保护环境的生产方式获得了认同,公司取得了全球再生标准证书和有机含量标准证书。

当然,在这种方式下,按颜色、材质分拣就显得尤其重要,再生棉、原棉、化纤精准配比,才能使得成品纱颜色、性能各方面满足客户要求。天成公司营销经理林经理介绍说,由于公司从事生产再生棉纱二十多年,非常熟悉苍南地区提供再生棉(再生料)的供应商,当接到客户订单后,联系合适的供应商供货,在正式生产之前,由公司实验室测试再生棉(再生料)性能等各项指标,然后经环锭纺或气流纺生产出成品纱。成品纱经检验,如果合乎客户各项要求就直接发货,如果不合要求,则需要跟客户协商,往往需要重新定价格。

三、天成公司发展战略

经过二十多年的发展,天成公司已经发展成为苍南地区最大的,也可以说是国内最大的再生棉纱生产企业。不像一些企业在发展壮大后,就开始涉足不同的行业,如金融、房地产等等,天成公司总经理李成把天成公司定位为“专注于做好一根纱”。公司致力于推动中国环保循环再生项目,设计相应制度并法制化。公司在了解中国其他地区实际需求的基础上,努力在全中国开展循环再生事业,最终在全球范围内打造强大的再生纺织产业联盟。

李成总经理认为,旧衣最高效的利用显然是二手衣,直接穿,而且随着 90 后成长起来,人的流动性加大,越来越多的消费者接受二手物品,二手衣交易在未来的中国一定会受到消费者欢迎。目前,旧衣更多地来自消费者的衣柜,消费者在捐出旧衣之前,都经过清洗、整理,一般认为的潜在的卫生防疫隐患可能并不存在。

除了二手衣直接穿用之外,要实现纺织服装产业的闭环生产,应该研发出能把旧衣再利用生产出纱线,但目前旧衣直接生产纱线的技术还不成熟。因为旧衣与边角料不同，一是旧衣有磨损，二是旧衣材质更复杂，相应的技术还有待企业界和院校共同努力开发，天成公司愿为了旧衣再利用事业付出更大的努力。

四、天成公司注重员工福利

作为一个注重可持续发展的企业，天成公司非常关注员工的福祉。

为保证纱线质量，纺纱各工序对温度和湿度都有较严格的要求，比如气流纺要求夏季温度保持在28℃—33℃，湿度在58%—63%，而人体最舒适的温度和湿度夏季是26℃—28℃，湿度是45%—65%，显然身处纺纱车间，人会觉得不太舒适。

由于天成公司毗邻东海，夏季炎热，湿度较大，为了给车间工人创造一个更加舒适的工作环境，天成公司在夏天除了开启空调之外，还会在车间放置冰块，并且食堂供应绿豆汤，在公司前台准备了藿香正气水，以便工人出现中暑现象时，及时饮用解暑。

第三节　鼎缘（杭州）纺织品科技有限公司

鼎缘（杭州）纺织品科技有限公司（以下简称“鼎缘”）成立于2015年1月，是纺织上市公司华鼎集团和上海市政府“废旧服装回收利用”循环经济和清洁生产建设项目承接单位上海缘源实业有限公司共同组建成立的废旧纺织品综合利用企业。

鼎缘初期投资1.5亿元人民币，建设厂房2万余平方米，从意大利引进废旧纺织品自动分拣机、废旧纺织品开松机、纤维干式气流成网+热熔 & 针刺流水线，拟建成生产能力达到年处理废旧纺织品1万吨的废纺综合利用企业。

一、自动废纺分拣技术

鼎缘引进的废旧纺织品自动分拣机采用近红外光谱分析技术，该技术是一种间接分析技术，通过建立校正模型实现对未知样本的定性或定量分析。近红外光谱分析法通过选择适当的化学计量学多元校正方法，把校正样品的近红外吸收光谱与其成分浓度或性质数据进行关联，建立校正样品吸收光谱与其成分浓度或性质之间的关系，即校正模型，在进行未知样品预测时，应用已建好的校正模型和未知样品的吸收光谱，就可定量预测其成分浓度或性质。此外，该技术通过选择合适的化学计量学模式识别方法，也可分离提取样本的近红外吸收光谱特征信息，并建立相应的类模型。在进行未知样品的分类时，应用已建立的类模型和未知样品的吸收光谱，便可定性判别未知样品的归属。近红外光谱分析技术具有分析速度快、分析效率高、分析成本低等特点，但由于光谱信号受面料厚度、湿度、织物状态影响较大，目前在废纺分拣应用中还停留在棉、丝、毛、麻及各类化纤大类的区分。

二、清洁化废纺综合利用生产流程

经过自动分拣机完成成分区分后的废旧纺织品，将首先进入自动切片机，随后进行乳化和臭氧消毒灭菌，之后进仓并进行分级开松，经检测后按长度分级打包分别进入可纺生产线和气流成网生产线。其流程见图 13-2。

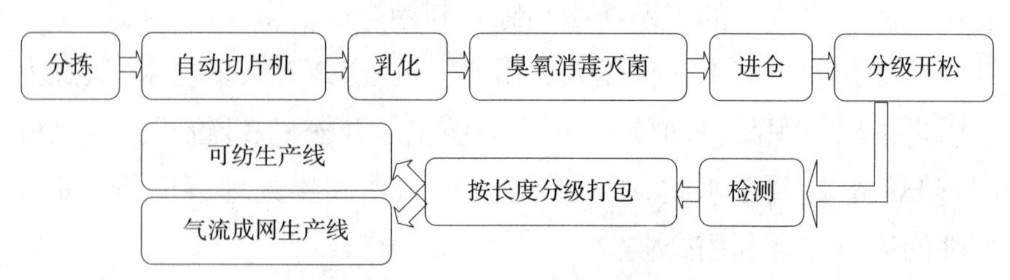

图 13-2　鼎缘废纺综合利用生产工艺流程

在整个流程中,鼎缘通过引进国外最先进的纺织品分拣和开松设备,实现自动分拣、自动化控制、所有设备采用全封闭管道输送技术,真正建立起全流程清洁生产工艺。

三、多样化废纺综合利用产品线

经开松后的废旧纺织品,纤维长度好的,进入可纺生产线,制成回毛或回纱面料成品;可纺性不高的,进入非织造生产线,采用气流成网工艺,经热熔或针刺后进行热压、打包,主要产品为:汽车产业用热熔模压低、中密度阻音隔热复合材料($50kg/m^3$—$250kg/m^3$);建筑用防火保温复合材料和高密度板材,主要技术优势碳纤维复合材料($50kg/m^3$—$900kg/m^3$);城市土壤修复用新型高科技复合材料等。

相较于目前国内外较多的梳理成网工艺,鼎缘采用的意大利专利产品垂直气流成网设备,使得产品中的纤维并非平行状态,而是互相集结的三维空间状态,纤维分布呈叠瓦状物理自然态,因此相同密度条件下隔热阻音效果明显提高,形成自身的产品特点和技术优势。

第四节　中民惠众再生资源科技开发有限公司

中民惠众再生资源科技开发有限公司成立于2012年6月,是民政部唯一授权在全国开展废旧纺织品再生循环综合利用的专业性示范企业,集研发、回收、生产、加工、销售、物流、服务于一体。中民惠众也是民政部授权在全国开展推广家庭废旧纺织品再生加工项目的唯一合法企业。中民惠众以资源高效利用、循环利用为目标,坚持走可持续发展之路。中民惠众依托强大的科研能力和技术水平,以及雄厚的资金实力,建立了年处理4万吨废旧纺织品再生加工北京示范基地,产生良好的社会和经济效益。

一、中民惠众循环再利用发展模式

中民惠众的回收理念为“引领纺织生态可持续发展——旧衣再生　造福地球”，企业致力于打造纺织品再生资源回收利用现代化体系，树立旧衣物再生资源产业第一品牌，旨在以国际化思维及全球化视野，推动国家循环经济及再生行业朝规范化、无害化和产业化方向发展。

中民惠众全国废纺综合利用产业化示范基地（玉田）于2015年10月开工，项目总投资8亿元，包括捐赠物品再生加工中心、具有专利技术的机械制造及救灾物资储备中心、质检中心、物流中心等。项目一期投资4亿元，建成投产后主要生产加工多规格的再生帆布帐篷、折叠床、防水布等救灾产品；二期投资4亿元，将建设研发及物流中心、救灾物资储备华北基地，主要生产捐赠物品消毒、分拣、去异物及再利用关键设备及相关配套设备。中民惠众玉田基地将成为国内首家旧衣物综合利用产业化、专业化示范基地，可年生产废旧纺织品再生纤维4万吨，是国家再生资源循环综合利用中废纺综合利用产业化示范项目的领头雁。

中民惠众拥有完整的旧衣物处理产业链，臭氧消毒日处理能力4吨/小时，旧衣资源化处理流程见图13-3。2015年中民惠众旧衣物回收量达3000吨，企业现有废旧物资加工处理全国示范基地、北京基地、河北基地、天津基地4个示范基地。北京示范基地年产4万吨再生纤维，纤维成分：25%的天然纤维（棉、毛、麻等）和75%的化纤（涤、胺、腈等）。目前在建河北唐山分公司、保定分公司、德州分公司、邯郸分公司、晋城分公司、新乡分公司。再生加工（北京）中心在平谷基地拥有几千平方米的分拣和清洗消毒车间，比较新的、符合民政捐赠标准的旧衣物经过分拣、消毒等处理后，通过公益组织进行捐赠。不符合捐赠标准的，进入旧织物资源化处理工厂，把废旧纺织品再生为棉花、棉纱、各类手套、布料、拖把等。

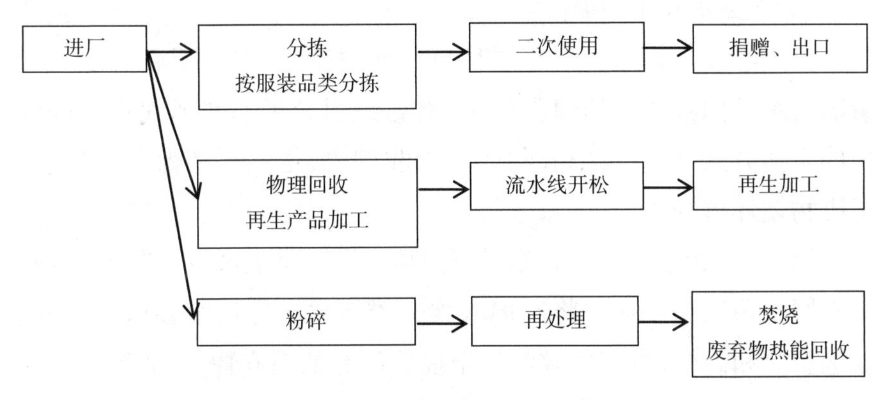

图 13-3　中民惠众旧衣资源化处理流程

二、中民惠众旧衣物回收渠道

利用多渠道回收旧衣物是开展废旧纺织品再生循环利用的基础。中民惠众再生资源科技开发有限公司旧衣物回收渠道分为民政系统回收、企业自主回收、公益合作回收三大体系。

（一）民政系统回收

中民惠众是民政部授权在全国开展废旧纺织品再生循环综合利用项目推广的专业性示范企业。中民惠众依托民政部门，捐助网点分布广泛，深入社区，不断整合市场回收体系。同时，中民惠众通过民政部与中邮集团总公司战略合作，作为民政部授权的示范企业，中民惠众拥有了全国唯一、且排他性的旧衣回收体系。

民政部与中国邮政集团总公司的战略合作，充分整合了民政、邮政各自资源，邮政系统 5.2 万个局所、22.2 万个服务站全部成为民政慈善超市加盟店，这些加盟店承担了民政系统慈善超市的功能，设立经常性社会捐助点，接受日常捐赠。加上民政系统遍布全国的 3 万家慈善超市，中民惠众再生资源科技开发有限公司在全国拥有的旧衣回收点已达 30 万个。

（二）企业自主回收

中民惠众公司通过下述三种自主回收模式，促进了企业层面的废旧纺织品回收体系的建立健全，有效地引导了消费者践行低碳节俭的生活方式，建立了旧衣物分类回收理念，增强了环保意识，促进了废物循环再利用。

第一是“无偿回收”模式：在大型社区、居民小区设立“中民惠众旧衣回收箱”，引导居民将废旧衣物分类投放。定期举办回收活动、走进企业和高校，直接回收学生毕业后废弃的旧衣物、被褥等。

第二是“懒人回收”模式：在线网上或电话预约，足不出户，公司派专人上门收取废旧衣物。同时，也接受社会、企业和个人的邮寄捐赠。

第三是“旧衣换物”模式：不定期举办旧衣捐赠回收活动，并按捐赠衣物重量兑换相应的生活日用品。

（三）公益合作回收

公益合作回收旨在传播公益，彰显责任。中民惠众公司积极与有共同公益信仰、公益热情、公益能力的机构、组织、企业和个人开展形式多样的旧衣回收、捐赠、义卖等公益活动，并通过活动总结经验，建立了公益项目或活动跨界合作的机制和平台；同时，从公益责任中寻求企业可持续发展之路，通过自身微薄之力，携手带动更多社会力量，助力实现“环保梦”。与公益回收组织合作如“地球站”。“地球站”收集的家庭闲置物品经分类、消毒后，无法再利用的旧衣物将送至中民惠众公司，进行旧物的再生加工，做到资源循环、物尽其用。

1.“旧衣零抛弃”活动

民政部联合中国纺织工业联合会等共同组织了“旧衣零抛弃”活动，通过品牌服装企业的门店、柜台等商业网点捐赠废旧衣物。“旧衣零抛弃”活动挑选了品牌知名度高、社会影响力大、销售规模大的企业联合行动，共有波司登、溢达集团（棉衣工房）、鲁泰纺织

(箭牌)、中土畜雪莲股份有限公司(雪莲)、北京顺美服装股份有限公司(顺美)、依文集团(依文、诺丁山、凯文凯利)、北京嘉曼服饰有限公司(水孩儿)、凯德晶品、社区青年汇等企业、品牌的35家门店和商场、机构参与到回收活动中。公众捐赠的废旧衣物将由中国青少年发展基金会兰花草等慈善组织负责分拣,将符合安全卫生标准的衣物用于"西部温暖计划"等慈善项目,达不到相关标准的衣物将作为研究再生加工技术的原料,进入中民惠众的再生资源产品生产链。

2."一JIAN公益"项目

菜鸟网络联合阿里巴巴公益、壹基金等联合发起"一JIAN公益"项目。在北京地区,通过菜鸟裹裹下单进行捐赠的衣物,将送到中民惠众再生资源科技开发有限公司,经严格消毒分拣后,最终决定这些衣物的流向,可继续穿戴的将由公益机构无偿捐赠给贫困弱势群体或义卖给低收入群体;不能继续穿戴的,则由中民惠众公司提供全套再生利用解决方案,最终加工生产成擦机布、拖把、麻袋、背包、帐篷等。

三、资源化再利用途径

旧衣物主要有三种去向:一是以重新加工成原料、产品等形式投入再生产;二是消毒后转入二手市场;三是以爱心捐赠的形式投入公益活动中。

(一)再生利用

中民惠众公司利用纤维物理再生可纺技术,将废旧衣物经臭氧负压消毒分拣后,切割并去除非织物固体异物,经八个级别机械高速旋转逐级循环分解,密闭管道风力传送,实现从混合材质废旧衣物到再生加工为可纺纤维的转变。涤纶材质的服装,通过降解后可以重新生成涤纶,能用于制作背包、帐篷等,且质量与之前没有差异。纯棉的服装也可以经过打碎等工艺，重新生成毛毡等填充物。

目前中民惠众公司可生产加工再生长、中、短纤维，有再生纤维纱线，再生纤维隔热板，再生纤维救灾应急包，再生纤维隔热防火服衬垫，再生纤维棉被、棉垫等，再生纤维产品多样。采用废旧纺织品物理方法生产再生纤维，经特殊工艺配棉，可开发生产出多种特种高强工业基布，生产帆布类、汽车座椅用布、沙发、箱包、鞋面用料、消防产品等，产品具高强度、环保等特色，其用途主要分为四种：再生纤维纺纱可织造帆布，生产救灾、军用、民用等纺织产品；防火服再生纤维经针刺融合，可生产阻燃绝缘隔热防火服衬垫；再生纤维剩余废料经过机器压缩，成为固体燃料棒；再生纤维复合制布，采用光触媒技术，生产防霉防虫无菌粮袋。

（二）捐赠和出口

中民惠众捐赠的旧衣物主要送到西部贫困地区，约有 10%质量完好、可穿用的、经过消毒处理的旧衣物进入二手市场。捐赠的旧衣服需要经过分拣、消毒、清洗、整烫、包装、贴标等工序，才能送到有需要的人手上。一些成色和款式质量较好的旧衣物（不能有破损，污渍，过于陈旧）挑拣出来，经检查或修补后进入消毒室悬挂排列，经紫外线和臭氧消毒 30 分钟后计量，再打包送民政部门或慈善机构。经测算，一件旧衣服的处理成本为 3 元。此外，还有交通运输成本。绝大部分衣服要捐赠到云南、贵州、四川等贫困地区，而送达当地的运输成本一件就 4—5 元，这没有计算仓储及无价值衣物的处理费用。

（三）能源化，最终废弃物填埋和焚烧

旧衣物经过分拣，一部分完整可穿戴旧衣物进入捐赠和再出口使用环节，一部分无法直接二次使用的旧衣物将进入物理回收，进行二次加工，制成再生纤维等各类再生资源用品。经过前两个资源化使用环节后，无法再利用的废旧物品将进行粉碎，热能回收，最终废弃、填埋和焚烧。

四、环境效益与社会效益

随着经济的增长、消费能力的增长，社会旧衣物抛弃数量的大量增加，大量地焚烧、掩埋等传统做法对环境造成了很大污染。每年人们扔掉的旧衣服大约有 2600 万吨，几乎都被当作垃圾处理、掩埋和焚烧，极少一部分经过挑拣后当作慈善物品处置。

中民惠众通过纺织品再生加工项目的研发和相关社会的实验、试制，将社会家庭捐赠废旧纺织品资源化、产业化，实现了可纺再生单纤维的高质、高值化，不仅符合循环型纺织业的经济规划，而且创新性地将生产与生活系统的循环相衔接。其倡导的资源再利用循环发展模式，节约了社会资源，加强了环境保护，减轻了环境污染。

中民惠众再生利用项目采用纤维物理再生可纺技术，将废旧衣物经臭氧负压消毒分拣后，切割、分解、自动循环，实现了再生加工可纺纤维。经中国纺织科学研究院、国家纺织产品质量监督检验中心、国家军需产品质量监督检验中心、总后军需装备研究所等权威部门检测和论证，中民惠众的循环再生产模式具有创新性，生产过程清洁环保，完全符合国家绿色、环保标准，可以广泛应用于除特殊承重高压专业外的工业、农业、建筑、物流等各个领域，具有较高的经济价值和社会价值。

第五节　北京环卫集团

随着经济的发展、消费水平提高、人口的不断增长，北京市垃圾的产生量也在逐年增加，对环境和垃圾处理系统带来巨大压力。

北京环境卫生工程集团有限公司（简称“北京环卫集团”）始终倡导并践行垃圾分类制度，特别是近年来，将高品质的环境卫生服务延伸到社区、学校、机关，积极推行垃圾源头分类，能够适应发展新形势，结合中国生活垃圾特性，推进生活垃圾分类回收网络和再生资源回收网络的"两网融合"，实现生活垃圾处理到再生资源回收的固废产业链全覆盖，全力推进垃圾分类、再生资源回收和垃圾资源化，以加速垃圾分类体系建设。

一、北京环卫集团概况

北京环卫集团长期致力于清扫保洁服务、固废收运服务、固废处理服务、城市矿产资源开发等环卫一体化综合服务。截至2015年年末，集团总资产超80亿元，总收入超30亿元，年处理生活垃圾600多万吨，在职职工近2万人，拥有各类环卫车辆设备3000余部，固废处理设施51座。具有67年的环卫作业和服务保障经验，以及25年的垃圾无害化处理经验，是我国环卫产业链最完整、规模与综合实力最强的专业化实业集团之一。

近年来，北京环卫集团不断提高专业化水平，按照"投资、建设、运营综合服务"，"清扫、收运、处理利用一体化作业"的原则设置业务板块。目前，集团现已形成环境综合服务、城市矿产资源开发、装备制造、技术研发与服务、"互联网+"等业务板块。城市矿产资源开发板块主要专业从事废旧物资回收和再生资源利用。

北京环卫集团紧紧依托"十三五"规划，推进实施"一体两翼"发展战略，坚持走"大环卫、全覆盖、一体化"的环卫专业化道路，按照"深耕北京、辐射京津冀、拓展全国、适度海外"的产业布局战略，全面进军"生活垃圾收运处理"和"再生资源综合利用"领域，实现新常态下的跨越转型。

2014年，为贯彻落实中共中央总书记习近平有关调整首都城市功能、疏解流动人口的谈话精神，根据北京市委领导关于整合30万拾荒人群、组建专业化的垃圾分类与再生资源回收团队的工作要求，北京环卫集团按照《国家发展改革委、财政部关于开展城市矿产示范基地建设的通知》文件精神，组建北京城市矿产资源开发有限公司(简称“城矿资源公司”)。

(一)北京城市矿产资源开发有限公司

城矿资源公司是北京环卫集团下属的全资子公司,专门从事城市矿产资源开发全产业链建设,注册资本金6000万元,公司资产总额达到7330万元,按照北京市政府的工作部署组建成立,开展垃圾分类与再生资源回收利用工作。

城矿资源公司视垃圾为“城市矿产资源”,秉持“全种类覆盖、全资源回收”的原则,依托67年的环卫作业经验和26年的垃圾无害化处理经验,构建了集“前端分类收运、中端分拣和末端处理”于一体的固废回收、集散分拣、资源化再利用的全产业链,开辟了一条垃圾循环再利用的可持续之路;在现有基础上进行资源整合与系统重构,在重点环节加强对接,在收集、回收、转运与分拣、处理环节融合发展,建立了有效的“分类收集、分类运输、分类处理”垃圾处理体系,从而实现两网融合。通过将生活垃圾收运网络与再生资源回收网络“两网合一”,构建绿色低碳双回路循环产业链;通过将环境综合服务向社区、学校、公园、机关单位、商业场所等前端延伸,开展垃圾智慧分类、微环境服务和道路清扫保洁作业,已进入北京市300余个居民小区开展垃圾分类、再生资源回收等社区综合性服务,在机关单位、校园建立了再生资源回收网点;积极布局后端高值利用产业,将固废收运网和固废处理循环产业园进行有效衔接,打造“1网+N园”的现代固废收运处理一体化运营模式,实现对城市所有固废的齐收共管和分质协同处置。充分利用土地资源建立了规范的分拣中心,发挥环卫装备制造优势,搭建了由纯电动车组成的绿色物流车队。同时,根据京津冀一体化国家战略,在京内外打造资源综合利用基地,建设京内循环园区总部与京外再生资源综合利用基地,组成“1+N”模式的国家级城市矿产示范基地,开发利用先进技术,强化资源高值化利用。目前,城矿资源公司在京外已经建立了废旧橡胶综合处置基地、废旧纺织品综合利用基地。通过专业化、市场化、产业化的经营，实现社会效益、环境效益和经济效益的统一。它是全国唯一具有垃圾处理和再生资源回收全产业链的综合性环境服务商。

（二）京环纺织品再利用邯郸有限公司

2016年3月，北京环卫集团下属京环纺织品再利用邯郸有限公司（以下简称"京环废纺公司"），即北京废旧衣物综合处理基地在河北邯郸市魏县成立，公司注册资本5000万元。北京废旧衣物综合处理基地届时对废旧衣物进行综合处理，将解决首都北京以及津冀地区的废旧衣物处理难题；同时可以缓解纺织行业资源短缺的现状，对保护京津冀协同区域整体生态环境具有重要意义。因此，北京废旧衣物综合处理基地的建立将会产生巨大的经济效益和社会效益。

二、对北京环卫集团调研结果

（一）废旧衣物的回收

1. 垃圾分类

目前，北京居民垃圾分为可再生资源、厨余垃圾及其他垃圾三类。

（1）可再生资源

可再生资源即可回收物，是指人们在生产和生活中废弃的回收后经过再加工可以成为生产原料或经过处理可以再利用的物品，主要包括废纸类、塑料类、玻璃类、金属类、电子废弃物类、织物类等。可再生资源通过综合处理回收利用，可以减少污染，节约资源。

（2）厨余垃圾

厨余垃圾是指家中产生的易腐食物垃圾，主要包括菜帮菜叶、剩菜剩饭、瓜果皮核、废弃食物等。厨余垃圾经生物技术堆肥处理，每吨可生产0.6—0.7吨有机化肥。

(3)其他垃圾

其他垃圾指除可回收物、厨余垃圾外的垃圾,主要包括废弃食品袋(盒)、废弃保鲜膜(袋)、废弃纸巾、废弃瓶罐、灰土、烟头等。其他垃圾采取卫生填埋可有效减少对地下水、地表水、土壤及空气的污染。

2. 垃圾处理3R原则(见图13-4)

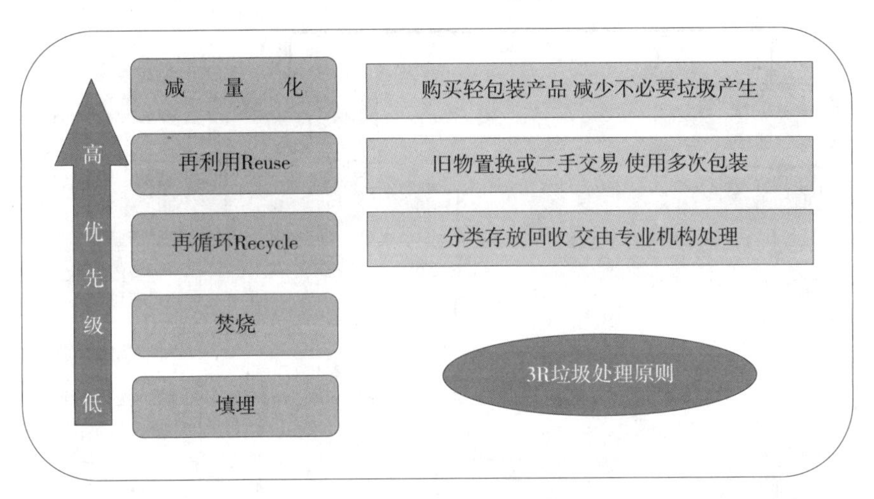

图13-4　垃圾处理原则

3. 再生资源回收网络

城矿资源公司遵循生活垃圾分类回收网与再生资源回收网"两网合一"和"大环卫、一体化"的思路,致力于打造绿色低碳双回路循环产业链。积极整合业内企业,深入垃圾产生的源头,进入居民社区、学校和机关单位,以个性化定制方案、规范化运营管理、持续化宣传教育为特色,建立垃圾分类与再生资源回收网络,根据服务对象的特点和需求提供丰富多样的服务内容和服务模式,助推前端垃圾分类,积极搭建再生资源回收体系,2015年,结合"环卫+互联网"运营模式,创新推出社区垃圾智慧分类系统解决方案,在居民社区构建"社区保洁+垃圾分类+再生资源回收+垃圾清运+厨余垃圾处理”的“五位一体”服务模式，在学校建立“自主交投+集体反馈+教育管理”相结合的“三位一体”服务模式，在机关单位推行“智能回收+个性化反馈+厨余垃圾清运”的“三位一体”服务模式（见图 13-5）。

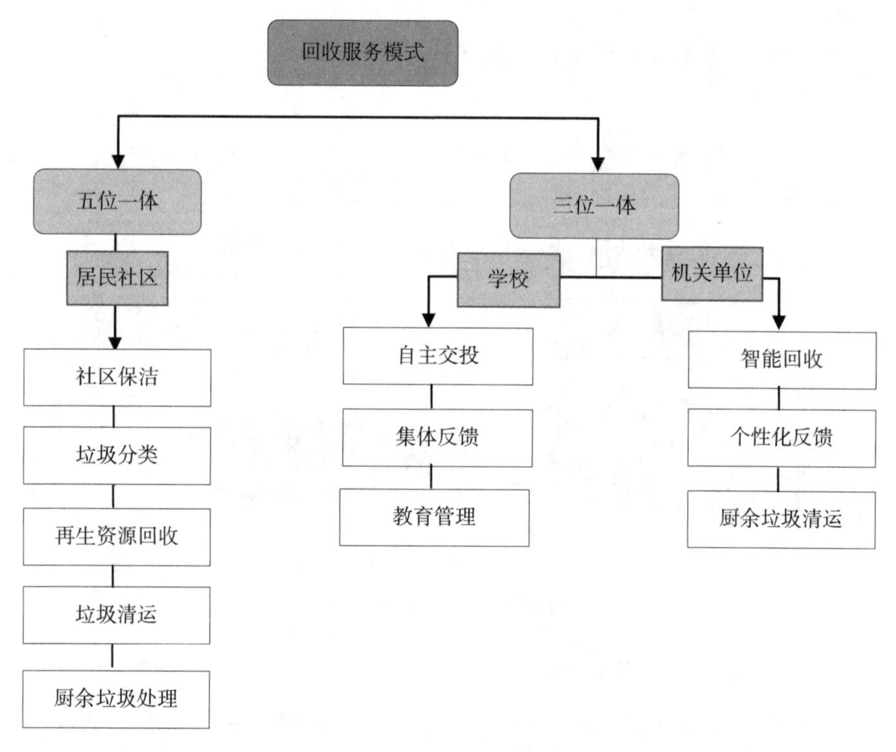

图 13-5　回收服务模式

4. 垃圾智慧分类模式

北京环卫集团旗下全资子公司北京微环境管理有限公司（简称“城市微环境公司”）针对北京市垃圾分类与再生资源回收存在的问题，推出了系统化、智慧化的垃圾分类模式，即垃圾智慧分类模式。

城市微环境公司在垃圾分类收运和再生资源回收密不可分，在前端实现有效整合、无缝对接将有利于生活垃圾无害化、减量化、资源化的背景下，按照市委市政府的指示精神，确立了“垃圾分类与再生资源回收相结合”的思路，并依托北京环卫集团现有完善的垃圾处理体系，通过智慧分类建立了再生资源物流体系，通过共享及业务模式的创新实现垃圾物流网与再生资源物流网两网合一，逐步建立起安全规范、创新科学、可操作、可持续发展的垃圾分类和再生资源回收并轨运行的垃圾智慧分类体系。

城市微环境公司以“互联网+分类回收”思维，按照垃圾分类与再生资源回收相结合（两网合一）的思路，将移动互联网引入环卫领域，为社区量身打造了垃圾分类和再生资源回收“两网合一”的全新产业模式。e资源垃圾智慧分类云平台是微环境公司自主研发的社区生活垃圾智慧分类回收体系，利用移动互联网平台，更加智能地实现了“生活垃圾分类网”和“再生资源回收网”两网合一，搭建起了一条由居民宣教激励体系、智慧分类系统、优化回收处理链条组成的“三位一体”的垃圾智慧回收分类体系，通过线下铺设再生资源回收柜和厨余桶、建立具有身份识别标识的厨余和再生资源统一积分账户（生态账户），将服务延伸到了垃圾产生者身边，鼓励进行生活垃圾源头分类，并对传统的垃圾分类运营模式、技术平台进行了转型升级，将物资收集、民众沟通、积分兑换、转运体系等具体性工作整合至网络平台上，不但实现共用人员和物流系统，更可实现效率最大化和资源集约利用。

同时，北京环卫集团还可通过该平台对再生资源服务所涉及的各类设施及运营人员作业进行全过程实时监管，全面把控模式运营状况，并通过为管理人员、现场作业人员、客户提供智能终端，形成一个信息互联互通的物联网络，实现垃圾分类及再生资源回收业务处理智能化、管理规范化、垃圾分类数据透明化、信息共享网络化及管理决策科学化，从而形成管理高效、运营高效的格局，实现垃圾流向可追溯。

因此，垃圾智慧分类模式是以“互联网+”为支撑，围绕信息化系统，实现整个回收系统的功能。

5. e 资源垃圾智慧分类回收

e 资源垃圾智慧分类回收是北京环卫集团基于现有餐厨处理及再生资源分拣体系，将垃圾分类向前延伸至居民家中，并为居民发放北京蓝·生态卡，建立厨余、再生资源的统一积分账户，给予参与垃圾分类和厨余垃圾及可再生资源回收的居民相应的积分奖励，并利用 e 资源垃圾智慧分类云平台及社区分类回收设施，实现垃圾的有效分类和专业回收，不仅有利于解决北京垃圾混合处理的问题，也有利于社区垃圾分类回收的良性循环。

e 资源垃圾智慧分类云平台包括居民微信客户端、e 资源官网、回收员收集 APP、巡检员 APP 及兼顾厨余垃圾和再生资源回收的积分统计等管理平台，通过该平台实现了线上线下垃圾分类指导、大件上门回收、积分统计、线上积分查询、积分在线兑换、统计管理等功能。

京环资源公司全面布局首都所辖社区，推动实现首都生活垃圾网与再生资源网“两网合一”。e 资源垃圾智慧分类回收以“城市因我更美丽”为核心理念，倡导全民参与城市生活垃圾分类，努力实现生活垃圾“零废弃”。将逐渐在北京市各区逐步启动 e 资源垃圾智慧分类模式。

（1）“e 资源”使用流程

①注册领卡

注册领卡可以通过如下方法：

A. 微信注册

微信上扫码或搜索“e 资源”，关注后按照提示，完善家庭住址信息并申请办卡，会有工作人员将使用包（生态卡、使用手册、二维码）送至居民家中。

B. 现场注册

工作人员在小区内垃圾分类宣传推广时，居民可到注册点登记信息，现场领取“e 资源”使用包。

C. 电话注册

居民可致电“e 资源”客服热线，客服人员会帮助居民完成注册流程，并将使用包送至居民家中。

②分类投放

A. 可再生资源分类投放

“e 资源”垃圾智慧分类回收对于可再生资源建立了以“自主交投为主，大件上门回收为辅”的回收模式，通过线下铺设再生资源回收柜+引导居民自主分类和定点投放，将分类工作前移至居民家中，并将服务延伸到垃圾生产者的身边。小件自行投放、大件上门回收相结合的方式为居民提供了更加便捷、安全、绿色的可再生资源回收服务。回收员对再生资源回收清运时，由专车送到距离社区不远的分拣处，称重后通过智能手机扫码记录，将数据上传到后台的“e 资源”云服务器上，服务器自动折算成积分同步到居民账户中，例如：1 千克织物可以兑换 20 个积分，1 千克报纸可以兑换 100 个积分，1 千克铁可以兑换 50 个积分等。

可再生资源分类投放可以通过如下方法：

a. 自助投递

社区居民只要将再生资源按照纺织品、塑料、废纸、废金属、玻璃、电子产品在自家分成不同类别打包装袋，并在每个回收袋上贴上所发放的二维码，随时投入到社区中的再生资源回收柜中即可。

b. 大件预约

如果居民家中有大件可再生资源需要上门回收，可通过“e 资源”平台客户端（可通过微信服务号下单预约，或致电客户服务热线）预约上门回收，工作人员接到回收指令后，会在居民约定时间内为居民提供上门回收服务。

B. 厨余垃圾分类投放

厨余垃圾分类是垃圾分类回收至关重要的环节。居民将家中产生的厨余垃圾单独存放,分类打包好的厨余垃圾投入智慧厨余垃圾桶,刷一下生态卡,通过该平台便可自动获得5积分,1积分相当于1分钱现金。

③积分兑换

居民账户集兑换、优惠等多功能于一体,未来还将与银行卡互联。居民可通过e资源微信服务平台或拨打客服热线人工查询账户里的积分记录和剩余积分。居民账户里的积分可在线或服务网点兑换生活用品、折扣券、代金券及缴费卡等。

积分兑换可以通过如下方法:

A. “e资源”微信兑换

通过“e资源”微信平台,进入积分商城选购下单,结算后即可安心等待礼品送货上门。

B. 定期小区现场兑换

每个月公司会在小区固定设置半天现场积分兑换,居民可凭生态卡前往兑换礼品。

为了感谢广大居民对垃圾分类工作的支持,对垃圾分类投放的积极参与,公司会通过微信平台、“e资源”商城赠送或优惠方式回馈支持垃圾分类的居民。

(2)“e资源”运行效果

①“e资源”垃圾智慧分类推广概况

截止到2016年年底,e资源垃圾智慧分类项目已经正式运行一年,已覆盖全北京近800个社区,投放智能回收箱1000余个,惠及人口100余万人,累计举办社区活动800场,参与人数共计20万,从事垃圾回收的人员40—50人,运输车25辆。从2016年开始投放旧衣物回收箱,目前覆盖了30余个社区,投放旧衣物回收箱100余个,回收衣服、鞋帽、箱包、窗帘等旧衣物。

垃圾分类要从孩子抓起,未来的环卫事业才会更加有希望。为了给孩子们传递环保意识,环卫集团开展了"垃圾分类主题宣传活动""环保演讲比赛""环保知识竞赛"等垃圾分类系列活动。

在北京环卫集团的帮助下,北京大学环境科学与工程学院顺利安装了两台由北京市环卫集团捐赠再生资源回收柜,承担全楼可回收资源的回收,师生用实际行动践行垃圾智慧分类。并计划在大楼内各层设置厨余垃圾桶和其他不可回收垃圾桶。目前在大楼入口对面马路处放置了一台北京市环卫集团捐赠的"大胃王"不可回收垃圾桶。垃圾桶外观高130厘米、宽90厘米,可以自动压缩桶内垃圾的体积。压缩后,一台智能桶能容纳近3000升垃圾,是其自身正常容量的5倍。从正面看,垃圾桶的上半部分是一个"翻斗",拉住把手往外轻轻一拽,里面类似一个抽屉,看不到盛放垃圾的桶。把垃圾扔在里面后,松开手,"翻斗"便迅速恢复原位,垃圾随之被倒进下面的桶里。上述设计可以使垃圾桶完全密封,从外面看不到废弃物,也闻不到臭味儿,减少对周围环境的影响。智能桶内装载了一台压缩器。当垃圾达到一定容量时,压缩器自动下降,在41秒内向下挤压垃圾。挤压的力度相当于体重为100斤的人站在平板上。智能垃圾桶的顶部还装有太阳能面板,并内置了三块蓄电池、微电脑处理器等零部件。在光线照射下,太阳能面板便可以发电。正常照射一天储存的电能,可以使智能桶维持正常工作四天左右,无须外接电源。作为全楼不可回收垃圾的收纳及中转站。

②"e资源"回收的再生资源数量

截止到2016年年底,垃圾智慧分类项目已经正式运行一年,"e资源"回收的再生资源数量见图13-6。

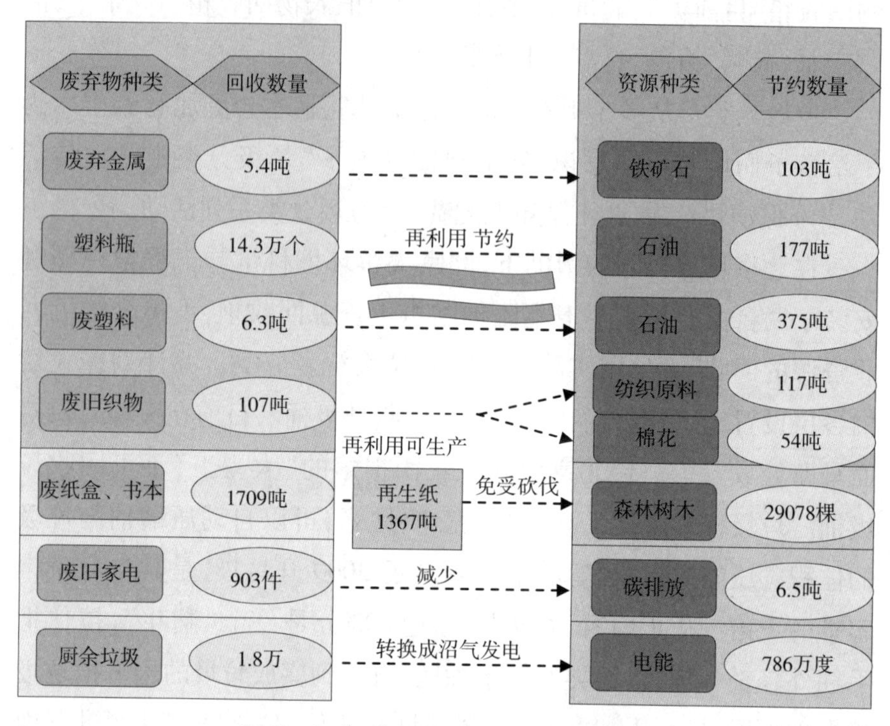

图 13-6 “e 资源”回收的再生资源数量

（二）废旧衣物回收再利用

面对我国废旧衣物资源利用率低下的现状，围绕《纺织工业“十二五”科技进步纲要》中提出的 2 项废旧衣物回收利用关键技术攻关（即纯化纤废旧衣物的再利用技术研究以及天然纤维和混纺废旧衣物的再利用技术），北京环卫集团积极开展产学研合作，与中国纺织科学研究院和北京化工大学等科研院校联合攻关，共同打造具有全国示范性和高技术水平的废旧纺织品回收及综合利用平台。

旧衣物高值化回收再利用项目的成功实施可实现年处理 5 万吨回收而来的废旧衣物的能力。据国际回收局发布的数据，年处理 5 万吨的废旧纺织品相当于节省 1 万吨农药、1.5 万吨化肥、3 亿吨水，减少18万吨二氧化碳排放。

旧衣物高值化回收再利用项目的成功实施对进一步提高再生资源回收利用率和资源综合利用率起到了很大的推进作用,可以缓解纺织行业资源短缺的现状,为废旧纺织品回收企业带来一定的经济效益;也对提升国有废聚酯回收装置竞争力、推动行业技术进步具有不可低估的作用;以产业化、专业化、示范化的标准建立源头收运体系、中端分拣体系和后端处理体系,规范目前再生资源回收市场无序、中转交易环节混乱、再加工环节缺少监管的局面,从而有利于改善首都市容环境,助力北京世界城市建设;城市矿产开发体系的逐渐建立,有利于推进北京市城市生活垃圾处置资源化、减量化和无害化目标的实现,解决环境二次污染问题,具有巨大的环境效益和社会效益。

1. 废旧衣物来源

城矿资源公司废旧衣物来源主要有自营回收、同纺织服装企业合作回收,同公益机构合作回购及分拣市场收购。

(1)自营回收

北京环卫集团已在北京市教委等机关单位、北京化工大学等校园和芳城园等居民社区,建立废旧衣物回收在内的再生资源回收项目,已经在北京近800个社区开展了专业化的垃圾分类与再生资源回收服务,总计28万余户、100余万人的范围内建立回收网络,设置智能回收箱1000余个。计划在1—2年内,通过并购回收企业、自建回收点等方式,在北京市建立2000个左右的回收点。

通过"e资源"垃圾智慧分类平台,对北京市民的废旧衣物进行集中回收,并运往北京废旧衣物综合处理基地实现高值化回收再利用,从而实现废旧衣物收运由分散粗放式管理向集中精细化管理迈进,形成一条集"回收、分类、加工、利用"的废旧纺织品再生处理产业链。

（2）同纺织服装企业合作回收

目前，纺织服装生产环节产生的废丝、废纱、回丝、边角料、废布等处于“弃之可惜、留之无用”的尴尬境地，城矿资源公司通过与相关企业合作，建立稳定的纺织品下脚料回收渠道。

（3）同公益机构合作回收

公益捐赠历来是废旧衣物回收的重要渠道。将通过与民政部门及其他社会公益团体合作，定期到社区、学校开展废旧衣物回收活动，具有二次使用价值的衣物进入捐赠环节，回购其他不具备捐赠条件的废旧衣物，进行高值化处理。

（4）分拣市场收购

通过在分拣市场收购，避免废旧衣物流向“黑作坊”，同时也保证后段加工厂的原料供应。

随着前端回收网络的搭建稳固，废旧衣物回收会稳步增加，回收的废旧衣物成为后端加工厂的主要原材料来源之一。后端处理设施的建设也将助推垃圾分类在首都乃至全国有效推广。

2. 废旧衣物再生利用

京环邯郸公司以涤、棉和涤棉混纺废旧衣服的无害高值化利用为目标，采用先进的物理工艺设备和自主创新的聚酯化学再生工艺专利技术，实现废旧衣物全种类回收再生，废旧衣物再生利用技术路线见图 13-7。

首先对废旧衣物进行纤维种类、颜色等初分拣或无害化消毒处理，然后对废旧衣物进行快速识别和自动分拣，最后进入回收再利用环节。北京废旧衣物综合处理基地对废旧衣物首先采取物理回收，然后进行化学回收。

（1）纺织品成分快速识别和自动分拣

废旧衣物品种繁多，成分复杂，不同的成分需要不同的再生处理方法。因此，纺织品成分快速检测技术是废旧衣物快速分拣和连续

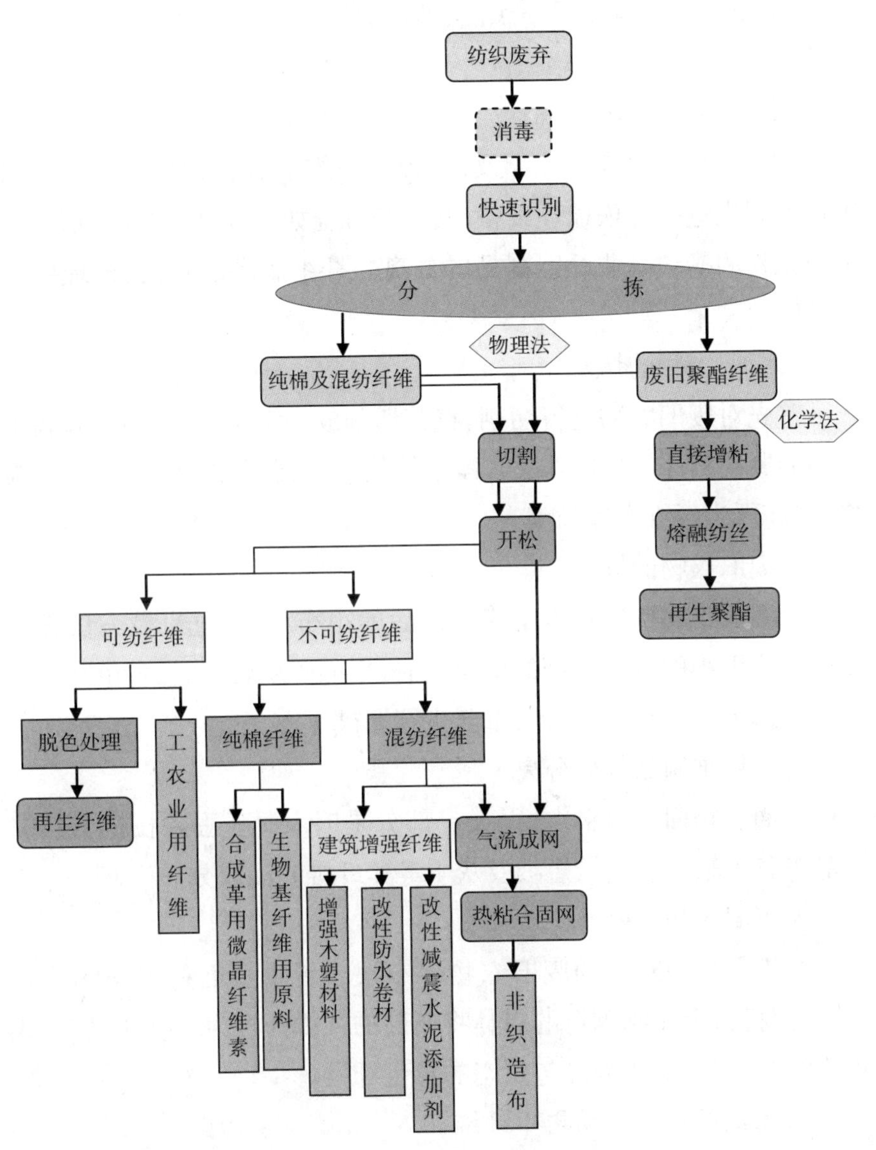

图 13-7　废旧衣物再生利用的技术路线

化生产的重要条件。采用近红外光谱检测技术，通过比利时先进的近红外纤维快速识别及自动分拣系统设备，快速识别与自动分拣出纯棉、纯涤和涤棉混纺等纺织品，然后分别进入物理回收或化学回收环节。

（2）物理法回收

对于分拣出的废旧纯棉及涤/棉混纺织品进行物理法回收。采用意大利先进的开松梳理设备，其工艺过程如下：废旧衣物的切割→废旧衣物的撕破→非纤维制品的分离→纤维制品的开松、梳理→再生纤维。

①废旧衣物的切割

首先对废旧衣物进行切割，将其切割成一定尺寸的小块，以利于后面的撕破程序，减小撕破过程中纱线和纤维的受力，降低纤维损伤，提高再生纤维主体长度。

②废旧衣物的撕破

废旧衣物的撕破技术是将切割后的小布片，通过机械方法进一步分解成更小的可供梳理的单位，当排出的碎块较大时，可单独或集中收集起来，然后再次喂入，重新进行撕破。

③非纤维制品部分分离

废旧衣物回收原料中，很大一部分是旧衣物。去除拉链、纽扣、饰品等各种辅料、杂质、短绒及灰尘等非纤维制品成分。

④废旧衣物开松

开松是将切割好的废旧衣物碎布块或者本身面积很小的边角料，利用机械上布满钢钉的锡林将撕破的纱线开松为纤维状，加工成再生纤维，并完成压缩打包状态的再生纤维。

A. 可纺的棉及混纺再生纤维

a. 纺织服装领域纤维：经过脱色处理，采用自主研发脱色设备及技术进行脱色，其纤维可以利用摩擦纺、环锭纺、转杯纺和平行纺等方法进行纺纱，可用于纺织服装领域。

b. 工农业用领域纤维：不经过脱色处理，其纤维可用于工农业用领域。

B. 不可纺的棉再生纤维

a. 用于合成革用微晶纤维素；

b. 或用于生物基纤维用原料。

C. 不可纺的混纺再生纤维

a. 气流成网热粘合非织造产品：用于汽车隔音棉、建筑隔音保温材料、大棚保温棉被、床垫等。

b. 建筑增强纤维：用于增强木塑材料、改性防水卷材、改性减震水泥添加剂等。

⑤气流成网及热粘合

纯棉、纯涤、混纺织物均可采用意大利先进的气流成网及热粘合无纺布设备制造非织造布，气流成网技术是指废旧衣物经过分拣→切割→撕破→除杂→开松→气流成网（形成纤维三维杂乱排列的纤网）→热粘合固网→切割、分卷，形成不同规格的热粘合非织造产品，可用于汽车隔音棉、建筑隔音保温材料、大棚保温棉被、床垫等，实现废旧衣物的高值化利用。热粘合固网过程中加工温度达到180℃，兼具消毒作用，处理中可以减少消毒环节。

（3）化学回收

采用自主研发的化学法回收工艺，直接增粘技术直接纺丝，并通过反应釜高温消毒。

废旧涤纶纺织品直接“增粘”技术是指回收来的废旧涤纶纺织品仅经破碎、团粒等致密处理后直接输送到增粘装置进行液相增粘。

直接增粘回收：废旧涤纶纺织品先洗涤以除去污渍、灰尘等杂质，再经团粒、干燥后与扩链剂一起输送到具有排气功能的螺杆挤出机中直接纺制再生涤纶短纤维。

综上所述，北京环卫集团努力提高生产活动的循环化，对进一步提高再生资源回收利用率和资源综合利用率起到了很大的推动作用。

有效地将废旧衣物回收再利用,为废旧衣物的环保化利用提供示范,并形成新增产值千亿元以上的废旧高分子材料资源化产业链集群,为新兴的经济增长点奠定基础。对加快我国废旧衣物再利用的进程、推动发展工业可持续发展,具有良好的经济、环境和社会效益。

第六节　广州格瑞哲环保科技有限公司

一、广州格瑞哲环保科技有限公司概况

广州格瑞哲(GRACER)环保科技有限公司(以下简称"格瑞哲"),于2010年注册。自成立以来,格瑞哲秉承"敬天爱人"之理念,为职工创造机会,为客户实现效益,助力我国废旧纺织品综合高效资源化处理事业。格瑞哲专注于旧衣物后端综合处理,主要包括旧衣物的分拣、出口和再生利用等业务。

目前,格瑞哲在珠三角的广州市番禺、广州市南沙、佛山顺德设立了三个厂区,总面积达50000平方米,年分拣旧衣物量可达10万吨,已成为国内最大的旧衣物分拣企业,及二手服装出口企业。

二、格瑞哲旧衣物后端综合处理效果分析

(一)格瑞哲旧衣物回收再利用模式

格瑞哲致力于打造旧衣物回收循环利用模式,并形成较为成熟的旧衣物再利用体系。旧衣物回收主要来自合作伙伴,包括:旧衣物回收箱的投放机构、接受邮寄的旧衣物、参与"互联网+回收"活动,与服装品牌企业合作开展旧衣物回收等,同时,格瑞哲在社区定期举办旧衣物回收活动、走进高校及企业回收旧衣物等。

接受上述企业回收后的旧衣物,经过格瑞哲不同厂区的分拣,进入再利用环节。再利用方式主要有:公益捐赠、二手衣服出口、无法捐赠的销售给废纺再生利用企业等(见图13-8)。

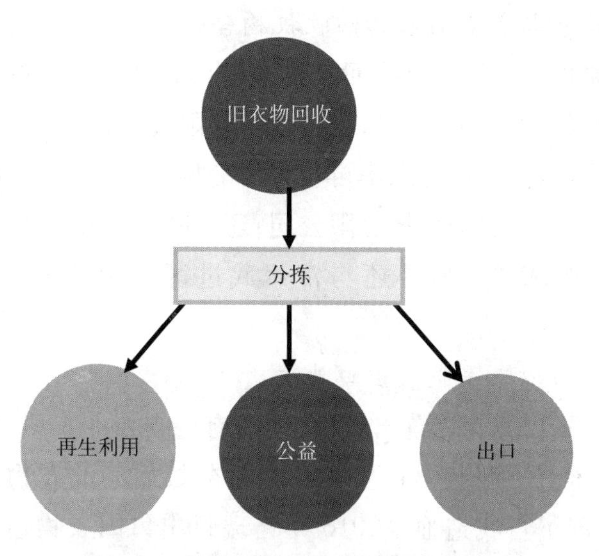

图 13-8　格瑞哲旧衣物回收循环利用模式

（二）旧衣物再利用效果显著

2016 年，格瑞哲分拣各渠道回收的旧衣物总量达 4. 45 万吨。旧衣物主要包括服装、鞋和包三大类。其中，服装占总量的比重达 83%；鞋占比为 11. 4%；包占比为 5. 6%（见图 13-9）。

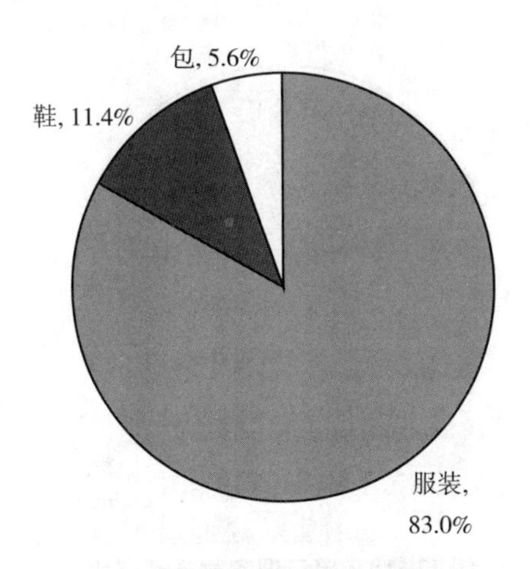

图 13-9　分拣的旧衣物各类占比

1. 格瑞哲与各类旧衣物回收机构合作

与格瑞哲合作的旧衣物回收企业,有知名的旧衣物回收箱投放机构,例如深圳衣旧情深环保科技投资有限公司、广州衣旧情深环保科技有限公司、深圳市升东华再生资源有限公司等;互联网+回收企业,例如上海善衣网络科技有限公司;还有品牌服装企业自主回收的旧衣物,如 H&M 等;另外还与常州武进区横山桥九一再生棉厂合作。

2. 格瑞哲以二手服装出口为主

格瑞哲不仅拥有自营出口权,还拥有一支专业素质高的外贸业务人员,从事二手服装出口贸易。经过分拣后的旧衣物,大部分出口,企业实现了自我造血。2016 年格瑞哲出口旧衣物达 3.3 万吨,占当年分拣总量的 73.8%。出口以二手服装为主,占出口量的 80.7%;其次是二手鞋,占比达 12.4%;二手包占比为 6.9%(见图 13-10)。

出口地区,包括非洲的尼日利亚、加纳、坦桑尼亚、乌干达、安哥拉、刚果及贝宁等;东南亚部分国家。

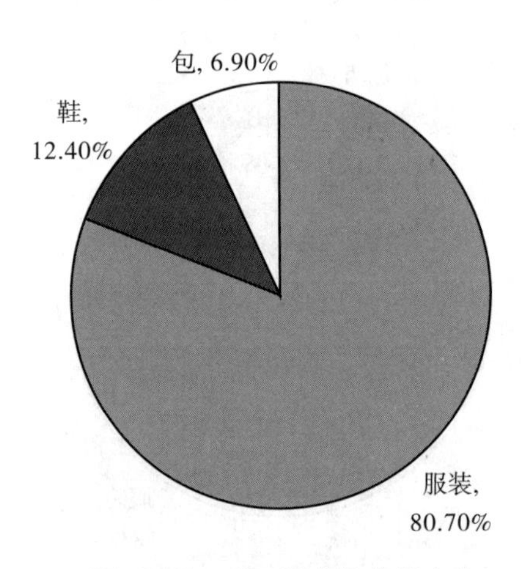

图 13-10　出口旧衣物各类占比

3. 积极开展旧衣物公益捐赠活动

格瑞哲自成立以来,积极履行企业社会责任。多年来,格瑞哲积极参与“广东天使行动高校联盟”活动。2016 年通过“天使行动高校行”组织了 30 场三下乡活动,有 200 多名大学生利用暑假期间深入湖南凤凰、四川凉山、四川兴文县等贫困山区开展为期一周的服务活动。格瑞哲除了捐赠旧衣物以外,还共建图书馆、修缮校区、捐赠学校办公用品、慰问抗战老兵、认领德学兼备留守儿童等一系列活动。2016 年格瑞哲捐赠旧衣物及鞋数量达 11 吨,捐款达 3. 5 万元。2017 年格瑞哲参加“2017 川藏山区‘西拉’助学工程爱心温暖行”,捐赠冬衣及善款。

4. 实现旧衣物再生资源利用

对于不能出口和捐赠的旧衣物,格瑞哲按照废纺再生利用要求进行分类,以便后端的再生资源企业加工处理。其中,将再生利用价值高的棉纤维旧衣服,分为黑料、白料(白棉、大白和二白)、牛仔、大红、包布和擦机布等,销售给再生纤维加工厂。

表 13-1 显示,2016 年格瑞哲销售棉纤维再生原料达 8231 吨,其中,黑料占比近 60%,二白占 14. 46%,大白占 9. 52%,牛仔占 8. 26%。黑料、白料和牛仔保留其原来的颜色,使再生纤维加工不用进行脱色和再次染色,避免对环境造成二次污染和影响。

表 13-1　销售各类废纺再生原料数量占比

销售再生资源种类	占比
白棉	0. 32%
大白	9. 52%
二白	14. 46%
黑料	59. 87%
牛仔	8. 26%

续表

销售再生资源种类	占比
擦机布	2.66%
大红	0.96%
包布	3.95%

从经济效益看,图 13-11 显示,2016 年格瑞哲再生资源销售价格由高到低,依次为白棉、大白、牛仔、擦机布、二白、包布、大红、黑料。价格在 200—2500 元/吨不等。价格最高是白棉,在 2500 元/吨左右;价格最低为黑料,在 200 元/吨左右。在再生原料中,黑料销售量最大,但销售价格最低;白棉销售量最少,但价格最高。

再生棉原料,主要销售给广东恒锋纺织股份有限公司、山东莒县军达农用保温材料厂等企业,作为再生纤维原料,加工废纺再生产品,例如:再生棉手套、大棚用保温被等。

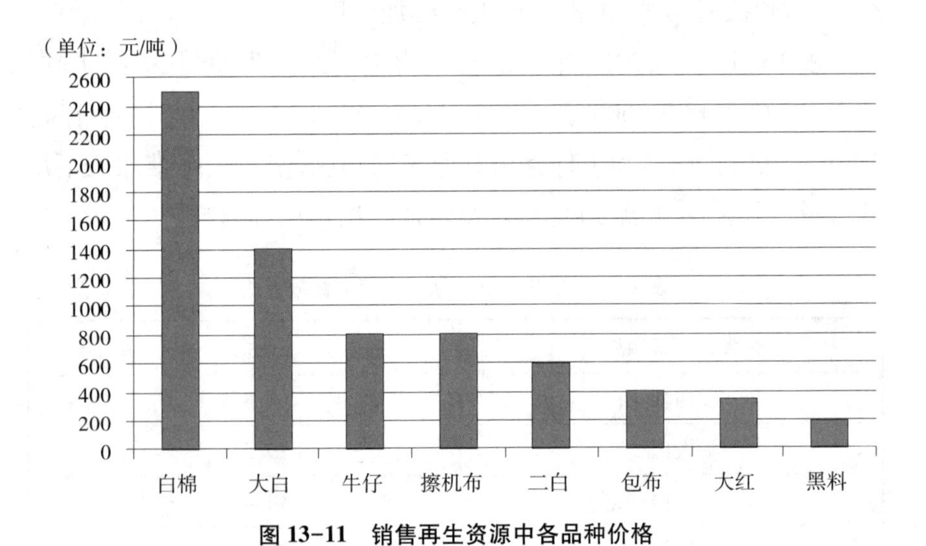

图 13-11　销售再生资源中各品种价格

三、格瑞哲企业管理规范,人员素质高

(一)环保事业吸引高素质人才聚集

格瑞哲快速发展及取得显著的成绩,离不开对人才的尊重和培养。格瑞哲从创建之初,非常重视人才队伍建设,吸纳大学生加入。格瑞哲与高校建立校企合作关系,形成了较为有效的人才队伍储备机制,为格瑞哲输送来自全国各地的优秀大学生投身环保事业。

截至 2017 年 5 月,格瑞哲员工总数达 336 人。其中,管理人员为 65 人,占格瑞哲员工总数的 19.3%。

在管理人员中,具有本科学历管理人员为 38 人,占管理人员总数的 58%,并主要是 90 后大学生;具有专科学历管理人员为 16 人,占管理人员总数的 25%;高中学历管理人员只有 11 人,占管理人员总数仅为 17%(见表 13-2)。

表 13-2　格瑞哲管理人员构成

学历	人数	占管理人员比重(%)
本科	38	58
专科	16	25
高中	11	17
合计	65	100

因此,与我国同行业企业相比,格瑞哲不仅管理人员数量多,还具有高学历、高素质的管理人员,使格瑞哲在短短的八年时间里,快速发展,目前已成为我国规模最大的旧衣物回收后端分拣和出口企业,企业良好运营和行业知名度,吸引了越来越多的有理想、有抱负的 90 后大学生加入格瑞哲,积极投身于旧衣物循环利用的环保事业中。

格瑞哲之所以在短时间内聚集到大量年轻大学生,得益于企业文化建设,注重员工的职业发展,为青年人施展才华提供平台。

（二）高效运营为社会创造就业机会

格瑞哲注重企业内部管理，高效的运营与管理，成为国内最大的旧衣物后端综合处理企业。一线工人按照工序，可分为：分拣、打包、运输、配货、搬运和后勤。表13-3显示，分拣人员多达173人，占格瑞哲员工总数的51.5%；其次是搬运人员和打包人员，分别为33人和28人。格瑞哲旧衣物后端综合处理，为社会提供了大量的就业岗位。2017年年底，格瑞哲员工数量将继续增加，预计超过800人。

表13-3　一线员工类别及所占比重

员工类别	数量（人）	各类人员所占比重
分拣人员	173	51.5%
打包人员	28	8.3%
运输人员	5	1.5%
配货人员	19	5.7%
搬运人员	33	9.8%
后勤人员	13	3.9%

四、格瑞哲重视企业、员工、社会及合作方的多赢

从企业角度，格瑞哲管理规范，配置专业流水线和打包机，有着完善的一条龙生产运营体系。积极引进了ERP信息管理系统，主动进行ISO9001质量管理体系认证、ISO14001环境管理体系认证、职业健康安全管理体系等认证。重视设备投资，2016年设备投资额达500万元。

从员工角度，格瑞哲关心员工利用，保障员工的合法权益，员工月收入在4500—5500元不等。2017年格瑞哲积极推进废旧纺织品税务社保工作，在废旧纺织品回收再利用行业中，起到了良好的示范作用。

对于管理人员，通过有效的激励机制，使核心管理层参股，避免

高管的流失,稳定团队,增强管理人员的责任感。

从社会角度,格瑞哲重视企业获利、员工受益,不忘回馈社会,关心贫困地区老人和儿童,组织员工参与公益活动。

从行业角度,格瑞哲主动维护和促进废旧纺织品回收再利用行业的健康、和谐、稳定和可持续发展。积极与各大中城市、200 多家上游回收企业建立战略合作关系,如深圳衣旧情深、升东华、华凯佰、飞蚂蚁等,为上述企业提供后端分拣服务,也成为我国废旧纺织品综合利用的重要环节,唯有通过规范的分拣才能够实现废旧纺织品的高值化。

目前,格瑞哲已成为我国废旧纺织品的回收—分拣—出口—再生利用产业链的重要环节和补充。

参考文献

[1]北方网:《旧衣回收=慈善+环保市民:我捐的旧衣去哪儿啦》,http://news.enorth.com.cn。

[2]北方网:《嘉陵道街社区设衣物捐赠箱》,http://www.enorth.com.cn,2015.11。

[3]北方网:《中新天津生态城垃圾智能分类回收平台投用投垃圾兑积分可换日用品》,http://news.enorth.com.cn。

[4]北京市统计局:《北京市2016年国民经济和社会发展统计公报》,http://www.bjstats.gov.cn。

[5]北京环境卫生工程集团有限公司:http://www.besg.com.cn。

[6]陈遊芳:《美国废旧纺织品回收体系及对中国的启示》,《毛纺科技》2015年第2期。

[7]陈遊芳:《物理法再利用废旧纺织品典型企业研究——以广德天运新技术股份有限公司为例》,《再生资源与循环经济》2016年第4期。

[8]陈全忠:《再造衣银行 旧衣的奇幻漂流》,《恋爱婚姻家庭·青春》2014年第5期。

[9]广德天运新技术股份有限公司:http://www.tyxjs.cn。

[10]寇青:《“新工人”做公益》,《今日中国》2012年第5期。

[11]人民网:《天津推行垃圾分类有妙招》,http://env.people.com.cn。

[12] 上海睦邦环保科技有限公司官网：http://www.bangbang01.cn。

[13]沈炯:《邦邦站:打造互联网+再生资源回收 O2O 环保服务体系》,《上海商业》2015 年第 5 期。

[14] 天津市统计局:《2015 年天津市人口主要数据公报》,http://www.stats-tj.gov.cn。

[15]天津市环保局:《2015 年天津市固体废物污染防治公告》,http://www.tjhb.gov.cn。

[16]天津市环保局:《2014 年天津市固体废物污染防治公告》,http://www.tjhb.gov.cn。

[17]天津市环保局:《2013 年天津市固体废物污染防治公告》,http://www.tjhb.gov.cn。

[18]同心互惠官网:http://www.tongxinhuhui.org。

[19]同心互惠年度报告:http://www.tongxinhuhui.org。

[20]王乐然、王德志:《给农民工办春晚》,《环球人物》2013 年第 3 期。

[21]网易财经:《格林美做 O2O 平台"回收哥"进军最大废品供应商》,http://money.163.com。

[22]网易新闻:《中国多地开展"旧衣回收"倡节约环保之风》,http://news.163.com。

[23]新华报业网:《下个月,"衣衣不舍"将免费发放 30 吨冬衣!爱心,我们会帮你传递》,http://js.xhby.net。

[24]新华社:《中共中央国务院关于进一步加强城市规划建设管理工作的若干意见》,http://www.gov.cn。

[25] 新华网:《岩善公司社区投放环保回收箱收良效》,http://news.xinhuanet.com。

[26]有机会:《同心女工合作社:用爱给旧衣新生》,http://

www.yogeev.com。

[27]优衣库:《2017 可持续发展报告》(2017 Sustainability Report),http://www.fastretailing.com。

[28]中国废旧物资网:《天津市河东区举行环保旧衣物再利用捐赠活动》,http://news.feijiu.net。

[29]《中国工人》编辑部:《劳工文化的拓荒者——访北京工友之家文化发展中心总干事职恒》,《中国工人》2013 年第 2 期。

[30]中国文明网:《天津纯公益志愿者团队》,http://www.wenming.cn。

[31]中国新闻网:《"回收哥"APP 上线　掌上"抢单"收废品》,http://www.chinanews.com。

[32]中国人民大学国家发展与战略研究院:《中国城市生活垃圾管理状况评估研究报告》,2015 年 5 月。

[33]中华人民共和国环境保护部:《2016 年全国大、中城市固体废物污染环境防治年报》,2016 年 11 月。

[34]中华人民共和国环境保护部:《2015 年全国大、中城市固体废物污染环境防治年报》,http://www.zhb.gov.cn。

[35]中华人民共和国环境保护部:《2014 年全国大、中城市固体废物污染环境防治年报》,http://www.zhb.gov.cn。

[36]中证网:《格林美"回收哥"正式出场,建立城市废物"互联网+分类回收"模式》,http://www.cs.com.cn。

[37]The H&M Group:《H&M 集团 2016 年报》(The H&M Group Sustainability Report 2016),http://about.hm.com。

后　　记

北京服装学院郭燕教授带领的“低碳与废旧纺织品回收再利用”研究团队,在国内具有较高的知名度及影响力,研究成果备受关注,被国内学者大量引用。近年来,团队成员先后发表相关论文 50 余篇。出版的《国内外旧衣物回收再利用制度及体系研究》专著、《服装全生命周期碳足迹》专著,均获得中国纺织经济成果奖一等奖,还出版了《服装企业组织碳足迹评价研究》等专著。团队研究成果为我国纺织服装行业节约资源、绿色低碳、循环利用、可持续发展,提供了理论依据。

在本书完成之际,作为团队负责人,代表研究团队向调研期间得到的社会各方面帮助表示深深的感谢!

一、感谢被调研企业及机构的积极协助

调研过程得到企业和公益组织的大力支持,在此,非常感谢每一个被调研企业及机构对北服研究团队予以的大力支持,由于得到这些企业的坦诚相待,使得调研及研究得以顺利进行。

二、感谢全书 11 位作者的辛勤工作

全书共分三篇,十三章。其中,第一章第一节和第二节:郭燕;第三节:杨楠楠;第四节:魏爽;第五节:陈遊芳。

第二章第一节:郝淑丽;第二节:陈遊芳。

第三章第一节:郭燕;第三节:郝淑丽。

第四章:李敏。

第五章:王洁。

第六章:郭燕。

第七章:杨楠楠。

第八章:姜黎。

第九章:巩轲。

第十章:陈丽华。

第十一章:贾月梅。

第十二章第一节:卢安;第二节:杨楠楠;第三节:魏爽;第四节、第五节:郭燕。

第十三章第一节、第二节:陈遊芳;第三节:杨楠楠;第四节:卢安;第五节:陈丽华;第六节:郭燕、陈丽华。

上述作者历时两年的时间,进行企业调研及访谈,调研数据及整理资料,撰写报告,最终完成书稿,在此对书中的 11 位作者的辛勤工作表示诚挚的谢意。

三、感谢立项资金支持

本书出版获得北京市教委科技创新服务能力建设—科技成果转化—提升计划项目"京津冀协同发展的旧衣物回收及资源利用体系研究"(项目编号:PXM2016_014216_000022)立项的资金支持,使调研和专著出版得以顺利进行,在此表示感谢。

四、感谢出版社长期支持

本书及此前出版的相关专著,一直得到人民出版社的大力支持,特别感谢郑海燕编审的鼎力相助。

五、对书中所引用的相关网络资源和数据信息的提供者致以诚挚感谢。

本书撰写过程中,笔者查阅和参考了大量有关的图书、报刊资料及网络信息,并根据需要加以引用。其中,网络时代,政府部门、行业协会、研究机构广泛采用电子图书、电子报告等,这些无纸化电子版研究报告，为本书撰写所需的官方统计数据给予了非常大的帮助，在此特予说明，并对这些信息源提供者致以诚挚感谢。

《我国主要城市旧衣物回收现状调查报告》一书的出版，希望对致力于旧衣物回收再利用事业的有识之士有所启迪，为相关部门政策制定提供参考。书中如有不妥之处，敬请各位读者批评指正。

郭　燕

2017 年 10 月于北京